U0127543

信息系统风险管理

卢加元 著

清华大学出版社

北京

内 容 简 介

本书首先介绍了信息系统的相关概念及体系结构,以信息系统风险管理与控制的相关理论作为基础,分析了信息系统的风险及其分布,从信息系统的项目建设过程以及信息系统资源使用过程等方面,对信息系统的风险管理与控制进行了深入的研究。最后结合一个电子政务案例,讨论了信息系统风险管理与控制的具体应用。

本书结构合理,层次清晰,所涵盖的信息系统内容体系完整。本书既可作为信息安全、计算机科学与技术、电子商务、管理科学工程、信息系统与管理、会计(审计)学等专业高年级本科生和研究生教学以及信息化工程技术人员的培训教材,也可作为信息安全公司、IT安全咨询顾问、企事业单位高管以及信息管理中心、信息系统审计师以及信息系统工程监理等方面人士的参考用书。

图书在版编目(CIP)数据

信息系统风险管理/卢加元著.—北京:清华大学出版社,2011.1
(21世纪高等学校规划教材·信息管理与信息系统)
ISBN 978-7-302-22620-8

Ⅰ.①信…　Ⅱ.①卢…　Ⅲ.①信息系统-风险管理　Ⅳ.①G202

中国版本图书馆 CIP 数据核字(2010)第 081864 号

责任编辑:魏江江　薛　阳
责任校对:李建庄
责任印制:杨　艳

出版发行:清华大学出版社		地　　址:北京清华大学学研大厦 A 座	
http://www.tup.com.cn		邮　　编:100084	
社　总　机:010-62770175		邮　　购:010-62786544	
投稿与读者服务:010-62795954,jsjjc@tup.tsinghua.edu.cn			
质　量　反　馈:010-62772015,zhiliang@tup.tsinghua.edu.cn			

印　装　者:北京国马印刷厂
经　　销:全国新华书店
开　　本:185×260　印　张:17　字　数:421 千字
版　　次:2011 年 1 月第 1 版　　印　　次:2011 年 1 月第 1 次印刷
印　　数:1~3000
定　　价:29.00 元

产品编号:036791-01

编审委员会成员

浙江大学	吴朝晖	教授
	李善平	教授
扬州大学	李　云	教授
南京大学	骆　斌	教授
	黄　强	副教授
南京航空航天大学	黄志球	教授
	秦小麟	教授
南京理工大学	张功萱	教授
南京邮电学院	朱秀昌	教授
苏州大学	王宜怀	教授
	陈建明	副教授
江苏大学	鲍可进	教授
武汉大学	何炎祥	教授
华中科技大学	刘乐善	教授
中南财经政法大学	刘腾红	教授
华中师范大学	叶俊民	教授
	郑世珏	教授
	陈　利	教授
江汉大学	颜　彬	教授
国防科技大学	赵克佳	教授
中南大学	刘卫国	教授
湖南大学	林亚平	教授
	邹北骥	教授
西安交通大学	沈钧毅	教授
	齐　勇	教授
长安大学	巨永峰	教授
哈尔滨工业大学	郭茂祖	教授
吉林大学	徐一平	教授
	毕　强	教授
山东大学	孟祥旭	教授
	郝兴伟	教授
中山大学	潘小轰	教授
厦门大学	冯少荣	教授
仰恩大学	张思民	教授
云南大学	刘惟一	教授
电子科技大学	刘乃琦	教授
	罗　蕾	教授
成都理工大学	蔡　淮	教授
	于　春	讲师
西南交通大学	曾华燊	教授

出 版 说 明

随着我国改革开放的进一步深化,高等教育也得到了快速发展,各地高校紧密结合地方经济建设发展需要,科学运用市场调节机制,加大了使用信息科学等现代科学技术提升、改造传统学科专业的投入力度,通过教育改革合理调整和配置了教育资源,优化了传统学科专业,积极为地方经济建设输送人才,为我国经济社会的快速、健康和可持续发展以及高等教育自身的改革发展做出了巨大贡献。但是,高等教育质量还需要进一步提高以适应经济社会发展的需要,不少高校的专业设置和结构不尽合理,教师队伍整体素质亟待提高,人才培养模式、教学内容和方法需要进一步转变,学生的实践能力和创新精神亟待加强。

教育部一直十分重视高等教育质量工作。2007年1月,教育部下发了《关于实施高等学校本科教学质量与教学改革工程的意见》,计划实施"高等学校本科教学质量与教学改革工程(简称'质量工程')",通过专业结构调整、课程教材建设、实践教学改革、教学团队建设等多项内容,进一步深化高等学校教学改革,提高人才培养的能力和水平,更好地满足经济社会发展对高素质人才的需要。在贯彻和落实教育部"质量工程"的过程中,各地高校发挥师资力量强、办学经验丰富、教学资源充裕等优势,对其特色专业及特色课程(群)加以规划、整理和总结,更新教学内容、改革课程体系,建设了一大批内容新、体系新、方法新、手段新的特色课程。在此基础上,经教育部相关教学指导委员会专家的指导和建议,清华大学出版社在多个领域精选各高校的特色课程,分别规划出版系列教材,以配合"质量工程"的实施,满足各高校教学质量和教学改革的需要。

为了深入贯彻落实教育部《关于加强高等学校本科教学工作,提高教学质量的若干意见》精神,紧密配合教育部已经启动的"高等学校教学质量与教学改革工程精品课程建设工作",在有关专家、教授的倡议和有关部门的大力支持下,我们组织并成立了"清华大学出版社教材编审委员会"(以下简称"编委会"),旨在配合教育部制定精品课程教材的出版规划,讨论并实施精品课程教材的编写与出版工作。"编委会"成员皆来自全国各类高等学校教学与科研第一线的骨干教师,其中许多教师为各校相关院、系主管教学的院长或系主任。

按照教育部的要求,"编委会"一致认为,精品课程的建设工作从开始就要坚持高标准、严要求,处于一个比较高的起点上;精品课程教材应该能够反映各高校教学改革与课程建设的需要,要有特色风格、有创新性(新体系、新内容、新手段、新思路,教材的内容体系有较高的科学创新、技术创新和理念创新的含量)、先进性(对原有的学科体系有实质性的改革和发展,顺应并符合 21 世纪教学发展的规律,代表并引领课程发展的趋势和方向)、示范性(教材所体现的课程体系具有较广泛的辐射性和示范性)和一定的前瞻性。教材由个人申报或各校推荐(通过所在高校的"编委会"成员推荐),经"编委会"认真评审,最后由清华大学出版社审定出版。

目前,针对计算机类和电子信息类相关专业成立了两个"编委会",即"清华大学出版社计算机教材编审委员会"和"清华大学出版社电子信息教材编审委员会"。推出的特色精品教材包括:

(1) 21 世纪高等学校规划教材·计算机应用——高等学校各类专业,特别是非计算机专业的计算机应用类教材。

(2) 21 世纪高等学校规划教材·计算机科学与技术——高等学校计算机相关专业的教材。

(3) 21 世纪高等学校规划教材·电子信息——高等学校电子信息相关专业的教材。

(4) 21 世纪高等学校规划教材·软件工程——高等学校软件工程相关专业的教材。

(5) 21 世纪高等学校规划教材·信息管理与信息系统。

(6) 21 世纪高等学校规划教材·财经管理与计算机应用。

(7) 21 世纪高等学校规划教材·电子商务。

清华大学出版社经过二十多年的努力,在教材尤其是计算机和电子信息类专业教材出版方面树立了权威品牌,为我国的高等教育事业做出了重要贡献。清华版教材形成了技术准确、内容严谨的独特风格,这种风格将延续并反映在特色精品教材的建设中。

清华大学出版社教材编审委员会

联系人:魏江江

E-mail:weijj@tup. tsinghua. edu. cn

前　言

　　随着国民经济和社会信息化进程的加快,信息系统的基础性和全局性作用日益增强,国民经济和社会发展对信息系统的依赖性也越来越大。与此同时,各类计算机犯罪及黑客攻击信息系统的事件屡有发生,其手段也越来越隐蔽和高科技化。信息系统安全正成为一个事关国家政治稳定、社会安定和经济有序运行的全局性问题。

　　与国外发达国家相比,我国信息化的应用以及对信息系统安全的防护能力还处于发展的初级阶段。江民科技公司在 2006 年 12 月发布了针对网上银行的病毒调查报告,报告显示,从 2004 年 8 月到 2006 年 10 月期间,我国感染各类网银木马及其变种的用户数量增长了 600 倍,用户每月感染病毒及其变种的数量约有 160 种左右,而且病毒发展正在呈加速上升趋势。2009 年 7 月,中国互联网络信息中心对电子商务、网络支付等交易类应用中的网络信息安全进行了调查,发布的报告指出,半年内有 1.95 亿网民上网时遇到过病毒和木马的攻击,1.1 亿网民遇到过账号或密码被盗的问题,仅有 29.2% 的网民认为网上交易是安全的。正是由于网络安全存在大量的隐患和许多行业和组织对安全防范的不到位,从而使网民对互联网的信任度下降,进而制约了国内电子商务等交易类应用的发展。可见,信息系统安全已经成为人们普遍关心的话题,如果对此再不加以重视,将会给国家和企业造成重大的危害。

　　面对日益增长的信息系统安全需求,《国家信息化领导小组关于加强信息安全工作的意见》(中办发[2003]27 号)明确提出了实行信息安全等级保护,重视信息安全风险工作的要求,使等级保护成为我国信息安全领域的一项基本政策;2005 年 2 月至 2005 年9 月,国信办下发通知《信息安全试点工作方案》,并分别在银行、税务、电力等重要信息系统以及北京市、上海市、黑龙江省、云南省等地方的电子政务系统开展了信息安全风险评估试点工作;2005 年 12 月,公安部《信息系统安全等级保护实施指南》、《信息系统安全等级保护定级要求》、《信息系统安全等级保护基本要求》等文件陆续出台;2006 年 3 月开始实施的公安部、国家保密局、国家密码管理局、国信办等四部委(局办)发布 7 号文《等级保护管理办法》。这些法规的颁布和实施,充分说明开展信息系统风险的评估、管理与控制等方面的研究不仅必要,而且具有重大的现实意义。

　　本书正是以此为背景,在信息化建设与应用中引入风险管理与控制机制,对信息系统进行全面、有效的风险分析与评估,并采取适当的风险管理与控制措施,旨在为我国各行业和组织信息安全策略的确定、信息系统的建立及安全运行提供依据,为电子商务、电子政务等各类应用的健康发展提供指导。

　　当前,国内对信息系统风险管理的研究还处于引进和消化吸收阶段。本书结合作者近年来从事的信息安全实务以及教学和科研工作,针对当前信息系统风险管理研究中存在的一些不足,从系统工程角度,对信息系统的体系结构、信息系统安全领域各环节的风险以及构成要素、风险管理过程、风险评估及其评估方法、风险管理与控制的具体应用等进行了比较全面系统的研究，希望能弥补当前同类文献所存在的不足，尤其是理论与实践脱节、研究内容过于理论化等方面的问题，从而为国内信息安全的实践提供帮助。

　　本书既可作为信息安全、计算机科学与技术、电子商务、管理科学工程、信息系统与管理、会计(审计)学等专业高年级本科生和研究生教学以及信息化工程技术人员培训的教材，也可作为信息安全公司、IT安全咨询顾问、企事业单位高管以及信息管理中心、信息系统审计师以及信息系统工程监理等方面人士的参考用书。

　　在本书编写过程中，得到了南京审计学院领导的关心和支持，江苏省审计信息工程重点实验室副主任陈耿教授、南京审计学院信息科学学院副院长汪加才教授、王昕教授，以及许多教学一线的老师提出了许多宝贵意见。作者在写作过程中参考了大量的国内外资料，在此，谨向书中提到和参考文献列出的所有作者表示衷心的感谢。本书的编写也得到清华大学出版社的大力支持，在此一并表示诚挚的谢意。

　　由于作者水平有限，书中疏漏与不足在所难免，恳请各位专家和读者批评指正。

编　者

2010 年 12 月于南京

目 录

第 1 章

信息系统概述

随着因特网技术的广泛应用,信息已成为维持社会正常运转的重要基础性资源,信息系统正广泛深入地应用到社会政治、经济、军事、文化等各个领域,整个社会对信息系统以及信息资源的依赖性也越来越高。

本章从信息和信息系统的概念入手,阐述信息系统的体系结构和软硬件构成,讨论信息系统的组织机构,最后总结几种常见的信息系统应用模式,为后续章节的内容做好铺垫。

1.1 信息和信息系统

1.1.1 信息的概念及特征

1. 信息的概念

信息是一种广泛的概念,它也是人们经常接触和频繁使用的词语。

"信息"一词来源于拉丁文 information,意思是指一种陈述或一种解释、理解等。随着人们对信息概念的深入认识,信息概念的含义也在不断地演变。现在"信息"一词已经成为一个含义非常深刻、内容相当丰富的概念,以至于很难给"信息"一词下一个确切的定义。

从信息的内涵来讲,信息的获得与"知道"这一概念有关。所谓"知道",实质上就是人们获得了某种事物的相关信息。知道的过程实际上就是获得信息的过程。例如"科研处通知,明天下午有一个学术报告会","气象预报,近期内将有一场暴风雨"等,这些都是人们获得某种信息的过程。其次,信息在表现形式上,通常又指的是某种消息、指令、情报、密码、信号等。然而日常生活中将信息、信号、消息、情报等混为一谈的理解方式又是不确切的甚至是对信息的一种错误理解。虽然信息与消息、信号等有着密切的联系,并且信息常常以消息的形式表现出来,信息的传递又往往借助于信号,但是信息、消息、信号毕竟是 3 个不同的概念,三者之间存在着本质的区别。就信息与消息之间的关系来讲,信息指的是消息中蕴涵的事实和内容,消息应该代表的是信息的外壳。例如可以说"这条消息包含的内容非常丰富",或者说"这则消息没有多少信息",这实际上就从一定程度上说明了信息与消息之间的区别和联系。信息与信号也不能等同,因为同一种信息可以用不同的信号方式来表达。例如遇到紧急情况,可以拉响警报器,用声信号来传递信息,当然也可以用点火的方式用光信号来传递信息。再如交通管理的红、绿灯,都采用的是光信号,但却是以不同的色彩来代表不同的含义(信息)。这些事实都表明,信息可以通过信号来传递,并且一种信号(如灯光)还可以传递多种信息。也就是说,信号实际上只是信息的载体,信息是信号所要表达的内容。

由于人们的认识不同,加上不同学科自身的特殊性和局限性,因此关于信息的定义目前有几十种之多,例如:

信息是人们在适应外部世界并且使这种适应反作用于外部世界的过程中同外部世界进行交换的内容的总称;

信息是物质和能量在空间中和时间中分布的不均匀程度,是伴随宇宙中一切过程发生的变化程度;

信息是用以消除随机不确定性的东西,是人与环境相互交换的内容的总称;

信息是物质属性的表征,是客观事物的本质反映,是自然和社会生命之源。

……

一般地,从质的方面讲,我们将信息定义为:信息是物质系统运动的本质表征,是物质系统运动的方式、运动的状态及运动的有序性。它的基本含义是:信息是客观存在的事实,是物质系统运动轨迹的真实反映。通俗地说,信息一般泛指包含消息、情报、指令、数据、图像、信号等形式之中的新的知识和内容,或者说,信息是指能够使信息的接收者通过信息的接收而获得一些有用的知识,认识客观事物存在的本质。

2. 信息的基本特征

一般地讲,信息具有以下三大基本特征。

1) 事实性

事实性是信息的中心价值,代表了物质系统运动的客观存在性,表现的是物质系统运动的真实面貌和客观事实。不符合客观事物运动规律的信息不仅没有价值,而且会造成失误。

2) 滞后性

任何客观事物的信息总是产生于此事物运动之后,没有事物运动的事实,就没有事物运动的信息。即先有事实,而后有信息。信息再快,也滞后于物质运动本身。

3) 不完全性

物质系统的运动是永恒的、经常的、不断的,因此将产生出大量的信息。信息的不完全性指的是人们对客观物质系统的了解不可能包揽全部,一切都了如指掌。这是因为要完全了解物质系统是不可能的(因为它是要变化的),并且也没有这种必要。如果事无巨细都穷追其究,在时间上和精力上都是一种浪费,并且大量的信息资料也没有足够的空间去储存。信息的收集必有所取舍,只有正确地取舍,才可能正确地使用信息。

信息除具有以上三大基本特征之外,还具有以下几个一般特性。

1）信息具有知识性

信息是用于人们消除认识上的不确定性的东西，这也是信息的一个本质特征。如果人们对客观事物不了解，对其缺乏必要的知识，那么就对该事物不清楚，因而对事物的认识就具有不确定性。当人们获得了某种事物的有关信息后，其对此种事物的知识就会增加，对事物的认识也就由不清楚、不确定转向清楚和确定，即信息具有知识的秉性。人们只有借助事物发出的信息，才能获得有关事物的知识，消除对事物认识上的不确定性，改变原来对事物的不知或知之甚少的状态。

2）信息是一种资源并具有价值

由于信息具有知识的性质，所以它能够成为一种资源。事实上，信息已经成为现代社会生产和生活中一种重要的资源。社会的发展，经济的发展都需要各种信息的支持。一个国家乃至一个企业，如果闭关自守，信息阻塞，就会找不到发展的方向，失去发展的机遇，浪费人力、物力、财力，得不偿失；相反，如果信息灵通，掌握、收集信息及时，就会高瞻远瞩，左右逢源，抓住机遇。另一方面，信息在生产和科学技术的运用过程中，能转化为速度、效益或利润，即信息具有价值。

但信息的价值与一般商品的价值是不相同的。一般商品作为一种有形的物品，具有现实的使用价值，而信息是一种无形的商品，因此它的价值也具有一定的特殊性。首先，信息作为一种无形商品，只存在潜在的价值，而不存在现实的使用价值。信息的潜在价值只有通过人们去认识、去开发，才能转变为现实的价值。其次，信息的价值还取决于人们对它的认识和重视的程度，相同的信息会因认识和重视程度的不同而具有不同的价值。其三，信息的价值不完全取决于获取信息所付出的代价，而取决于信息本身的潜在价值及对信息的开发技术和开发能力。

3）信息具有无限性和压缩性

信息作为一种资源，具有无限性。信息的无限性首先表现在信息的可扩充性上。例如人们对太阳系的认识，对自然界的认识，包括对人类自身的认识等都在不断地加深扩充。信息的无限性还表现在信息的大量性和不断性上。只要人类存在，认识和改造客观世界的社会活动和经济活动就不会停止。在这些活动中，将会不断地产生出新的大量的信息。信息又具有可压缩性，以便于储存。最一般的压缩就是对信息进行加工、整理、概括、归纳、演绎，使之精练而取其精华。

4）信息具有时效性

信息的时效性指的是信息的效用与信息从发出到使用的时间间隔之间具有的相关关系。这种相关关系表明，时间间隔越短，时效性越强；信息传递的速度越快，时效性越强；信息使用越及时，利用程度越高，时效性越强。因此，为了加强信息的时效性，必须在信息的收集、处理、传递、输出、使用的各个环节上利用最先进的技术和操作工具。

信息的时效性代表着信息本身也具有生命周期。信息的生命周期是指信息从产生起到失去保留价值的时间间隔。正因为信息具有生命周期，才可能使人类世界能够容纳下"无限增长"的信息，同时也使人们认识到信息具有新陈代谢的机能，任何存储信息的系统其储存的信息资源需要不断地更新，人的知识也需要不断地更新等。

5）信息具有共享性

信息作为一种取之不尽、用之不竭的资源，与其他有形资源相比，还有一个明显的特性，即信息具有共享性。一般的物质资源在交换过程中遵循等价交换的原则，失去一物方能得到另一物。而信息这种资源与一般的物质资源不同，交换信息的双方，不会因为交换而失去原有的信息资源，而且还会由于交换而增加双方所拥有的信息资源。如科学讨论会、技术成果交换会，都会使与会者增加新的信息资源。

6）信息可以传输和存储

人们可以通过各种通信手段将信息从一个地方传递到另一个地方。人与人之间交流信息还可以依靠语言、表情、动作来传递。一般社会活动的信息还可以通过电视、广播、报纸、杂志等来传递。信息不仅可以传递，而且可以通过一些媒介来存储。最简单也是最普遍的信息存储媒介就是纸张，如书本。随着现代科学技术的发展，新的存储媒介已经在更为广泛地使用，如计算机存储、全息摄影存储等。

7）信息具有再生性

信息可以由一种形态转换成另一种形态。如语言、文字、图像等信息，可以通过技术转换成光、电、数据代码等电信号信息，反之亦然。信息的再生性用途极为广泛，人们收集物体的有关信息，经过加工处理之后，可以用语言、文字、图像等将信息源的原始面貌再生出来，如计算机通过对有关信息的处理，可以构造出一个未知物体的基本原始面貌等。

1.1.2 信息系统的概念及基本特征

信息系统是一种特殊的系统，要了解信息系统的概念及基本特征必须先介绍有关系统的概念以及构成元素。

1. 系统和元素

一切物质都在运动，运动中的物质都处于普遍联系之中。而运动中的物质，在客观物质世界中表现为许许多多的空间域、时间域以及完全互不重合的事物与物体。但是，严格地说，世界上不存在相互完全孤立、毫无联系的两件事物，只能说联系的形态有所区别而已。如家庭成员之间的联系就相对密切，而路人之间的联系就十分松散；再如一般的企业与企业之间，可以通过原材料市场、产品市场等的交换与竞争，存在着一定的联系，但这种联系就比不上本企业内部各个管理部门或生产车间之间的联系密切。由此可知，在事物的相互联系中，由于各种原因，使一些事物相互之间的联系甚为密切，甚至它们的生存存在相互依赖的关系，从而构成一个特殊的整体，这样的一个整体就称为一个系统。

系统更一般的定义可描述为：系统是由相互联系、相互作用、相互依存的诸元素构成的，能够产生特定整体功能的有机整体。

系统的元素指的是构成系统的基本组成部分，元素也称为要素。例如一个家庭，可以看成一个系统，它的基本要素即是各个家庭成员；一个社会也可以是一个系统，它的基本要素就是各个行政区域,而一个行政区域也可以是一个系统,它的基本要素就是在这个行政区域管辖之下的政府部门及生产单位等。由此可见,系统和系统元素的概念都是相对的,它们可大可小,关键取决于人们所研究对象的范围大小。例如,人们研究一个商业系统的产值构成比,则这个商业系统所属的各个商店将成为系统的基本元素;如果仅仅关心的是某个商店的产值构成比,则这个商店就构成一个系统,而它的元素就是商店中的各个销售小组或不同商品的销售柜台。由于系统存在相对的概念,因此可以将一个较大的系统称为母系统,而它下属的一些基本元素则称为子系统。如国民经济系统是一个母系统,它的子系统可以是工业系统、农业系统、交通运输系统、金融系统等。

不论是怎样的一个系统,其构成必须具备以下 3 个条件,且 3 个条件缺一不可。

(1) 要有两个以上的元素。

(2) 元素之间要相互联系,相互作用且相互依存。

(3) 元素之间的联系与作用必须产生整体功能。

这里的整体功能指的是系统所能发挥的作用或效能。

运用系统思想和方法解决实际问题时,区分或划分元素是一项重要的工作。一是要划分元素的层次结构,即哪些要素定为系统的一级元素,哪些要素定为系统的二级元素,哪些元素不必要再往下划分。例如,一个大学,处、系可作为它的一级元素,而各科室、教研室可作为它的二级元素。二是决定元素的取舍,即找出那些对系统性质、功能、发展、变化有决定性影响的部分作为元素加以研究,形成系统分析的主要变量。而一些对系统运行影响不大的因素,可以不视为系统的分析元素(变量)。例如,对于一个企业的生产系统进行研究分析,我们主要关心的是机器设备、材料供应、生产者技能、劳动生产率等,这些将作为一个生产系统的主要元素被加以研究,而产品的库存量、出库率等就可以忽略。

2. 信息系统的概念及基本特征

《大英百科全书》将"信息系统"的概念解释为:有目的、和谐地处理信息的主要工具是信息系统,它对所有形态(原始数据、已分析的数据、知识和专家经验)和所有形式(文字、视频和声音)的信息进行收集、组织、存储、处理和显示。

大多数学者认可的"信息系统"的概念为:所谓信息系统,即由计算机硬件、网络和通信设备、计算机软件、信息资源、信息用户和规章制度组成的,以处理信息流为目的的人机一体化系统。

从以上概念可见,信息系统一般涉及管理、技术、人员以及信息系统的运行环境等多方面,其规模庞大、结构复杂(多层次且相互关联),带有一定的随机性和诸多不确定性,因而信息系统是一个复杂的大系统。

作为一个复杂的大系统,信息系统具有大系统的一般特征。

1) 目的性

任何一个系统都是为某一目标或为解决某个需求服务的,每个系统都有其要达到的目的和应完成的任务或功能的特性。

系统的目的决定着系统的基本作用和功能,而系统的功能通过一系列子系统的功能来体现,这些子系统的目标之间往往相互有矛盾,其解决的方法是在矛盾的子目标之间寻求平衡和折中,以求达到总目标的最优。

2) 要素的多样性

每个系统都由各种可以相互区别同时又相互依赖的具有不同属性的元素组成。在考虑一个系统时,必须联系到组成该系统的其他要素及其所处的状态。

3) 要素的相关性

系统的组成要素是相互依存又相互制约的,子系统之间也是如此。组成系统各要素之间的相互作用和约束一定要合理、协调和容易控制。因此,在划分子系统时,既要有适当的相对独立性,降低相关性,又不能分得过细。

4) 结构层次性

一个复杂的大系统往往由若干个子系统构成,这种子系统是对大系统目标、功能、任务的分解,而各个子系统根据需要又可以分解为更低一层的子系统,因此,整个复杂的大系统呈现出结构的层次性。

5) 整体性

系统在具体运行时表现出整体性,即当系统的各个组成部分和它们之间的联系服从系统的整体目标和要求、系统的整体功能并协调运行时,才能使系统成为一个有机的整体,发挥系统的"最优"功能。

6) 环境适应性

一个系统本身总是从属于更大的系统,它是这个大系统的一个子系统。任何系统都存在于一定的环境中,环境可以理解为各系统的补集。系统要发挥它应有的作用,达到应有的目标,系统自身一定要不断适应环境的要求。

信息系统是一个特殊的系统。

信息系统除了具有上述大系统的一般特征外,还具有信息采集、处理、存储、管理、检索和传输等功能。

1) 信息采集

信息系统把分布在各部门、各支点的有关信息收集起来,并将代表信息的数据按一定格式转化成信息系统所识别的形式。

2) 信息处理

对进入信息系统的数据进行加工处理。信息处理的数学含义是:排序、分类、归并、查询、统计、预测、模拟以及进行各种数学计算。

3) 信息存储

数据被采集之后,经过加工处理,形成对各类业务需求有用的信息,然后由信息系统负责对这些信息进行存储保管。当组织机构庞大时,需存储的信息量是很大的,这就得依靠先进的海量存储及其管理技术完成。

4) 信息管理

系统中要处理和存储的数据量很大,盲目采集和存储,将成为数据垃圾。因此,需对信息系统中的数据(信息)进行管理。信息管理的主要内容包括:规定应采集数据的种类、名称、代码等,规定应存储数据的存储介质、逻辑组织方式等。

5）信息检索

采用一定的方法，对存储在各种介质上的庞大数据（信息）进行查询。

6）信息传输

从采集点采集到的数据要传送到数据（信息）处理中心，经加工处理后的信息要送到使用者手中或管理者指定的地点，各类用户要使用存储在数据（信息）处理中心的数据（信息）等，这些都涉及信息的传输问题。组织机构越庞大，信息系统的规模就越大，信息传输涉及的环节就越多，传输的问题越复杂。

1.2　信息系统的软硬件构成

信息系统具有信息采集、处理、存储、管理、检索和传输等功能，理所当然离不开大量软硬件设施的支撑，这些软硬件设施包括计算机系统、网络、信息安全、各种相关信息处理的设备和支撑软件等，在信息系统中占据重要的地位。

1.2.1　信息系统的硬件

1. 计算机硬件

计算机硬件由多种执行特定功能、相互依赖的部件所构成，一般可分为处理部件和输入输出部件两类。

1）处理部件

计算机中最关键的部件之一是其中央处理单元（CPU）。中央处理单元又由算术逻辑单元、控制单元和内部存储器组成，算术逻辑单元执行数学和逻辑操作，控制单元控制和指挥计算机的所有操作。内存（内部存储器）是计算机的另外一个重要组成部分，主要用来存放当前正在使用的或随时要使用的程序或数据。

计算机的其他重要部件还包括随机访问存储器（RAM）、只读存储器（ROM）以及用于永久存储数据的硬盘等。随机访问存储器具有"易挥发性"，即"掉电失忆"。而只读存储器具有不能写入而只能读出数据的特点，只读存储器中的数据信息是在制造出厂时一次性写入的，而这些数据往往是固定不变、重复使用的程序、数据或信息，如汉字库、各种专用设备的控制程序等。

2）输入输出部件

输入输出部件用于输入计算机指令、信息和输出计算机运算所产生的数据。有些部件，如键盘，只用于输入；有些部件，如打印机，只用于输出；而有些部件，如显示器，则同时兼有输入和输出的功能。

2. 计算机网络设备

计算机网络设备又称为网络设备。通常情况下，网络设备又可分为局域网（LAN）设备和广域网（WAN）设备。

1) 局域网设备

常见的局域网部件有网卡、中继器、集线器、网桥、交换机等。下面对这些设备的功能进行简单描述。

（1）网卡

计算机与外部网络的连接是通过主机箱内插入一块网络接口板而实现的，这个网络接口板又称为网络通信适配器或网络适配器（Network Adapter）或网络接口卡 NIC（Network Interface Card）。生活中更多的人将其称为"网卡"。

网卡是在局域网中计算机连接网络传输介质的接口，不仅能实现与局域网传输介质之间的物理连接和电信号匹配，还能进行数据帧的发送与接收、帧的封装与拆封、介质访问控制、数据的编码与解码以及数据缓存的功能等。

（2）中继器

中继器是连接网络线路的一种装置，是最简单的实现网络物理扩展的设备，常用于两个网络节点之间物理信号的双向转发，主要负责在两个节点之间传递信息，完成信号的复制、调整和放大功能，并以此来达到延长网络物理长度的作用。

（3）集线器

集线器又被称为 Hub，而"Hub"是"中心"的意思。集线器的主要功能是对接收到的信号进行再生整形放大，以扩大网络的传输距离，同时把所有节点集中在以它为中心的节点上。

集线器基本上不具有"智能记忆"能力和"学习"能力，也不具备 MAC 地址列表查询功能，所以它在网络中发送数据时是没有针对性的，而是采用广播方式发送，因此，在生活中，集线器又被称为"傻 Hub"。

（4）网桥

网桥是将两个 LAN 联起来，以实现局域网物理扩展的一种常用设备。网桥的功能在扩展网络长度方面类似于中继器，然而它能提供智能化连接服务，即根据帧的终点地址处于哪一网段来进行转发和滤除帧，网桥对站点所处网段的了解和识别是靠自身的"自学习"能力实现的。

（5）交换机

交换是按照通信两端传输信息的需要，用人工或设备自动完成的方法，把要传输的信息送到符合要求的相应目的地的技术统称。而交换机是一种在计算机网络通信系统中完成数据或信息交换功能的设备。

与集线器相比，交换机在同一时刻可以进行多个端口之间的数据传输，而每一个端口都可以被视为独立的网段，连接在其上的计算机独自享有全部的带宽，无须同其他设备竞争使用。

交换机与网桥一样，具有帧转发、帧过滤和生成树算法等功能。但是，交换机与网桥相比还存在以下不同。

① 交换机工作时，实际上允许许多组端口间的通道同时工作。所以，交换机的功能

体现出的不仅仅是一个网桥的功能,而是多个网桥功能的集合。即网桥一般分有两个端口,而交换机通常具有高密度的端口。

② 分段能力的区别。由于交换机能够支持多个端口,因此可以把网络系统划分成为更多的物理网段,这样使得整个网络系统具有更高的带宽。而一般情况下,网桥仅仅支持两个端口,所以,网桥划分的物理网段是相当有限的。

③ 传输速率的区别。交换机与网桥数据信息的传输速率相比,交换机要快于网桥。

④ 数据帧转发方式的区别。网桥在发送数据帧前,通常要在接收到完整的数据帧并执行帧检测序列 FCS 后,才开始转发该数据帧。交换机具有存储转发和直接转发两种帧转发方式。直接转发方式在发送数据以前,不需要在接收完整个数据帧和经过 32b 循环冗余校验码 CRC 的计算检查后的等待时间。

2) 广域网设备

常见的广域网设备有调制解调器(Modem)和路由器等。下面对这些设备的功能进行简单的描述。

1) 调制解调器

调制解调器是 Modulator(调制器)与 Demodulator(解调器)的简称,又称为 Modem。它是在发送端将数字信号通过调制转换为模拟信号,而在接收端通过解调再将模拟信号转换为数字信号的一种装置。

由于计算机内的信息是由"0"和"1"组成的数字信号,而在电话线上传递的却是模拟信号,于是,当两台计算机要通过电话线进行数据传输时,就需要一个设备负责数模的转换,这个数模转换器就是 Modem。调制解调器工作原理图如图 1.1 所示。

图 1.1 调制解调器工作原理图

计算机在发送数据时,先由 Modem 把数字信号转换为相应的模拟信号,这个过程称为"调制"。经过调制的信号通过电话载波传送到另一台计算机之前,也要经由接收方的Modem 负责把模拟信号还原为计算机能识别的数字信号,这个过程称为"解调"。正是通过这样一个"调制"与"解调"的数模转换过程,从而实现了两台计算机之间的远程通信。

2) 路由器

路由是指通过相互连接的网络把信息从源点移动到目标地点的活动或过程。而能实现路由功能的设备常被称为路由器。

路由器是网络互联中最常用的设备之一。路由器通过路由决定数据的转发。转发路由的策略称为路由选择,这也是路由器名称的由来。

3. 网络传输介质

网络传输介质是计算机网络中发送方与接收方之间信息交换的物理通路,它对网络数据的交换具有相当重要的影响。常用的传输介质有:双绞线、同轴电缆、光纤、无线传输介质等。

1) 双绞线

双绞线是由两根绝缘导线相互缠绕而成,既可以用于传输模拟信号,又可以用于传输数字信号的通信电缆。

双绞线又可以分为非屏蔽双绞线 UTP 和屏蔽双绞线 STP 两种。非屏蔽双绞线价格便宜,传输速度偏低,抗干扰能力较差;屏蔽双绞线抗干扰能力较好,具有更高的传输速度,但价格相对较贵。

2) 同轴电缆

同轴电缆与双绞线相比,具有抗干扰能力强,传输距离长等特点,分为 50Ω 和 75Ω 两种。50Ω 同轴电缆适用于基带数字信号的传输;75Ω 同轴电缆适用于宽带信号的传输,既可以传送数字信号,也可以传送模拟信号。在需要传送图像、声音、数字等多种信息的局域网中,常使用宽带同轴电缆。

由于成本相对较高,组网结构相对复杂,目前同轴电缆已经不常应用于计算机网络的构建。

3) 光纤

光纤又称为光缆或光导纤维,是由光导纤维纤芯、玻璃网层和能吸收光线的外壳组成的通信介质。

与双绞线和同轴电缆相比,光纤具有不受外界电磁场的影响,安全性能高,理论上支持不受限制的传输速率等特点,在当前计算机网络的组建中使用相当广泛。

4) 无线传输介质

无线传输介质是指利用电波或光波充当传输导体的传输介质,包括无线电波、微波、红外线和卫星通信等。各种无线传输介质对应的电磁波谱范围如图 1.2 所示。

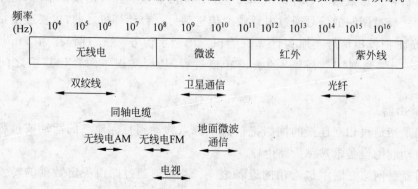

图 1.2 各种无线传输介质对应的电磁波谱范围

无线电波在低功率设备之间广播和接收数据,价格低廉但容易遭受干扰和窃听。

微波沿空气进行传播,使用方便,也容易遭受干扰和窃听。

卫星通信实现了太空到地面的数据传输,覆盖范围广,但接收数据时延迟比较大。

红外线在短距离范围内可以很容易地组建网络,但数据传输速度不高,也易受干扰,一般在不方便布线的地方或临时办公环境下使用。

4. 信息安全设备

信息系统的硬件除了计算机硬件、网络通信设备及传输介质外,还包括用于信息安全保障的安全设备。

1) 加密机

加密机是通过国家商用密码主管部门鉴定并批准使用的国内自主开发的主机加密设备,加密机和主机之间使用 TCP/IP 协议通信,所以加密机对主机的类型和主机操作系统无任何特殊的要求。

加密机主要有以下 4 个功能模块。

(1) 硬件加密部件

硬件加密部件的主要功能是实现各种密码算法,安全保存密钥,例如 CA 的根密钥等。

(2) 密钥管理菜单

通过密钥管理菜单来管理主机加密机的密钥,管理密钥管理员和操作员的口令卡。

(3) 加密机后台进程

加密机后台进程接收来自前台 API 的信息,为应用系统提供加密、数字签名等安全服务。加密机后台进程采用后台启动模式,开机后自动启动。

(4) 加密机前台 API

加密机前台 API 是给应用系统提供的加密开发接口,是以标准 C 库的形式提供的。目前加密机前台 API 支持的标准接口有:PKCS♯11、Bsafe、CDSA 等。

2) 防火墙

防火墙指的是一个由软件和硬件设备组合而成、在内部网和外部网之间、专用网与公共网之间的界面上构造的保护屏障。它是一种获取安全性的形象说法,是计算机硬件和软件的结合,使 Internet 与 Intranet 之间建立起一个安全网关,从而保护内部网免受非法用户的侵入。防火墙主要由服务访问规则、验证工具、包过滤和应用网关 4 个部分组成。

3) 入侵检测系统 IDS

IDS 是英文 Intrusion Detection Systems 的缩写,中文意思是"入侵检测系统"。IDS 是依照一定的安全策略,对网络、系统的运行状况进行监视,尽可能发现各种攻击企图、攻击行为或者攻击结果,以保证网络系统资源的机密性、完整性和可用性。

不同于防火墙,IDS 是一个监听设备,没有跨接在任何链路上,无须网络流量流经它便可以工作。因此,对 IDS 的部署唯一的要求是:IDS 应当挂接在所有所关注流量都必须流经的链路上。在这里,"所关注流量"指的是来自高危网络区域的访问流量和需要进行统计、监视的网络报文。

防火墙和 IDS 可以分开操作,用户可以自行选择合适的产品。

4) 防水墙系统

防水墙系统是与防火墙相对的一个概念,其设计理念旨在防止组织内部信息像水一样外泄,是一种防范组织内部信息泄露的安全产品。

最简单的防水墙由探针和监控中心组成。一般来说,它由 3 层结构组成:高层的用户接口层,以实时更新内网拓扑结构为基础,提供系统配置、策略配置、实时监控、审计报告、安全告警等功能;低层的功能模块层,由分布在各个主机上的探针组成;中层的安全服务层,从低层收集实时信息,向高层汇报或告警,并记录整个系统的审计信息,以备查询或生成报表。

防水墙一般具有以下功能:信息泄露防范,防止在内部网主机上,通过网络、存储介质、打印机等媒介,有意或无意地扩散本地机密信息;系统用户管理,记录用户登录系统的信息,为日后的安全审计提供依据;系统资源安全管理,限制系统软硬件的安装、卸载,控制特定程序的运行,限制系统进入安全模式,控制文件的重命名和删除等操作;系统实时运行状况监控,通过实时抓取并记录内部网主机的屏幕,来监视内部人员的安全操作状况,威慑怀有恶意的内部人员,并在安全问题发生后,提供分析其依据,在必要时,也可以直接控制涉及安全问题的主机的 I/O 设备,如键盘、鼠标等;信息安全审计,记录内网安全审计信息,并提供内网主机使用状况、安全事件分析等报告。

5. 存储设备

存储器是计算机系统中的记忆设备,用来存放程序和数据。计算机中的全部信息,包括输入的原始数据、计算机程序、中间运行结果和最终运行结果都保存在存储器中。按存储器的用途划分可以将存储器分为主存储器(内存)和辅助存储器(外存)。内存指主板上的存储部件,用来存放当前正在执行的数据和程序,但仅用于暂时存放程序和数据,关闭电源或断电,数据就会丢失,而外存则能长期保存信息。下面介绍一种特殊的外存储器——海量存储器。

海量存储器是一种超大容量的辅助存储器,用"海量"来形容其存储的容量庞大。随着企业信息化应用的不断深入,信息(数据)量急剧增加,这要求具有庞大的存储系统来储存这些重要的信息(数据),例如,空间探索的高分辨图像照片,每张照片约有 10^8 位数据,相当于一盘 10^8 位磁带的存储量,千百张照片就需要千百盘磁带来存储。海量存储器就是为储存这类海量的信息(数据)而研制的,目前,已经广泛应用于军事、气象、航天、科研等领域。

到此为止,我们把信息系统的硬件构成要素以层次结构的形式进行了表示,这种层次结构也可以用根节点的有向树和孤立点的集合来进一步表征,如图 1.3 为信息系统硬件基础设施的结构示意图。

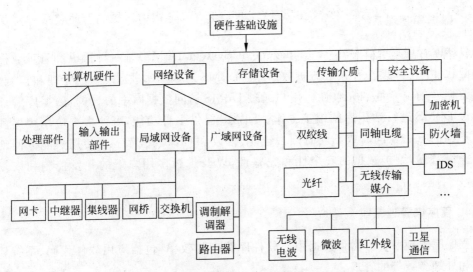

图 1.3 信息系统硬件基础设施结构示意图

1.2.2 信息系统的软件

常见的信息系统软件有操作系统、数据通信软件、数据库管理系统、程序库管理系统、磁带和磁盘管理系统、实用软件和业务处理软件等。此外,在安全保障体系中,防(杀)病毒软件是一种最常用的软件。

1. 操作系统

操作系统(Operating System,OS)是一种管理计算机硬件与软件资源并为用户提供操作界面的系统软件的集合,也是计算机系统的内核与基石。

操作系统担负诸如管理与配置内存、决定系统资源供需的优先次序、控制输入与输出设备、操作网络与管理文件系统等基本事务。此外,操作系统还管理计算机系统的全部硬件资源、软件资源及数据资源;控制程序运行;改善人机界面;为其他应用软件提供支持等。操作系统是一个庞大的管理控制程序,主要有 5 个方面的功能:进程与处理机管理、作业管理、存储管理、设备管理和文件管理。

目前,常见的操作系统有 OS/2、UNIX、XENIX、Linux、Windows 系列以及 NetWare等,但所有的操作系统都具有并发性、共享性、虚拟性和不确定性等 4 个基本特征。

2. 数据通信软件

数据通信软件主要用于将信息或数据从网络中的某计算机传送到另一计算机上,其应用的显著特点是使用某些智能设备将数字符号转换成某种编码后进行传输。如当前Internet 网上有许多免费、绿色的局域网通信软件,具有支持局域网间发信息、传送文件、文件夹、多文件(或文件夹),速度非常快等特点。

3. 数据库管理系统

数据库管理系统(Database Management System,DBMS)是一种操纵和管理数据库的大型软件,用于建立、使用和维护数据库。DBMS 对数据库进行统一的管理和控制,以保证数据库的安全性和完整性。用户通过 DBMS 访问数据库中的数据,数据库管理员也通过 DBMS 进行数据库的维护工作。DBMS 提供多种功能,可使多个应用程序和用户用不同的方法在同时或不同时刻去建立、修改和查询数据库。它使用户能方便地定义和操纵数据,维护数据的安全性和完整性,以及进行多用户下的并发控制和恢复数据库。

4. 程序库管理系统

程序库管理系统可增强数据中心软件库管理的效率,包括应用软件代码、系统软件代码和处理参数等的管理。

以下是程序库管理系统的部分功能。

完整性:使每个源程序被赋予一个修改的编号和版本编号,每个源语句均赋有创建日期,通过口令、加密、数据压缩及自动备份等手段,以保证程序库、控制语句以及参数文件的安全性。

变更:对库内内容的追加、修改、删除、重新排序和编辑进行管理。

报告:为管理者或审计检查提供关于库内容、类别、追加和修改的列表。

完善的接口:提供与操作系统、应用访问控制系统和联机程序管理系统的接口。

5. 磁带和磁盘管理系统

自动化磁带管理系统(TMS)或磁盘管理系统(DMS)是一种特殊的系统软件,主要用来追踪和列表显示数据中心所需要的磁带或磁盘资源。系统中包含了数据集的名称、磁带卷或磁盘驱动器的位置、创建日期、有效日期、保存日期、失效日期及相关的内容信息。通过 TMS 或 DMS,信息系统的操作人员可节省时间,减少错误,合并磁盘碎片以提高利用率。此外,大多数 TMS 还具有磁带库存控制、安全访问控制等功能,这对信息系统的安全应用大有好处。

6. 实用软件

实用软件也称为实用程序,是指系统在正常运行期间常用的维护性和常规性的系统软件,为用户提供了多种系统维护和操作的手段。如计算机中用于改善计算机运行效率的 CPU 和内存利用监视器等工具软件。

7. 业务处理软件

业务处理软件是指那些用于完成信息系统业务或某一具体业务功能的软件。常见的有办公软件、金融交易软件、企事业单位中所使用的一些其他应用业务软件。

8. 防(杀)病毒软件

根据《中华人民共和国计算机信息系统安全保护条例》对计算机病毒(Computer Virus)的定义,所谓病毒是指"编制或者在计算机程序中插入的破坏计算机功能或者破坏数据,影响计算机使用并且能够自我复制的一组计算机指令或者程序代码"。病毒会给信息系统造成致命的破坏,在病毒日益增多的今天,使用杀毒软件进行防(杀)毒成为一种必然的同时也是经济的选择。

目前,由于病毒的种类繁多,相应的防(杀)病毒软件也很多。比较常见的如卡巴斯基、瑞星、NOD32;U 盘病毒专杀工具 AutoGuarder 2;查杀木马的工具软件 360 安全卫士等。

信息系统的软件构成如图 1.4 所示。

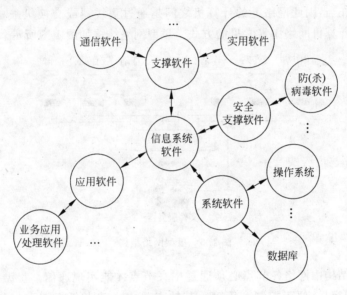

图 1.4　信息系统的软件构成

1.3　信息系统的网络基础平台

1.3.1　典型的网络结构

常见的计算机网络结构主要有总线型、星型、环型和混合型网络结构。

1. 总线型网络

总线型结构是指采用单根传输线作为总线,所有工作站都共用一条总线,网络中所有的节点通过总线进行信息的传输。总线型网络结构如图 1.5 所示。

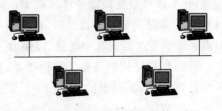

图 1.5　总线型网络结构

当其中一个工作站发送信息时,该信息将通过总线传到每一个工作站上。工作站在接到信息时,先要分析该信息的目标地址与本地地址是否相同,若相同则接收该信息;若不相同,则拒绝接收。

这种结构的特点是结构简单灵活,建网容易,使用方便,性能好。其缺点是主干总线对网络起决定性作用,总线故障将影响整个网络。总线型网络是使用最普遍的一种网络。

2. 星型网络

星型网络由中心节点和其他的从节点组成,中心节点可以直接与从节点通信,而从节点间必须通过中心节点才能通信。在星型网络中,中心节点通常由一种称为集线器或交换机的设备充当,因此网络上的计算机之间是通过集线器或交换机来相互通信的,星型网络是目前计算机网络中最常见的方式。星型网络结构如图1.6所示。

图 1.6   星型网络结构

星型网络结构中网络各节点必须通过中央节点才能实现通信。星型结构的特点是结构简单、建网容易,便于控制和管理。其缺点是中央节点负担较重,容易形成网络的"瓶颈",线路的利用率也不高。

3. 环型网络

环型拓扑通常是一些中继器和连接中继器的点到点链路组成一个闭合环型线路,计算机通过各中继器接入这个环中,从而构成环型拓扑的计算机网络。环型网络结构如图1.7所示。

在环型网络结构中,信号按计算机编号顺序以"接力"方式传输。如图1.7所示,若计算机A欲将数据传输给计算机B,必须先将数据传送给相邻的计算机,相邻的计算机收到信号后发现不是给自己的,再传给计算机B。即沿一个方向从一个节点传到另一个节点;每个节点需安装中继器,以接收、放大、发送信号。

环型网络结构的特点是结构简单,建网容易,便于管理。其缺点是当节点过多时,将影响传输效率,不利于扩充。

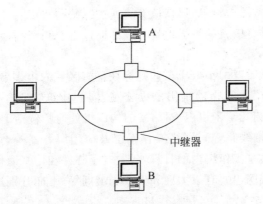

图 1.7　环型网络结构

4. 混合型网络

在实际应用中,上述 3 种类型的网络结构经常被混合使用。如果将上述单一的网络结构混合起来,取各自的优点构成一个新的网络拓扑则被称为混合型网络结构。混合型网络结构如图 1.8 所示,是总线型和星型网络的混合。

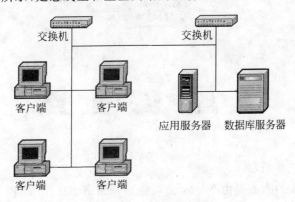

图 1.8　混合型网络结构

混合型网络结构的优点如下。

(1) 故障诊断和隔离较为方便。

(2) 易于扩展。

(3) 安装方便。

混合型网络结构的缺点如下。

(1) 需要选用带智能的交换机或集线器。

(2) 像星型拓扑结构一样,交换机或集线器到各个站点的电缆安装长度会增加。

1.3.2　企业组网方式

在信息系统应用中,与信息系统应用相关的组网方式主要有:局域网、广域网和城域网 3 种。

1. 局域网

局域网(Local Area Network,LAN)是指在某一区域内由多台计算机互联而成的计算机网络。"某一区域"通常指的是同一办公室、同一建筑物、同一公司或组织等,LAN的作用范围一般是方圆几千米以内。LAN的构成组件通常包括 PC 工作站、网络适配卡(网卡)、传输介质(同轴线路等)、网络操作系统及应用服务器等,可以实现文件管理、应用软件共享、打印机共享工作组内的日程安排、电子邮件和传真通信服务等功能。

当前,常用的局域网主要有以太网和无线局域网等,下面分别进行介绍。

1) 以太网

以太网是一种基带局域网。IEEE 制定的 IEEE 802.3 标准给出了以太网的技术标准,它规定了包括物理层的连线、电信号和介质访问层协议的内容等。经过 20 多年的发展,以太网在很大程度上取代了其他局域网标准,如令牌环网(Token Ring)、FDDI 和 ARCNET 等,已经成为当今局域网中最常用的通信协议标准。一个典型的以太网结构如图 1.9 所示。

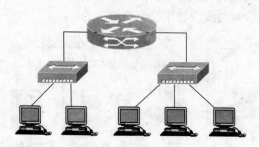

图 1.9 以太网结构图

(1) 以太网的工作机制

以太网(Ethernet)指的是由 Xerox 公司创建并由 Xerox、Intel 和 DEC 等公司联合开发的基带局域网规范,是当今现有局域网采用的最通用的通信协议标准。

以太网是一种广播网络,它不是一种具体的网络,而是一种技术规范。以太网采用带冲突检测的载波侦听多路访问(CSMA/CD)机制进行工作,其工作原理如图 1.10 所示。

CSMA/CD 的工作过程如下。

当以太网中的某台主机要传输数据时,它将按如下步骤进行。

① 监听信道上是否有信号在传输。如果有的话,表明信道处于忙状态,就继续监听,直到信道空闲为止。

② 若没有监听到任何信号,就传输数据。

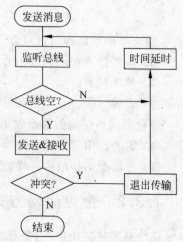

图 1.10 CSMA/CD 工作原理

③ 传输的时候继续监听,如发现冲突则等待,随机等待一段时间后,重新执行步骤①。

④ 若未发现冲突则发送成功。

(2) 以太网的类型

① 标准以太网。

早期的 10Mbps 以太网称为标准以太网。以太网主要有两种传输介质:双绞线和光纤。所有的以太网都遵循 IEEE 802.3 标准,下面列出 IEEE 802.3 中的一些以太网络标准,在这些标准中,前面的数字表示传输速率,单位是 Mbps,最后的一个数字表示单段网线长度(基准单位是 100m),Base 表示"基带"的意思,Broad 代表"带宽"。如:

- 10Base-5:使用粗同轴电缆,最大网段长度为 500m。
- 10Base-2:使用细同轴电缆,最大网段长度为 185m。
- 10Base-T:使用双绞线电缆,最大网段长度为 100m。
- 1Base-5:使用双绞线电缆,最大网段长度为 500m,传输速度为 1Mbps。
- 10Broad-36:使用同轴电缆(RG-59/U CATV),最大网段长度为 3600m,是一种宽带传输方式。
- 10Base-F:使用光纤传输介质,传输速率为 10Mbps。

② 快速以太网。

快速以太网(Fast Ethernet)为 IEEE 在 1995 年发表的网络标准,能提供高达 100Mbps 的传输速度。快速以太网与原来在 100Mbps 带宽下工作的 FDDI 相比具有许多优点,最主要体现在快速以太网技术可以有效地保障用户在布线方面的投资,它支持 3、4、5 类双绞线以及光纤的连接,能有效地利用现有的设施。快速以太网的不足其实也是以太网技术的不足,那就是快速以太网仍是基于 CSMA/CD 技术,当网络负载较重时,会造成效率的降低。快速以太网又分为 100Base-TX、100Base-FX、100Base-T4 这 3 个子类。

③ 千兆以太网。

千兆以太网技术作为最新的高速以太网技术,给用户带来了提高核心网络的有效解决方案,这种解决方案的最大优点是继承了传统以太网技术价格便宜的优点。千兆技术仍然是以太网技术,它采用了与 10Mbps 以太网相同的帧格式、帧结构、网络协议、全/半双工工作方式以及布线系统。由于该技术不改变传统以太网的桌面应用、操作系统,因此可与 10Mbps 或 100Mbps 的以太网很好地配合工作。升级到千兆以太网不必改变网络应用程序、网管部件和网络操作系统,能够最大限度地投资保护。

千兆以太网技术有两个标准:IEEE 802.3z 和 IEEE 802.3ab。IEEE 802.3z 制定了光纤和短程铜线连接方案的标准。IEEE 802.3ab 制定了五类双绞线上较长距离连接方案的标准。

④ 万兆以太网。

万兆以太网规范包含在 IEEE 802.3 标准的补充标准 IEEE 802.3ae 中,它扩展了 IEEE 802.3 协议和 MAC 规范,使其支持 10Gbps 的传输速率。除此之外,通过 WAN 界面子层(WAN Interface Sublayer,WIS),10 吉位以太网也能被调整为较低的传输速率,如 9.584640Gbps(OC-192)，这就允许 10 吉位以太网设备与同步光纤网络(SONET)STS-192c 传输格式相兼容。

2）无线局域网

无线局域网(Wireless Local Area Networks，WLAN)采用 IEEE 802.11 标准，是无线通信技术与网络技术相结合的产物，通过无线信道来实现网络设备之间的通信，并实现通信的移动化、个性化和宽带化，是对有线局域网联网方式的一种补充和扩展。

一个典型的无线局域网应用如图 1.11 所示。

图 1.11　无线局域网应用

（1）无线局域网的工作机制

由于无线局域网与有线局域网两者的传输介质不同，使无线局域网与有线局域网在工作方式上存在着差异。对无线局域网而言，必须采用与有线局域网有所区别的其他碰撞检测机制，即带碰撞避免的 CSMA/CA(Carrier Sense Multiple Access with Collision Avoidance)机制。

CSMA/CA 与 CSMA/CD 工作流程的区别有以下两点。

① 在送出数据前，监听媒体状态，等没有站点使用媒体，维持一段时间后，再等待一段随机的时间后依然没有人使用，才送出数据。由于每个设备采用的随机时间不同，所以可以减少冲突的机会。

② 在送出数据前，先送一段小小的请求传送报文(Request to Send，RTS)给目标端，等待目标端回应(Clear to Send，CTS)报文后，才开始传送。利用 RTS-CTS 握手程序，确保接下来传送资料时，不会被碰撞。同时由于 RTS-CTS 封包都很小，传送的无效开销也变小了。

（2）无线局域网的类型

目前，无线局域网采用的传输媒体主要有两种，即红外线和无线电波。按照不同的调制方式，采用无线电波作为传输媒体的无线局域网又可以分为扩频方式与窄带调制方式。

① 红外线(Infrared Rays，IR)局域网。

采用红外线通信方式与无线电波方式相比，可以提供极高的数据速率，有较高的安全性,且设备相对便宜而且简单。但由于红外线对障碍物的透射和绕射能力很差,使得传输距离和覆盖范围受到很大限制,通常 IR 局域网的覆盖范围只限制在一间房屋内。

② 扩频(Spread Spectrum,SS)局域网。

采用扩频技术的无线网络可以工作在 ISM(工业、科学和医疗)频段内。在扩展频谱方式中,数据基带信号的频谱被扩展几倍至几十倍再被搬移至射频发射出去。这一做法虽然牺牲了频带带宽,却提高了通信系统的抗干扰能力和安全性。扩频技术主要分为跳频技术(FHSS)和直接序列扩频(DSSS)两种方式。

③ 窄带微波局域网。

这种局域网使用微波无线电频带来传输数据,其带宽刚好能容纳信号。但这种网络产品通常需要申请无线电频谱执照,其他方式则可以使用无需执照的 ISM 频带。

2. 广域网

当主机之间的距离较远时,例如,相隔几十或几百千米,甚至几千千米,局域网显然就无法完成主机之间的通信任务了,这时就需要另一种结构的网络,即广域网。

广域网(Wide Area Network,WAN)是一种跨越大地域性的计算机网络集合。WAN 的作用范围通常从几十千米到几千千米,它能连接多个城市或国家,或横跨几个洲,并能提供远距离通信,形成国际性的网络。

广域网由一些节点设备以及连接这些节点设备的链路组成。图 1.12 表示了相距较远的某组织省级信息中心与地、市信息中心局域网通过路由器(节点设备)与广域网相连,组成了一个覆盖范围很广的互联网。这样,局域网就可以通过广域网与另一个相隔很远的局域网进行通信了。

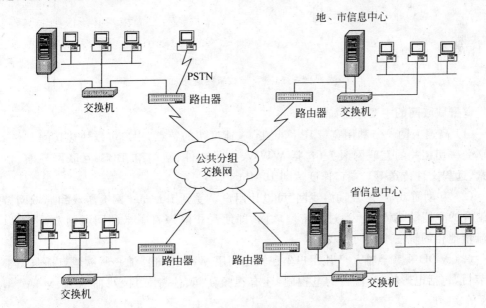

图 1.12 广域网应用示意图

广域网的特点如下。

(1) 适应大容量与突发性通信的要求。

(2) 适应综合业务服务的要求。

(3) 开放的设备接口与规范化的协议。

(4) 完善的通信服务与网络管理。

广域网与局域网的区别有如下几点。

(1) 连接技术的区别：局域网采用的是多点接入技术；广域网节点之间采用点到点连接。

(2) 协议层次上：局域网主要在数据链路层及以下；广域网主要在网络层及以下。

(3) 广域网与局域网之间通常采用路由器连接，而局域网内一般不需要用到路由器。

3. 城域网

城域网(Metropolitan Area Network,MAN)，是一种采用与 LAN 相似的技术组建的都市网络。MAN 通常覆盖一个城市，作用范围在几十千米。

当前应用比较广泛的宽带城域网是一种常见的 MAN，如图 1.13 所示。宽带城域网是以 IP 和 ATM 技术为基础，以光纤作为传输媒介，集数据、语音、视频服务于一体的高带宽、多功能、多业务接入的多媒体通信网络。

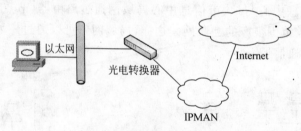

图 1.13　宽带城域网应用

宽带城域网的主要用途如下。

(1) 高速上网——利用宽带 IP 网频带宽、速度快的特点，用户可以快速访问 Internet 及享受一切相关的互联网服务(包括 WWW、电子邮件、新闻组、BBS、互联网导航、信息搜索、远程文件传送等)，端口速度达到 10Mbps 以上。

(2) 互动游戏——"互动游戏网"可以让用户享受到 Internet 网上游戏和局域网游戏相结合的全新游戏体验。通过宽带城域网，即使是相隔一百千米的同城网友，也可以不计流量地相约玩三维联网游戏。

(3) VOD 视频点播——让用户坐在家里利用 Web 浏览器随心所欲地点播自己喜爱的节目，包括电影精品、流行的电视剧，还有视频新闻、体育节目、戏曲歌舞、MTV、卡拉OK 等。

(4) 网络电视(NET TV)——突破传统的电视模式，跨越时间和空间的约束，在网上实现无限频道的电视收视。通过 Web 浏览器的方式直接从网上收看电视节目，克服了现有电视频道受地区及气候等多种因素约束的弊病,而且有利于进行一种新型交互式电视剧"网络电视剧"的制作和播放。

(5) 远程医疗——采用先进的数字处理技术和宽带通信技术,医务人员为远在几十千米或几百千米之外的病人进行诊断和治疗,远程医疗是随着宽带多媒体通信的兴起而发展起来的一种新的医疗手段。

(6) 远程会议——异地开会不用出差,也不用出门,在高速信息网络上的视频会议系统中,"天涯若比邻"的感觉得到了最完美的诠释。

(7) 远程教育——从根本上克服了基于电视技术的单向广播式、基于 Web 网页的文本查询式和基于昂贵得无法进入家庭的会议电视等 3 种方式的缺陷,运用宽带城域网最新产品和技术,将图、文、声等多媒体信息,以交互的方式进入普通家庭、学校和企事业单位。学生可以通过宽带城域网在家收看教学节目并可以与老师实时交互;可上 Internet 查资料,以 E-mail 等方式布置作业、交作业,解答提问等;缺课可检索课程数据库以 VOD 方式播放老师讲课录像等。

(8) 远程监控——对远程的系统或其他重要设施进行监控,授权用户通过 Web 自由进行镜头的转动、调焦等操作,实现实时的监控管理功能。监控系统采用数字监控方式。数字监控方式很好地与计算机网络结合在一起,充分发挥宽带城域网的带宽优势。

(9) 家庭证券交易系统——可在家里进行证券大户室形式的网上炒股,不但可以实时查阅深、沪股市行情,获取全面及时的金融信息,还可以通过多种分析工具进行即时分析,并可以进行网上实时下单交易,参考专家股评。

城域网与局域网、广域网的区别如下。

(1) 局域网或广域网通常是为了一个单位或行业服务的,而城域网则是为整个城市而不是为某个特定的部门服务的。

(2) 建设局域网或广域网包括资源子网和通信子网两个方面,而城域网的建设主要集中在通信子网上,其中也包含两个方面:一是城市骨干网,它与全国的骨干网相连;二是城市接入网,它把本地所有的联网用户与城市骨干网相连。

1.3.3 信息系统的应用模式

基于计算机网络的信息系统应用模式通常有集中模式、客户机/服务器模式和浏览器/服务器模式 3 种。

1. 集中模式

集中模式是 20 世纪 70 年代到 20 世纪 80 年代中期信息系统普遍采用的结构模式。在集中模式中,所有程序和数据都被放置在位于信息中心的处理机中,用户通过终端来使用信息系统。信息系统的集中模式如图 1.14 所示。

集中模式的缺点是中心处理机的运行负担太重。

图 1.14 信息系统的集中模式

此外,一旦中心处理机出现故障,则整个信息系统将会瘫痪。

2. 客户机/服务器模式

客户机/服务器模式又被称为 Client/Server 模式,简称为 C/S 模式,如图 1.15 所示。

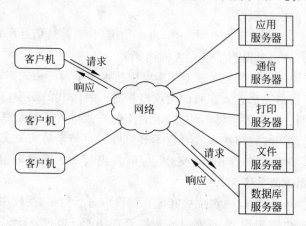

图 1.15   客户机/服务器模式

客户机和服务器是逻辑上相互独立,但进行协同计算的两个逻辑实体。客户机作为计算的请求实体,以消息的形式把计算请求发送给服务器。服务器作为计算的承接实体,接收到客户机发送来的计算请求之后,对计算进行处理,并把最后处理的结果以消息的方式返回给客户机。在信息系统结构中,C/S 模式是一种典型的体系结构模式。它描述信息系统的不同逻辑体或不同节点在系统结构中承担不同的职能,以及相互之间信息联系的方式。

C/S 模式在技术上很成熟,它的主要特点是交互性强、具有安全的存取模式、响应速度快、利于处理大量数据。但是该结构的程序是针对性开发,变更不够灵活,维护和管理的难度较大。通常只局限于小型局域网,不利于扩展。此外,由于该结构的每台客户机都需要安装相应的客户端程序,分布功能弱且兼容性差,不能实现快速部署安装和配置,具有较大的局限性。

3. 浏览器/服务器模式

随着 Internet 技术应用的普及,出现了一种新型的网络结构,这种结构被称为浏览器/服务器(Browser/Server)模式,简称为 B/S 模式或 B/S 结构,如图 1.16 所示。

B/S 模式是一种典型的三层结构,即表示层、处理层和数据层。

1) 表示层

表示层为浏览器。浏览器仅承担网页信息的浏览功能,以超文本格式实现信息的浏览和输入,没有任何业务处理能力。

2) 处理层

由服务器承担业务处理逻辑和页面的存储管理,接收客户浏览器的任务请求,并根据任务请求类型执行相应的事务处理程序。

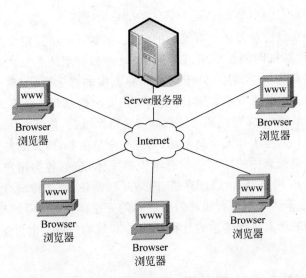

图 1.16 浏览器/服务器模式

3) 数据层

在数据层由数据库服务器承担数据处理功能。其任务是接收处理层服务器对数据库服务器提出的数据操作的请求,由数据库服务器完成数据的查询、修改、统计、更新等工作,并将对数据的处理结果提交给处理层服务器。

B/S 模式的主要特点是分布性强、维护方便、开发简单、总体拥有成本低。但该模式的数据安全性存在问题、对服务器要求过高、数据传输速度慢、软件的个性化特点不足,难以实现传统模式下的特殊功能要求。例如通过浏览器进行大量的数据输入或进行报表的应答、专用性打印输出都比较困难和不便。此外,实现复杂的应用构造有较大的困难。虽然可以用 ActiveX、Java 等技术开发较为复杂的应用,但是相对于发展已非常成熟的 C/S 模式而言,这些技术的开发复杂,并没有完全成熟的技术工具供使用。

1.4 信息系统的安全

1.4.1 信息系统安全的概念

信息系统安全指的是信息系统所面临的安全,而不是信息的系统安全,二者之间概念相差甚远。

从一般意义上讲,信息安全有着更加广泛、更加普遍的意义,它涵盖了人工和自动处理的安全、网络化和非网络化的信息系统安全,泛指一切以声、光、电信号、磁信号等为载体的信息的安全,一般也包括以纸介质、磁介质、有线传输和无线传输为媒体的相关信息,以及这些信息在获取、分类、排序、检索、传递和共享过程中的安全等。国际标准化组织 ISO 对信息安全提出的建议定义如下:"为数据处理系统建立和采取的技术和管理的安全保护。保护计算机硬件、软件、数据不因偶然的或恶意的原因而遭受破坏、更改、泄露"。

　　信息系统安全在目前业界还没有统一的定义,在本书中将其定义为:确保以电磁信号为主要形式,在计算机网络系统中进行通信、处理和利用的信息内容,在各个物理位置、逻辑区域、存储和传输介质中,处于动态和静态中的保密性、完整性和可用性的,与人、网络、环境等相关的技术安全、结构安全和管理安全的总和。也有人将信息系统安全描述为:信息系统保密性、完整性和可用性的安全特性组合,包括实体安全、信息安全、运行安全等几个部分。其中实体安全是基础,信息安全是核心,而人员安全是关键。

　　在信息系统安全概念中的"人"是信息系统的主体,包括各类用户、技术支持人员以及相关的管理人员;"网络"则指以计算机、网络互联设备、网络传输介质以及操作系统、通信协议、应用程序等构成的所有物理的和逻辑的完整体系;"环境"则指信息系统稳定和可靠运行所需要的所有保障体系的总和,包括:建筑物、机房、电力保障、备份以及应急和恢复体系等。

1.4.2　信息系统的实体安全

　　信息系统的实体安全是指为了保证计算机信息系统安全可靠运行,确保在对信息进行采集、处理、传输和存储过程中,不致受到人为或自然因素的危害而使信息丢失、泄密或破坏,从而对计算机设备、设施(包括机房建筑、供电、空调等)、环境、人员等采取适当的安全措施。实体安全是防止对信息威胁和攻击的第一步,也是防止对信息威胁和攻击的天然屏障。

　　实体安全主要包括以下两个方面。

　　(1) 环境安全。主要是对计算机信息系统所在环境的区域进行保护和灾难保护。要求计算机场地要有防火、防水、防盗措施和设施,有防静电、防尘设备,温度、湿度和洁净度在一定的控制范围等。

　　(2) 设备安全。主要是对计算机信息系统设备的安全保护,包括设备的防毁、防盗、防电磁信号辐射泄漏;对 UPS、存储器和外部设备的保护等。

1.4.3　信息系统的运行安全

　　系统的运行安全是计算机信息系统安全的重要环节,因为只有计算机信息系统运行过程中的安全得到保证,才能完成对信息的正确处理,达到发挥系统各项功能的目的。

　　运行安全包括系统风险管理、审计日志跟踪、备份与恢复、应急处理 4 个方面内容。

　　(1) 信息系统风险管理即在系统设计和运行前进行静态分析,以发现系统的潜在安全隐患;在系统运行时进行动态分析,即在系统运行过程中测试,跟踪并记录其活动,以发现系统运行期的安全漏洞,帮助系统在更加安全的环境下运行。

　　(2) 审计日志跟踪是利用对审计日志进行保存、维护和管理的方法,对计算机信息系统工作过程进行详尽的审计跟踪,记录和跟踪各种系统状态的变化,实现对各种安全事故的定位。它也是一种保证计算机信息系统运行安全的常用且有效的技术手段。

　　(3) 备份与恢复是对重要的系统文件、数据进行备份,且备份放在异处,甚至对重要设备也有备份,以确保在系统崩溃或数据丢失后能及时准确进行恢复,保障信息处理操作仍能进行。

(4)应急处理主要是在计算机信息系统受到损害、系统崩溃或发生灾难事件时,应有完善可行的应急计划和快速恢复应急措施,基本做到反应迅速、备份完备和恢复及时,使系统能正常运行,以尽可能减少由此而产生的损失。

1.4.4 信息系统的信息安全

信息系统的信息安全是信息系统安全的核心,是指防止信息财产被故意或偶然地泄露、更改、破坏或使信息被非法系统辨识、控制,确保信息的保密性、完整性、可用性和可控性。

信息安全又可分为操作系统安全、数据库安全、访问控制、网络安全和病毒防护等。

1. 操作系统安全

操作系统安全即操作系统对计算机信息系统的硬件和软件资源进行有效控制,对程序执行期间使用资源的合法性进行检查,利用对程序和数据的读、写管理,防止因蓄意破坏或意外事故对信息造成的威胁,从而达到保护信息的完整性、可用性和保密性的目的。

2. 数据库安全

数据库系统中的数据安全性包括:完整性——只有授权用户才能修改信息,不允许用户对信息进行非法修改;可用性——当授权用户存取其有权使用的信息时,数据库系统一定能提供这些信息;保密性——只有授权用户才能存取信息。

3. 访问控制

访问控制是系统安全机制的核心,即对处理状态下的信息进行保护,对所有直接存取活动进行授权;同时,对程序执行期间访问资源的合法性进行检查,控制对数据和程序的读、写、修改、删除、执行等操作,防止因事故和有意破坏对信息的威胁,主要包括授权、确定存取权限和实施权限3方面内容。

4. 网络安全

在网络信息系统中,信息的交换是其存在的基础。从安全角度上考虑,就必须保证这些交换过程的安全和内容的有效性及合法性。在网络中传递的信息普遍面临着主动攻击的危害,主动攻击中最主要的方法就是进行更改、删除、添加;改变信息源或目的地;篡改回执等。一些实用技术包括:身份验证、防火墙等可以有效地保障网络安全。

5. 病毒防护

计算机病毒是指编制或者在计算机程序中插入的破坏计算机功能或者毁坏数据、影响计算机使用、并能自我复制的一组计算机指令或程序代码。病毒对信息系统可能造成很大的危害,必须建立相应的病毒防护管理政策,利用一些专门的工具以有效防止破坏性程序的侵入和传播。

1.5 信息系统的组织结构和职责

组织结构是组织机构中各子系统或分单位的安排形成,以及工作和权力关系层次的相应划分,是组织的关键因素。组织结构中职能部门的分割使得他们受到专业训练并完成特定的工作,组织的层次化使得组织中的成员能协同工作。组织结构中高层的人员从事管理、专业性和技术性的工作,而低层的人员从事操作性的工作。组织需要各种不同的人员扮演不同的角色并需要掌握不同的技能。

1.5.1 组织结构和职责

目前,常见的信息系统组织结构形式有以下几种。

1. 层次式组织结构和职责

在一个组织或某个单位中,信息系统往往由专门的部门来负责建设、管理和维护,其组织结构呈现出层次结构,如图 1.17 所示。这种组织结构的主要特点是领导集中、任务明确、控制严格。

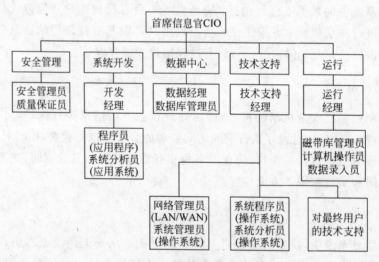

图 1.17 信息系统的层次结构

在图 1.17 中,信息系统部门的首脑通常被称为首席信息官(CIO)或信息主管。CIO在一个单位里全面负责信息化的建设工作,负责信息资源的利用、控制和管理,参与组织(企业)的高层决策。一般来说,CIO 至少有以下 3 项重要职责。

(1) 根据企业的经营战略,考虑和提出企业的信息战略。

(2) 负责企业的信息化推进工作,包括基础设施建设、人员配备、资源调配等。

（3）全面负责企业的信息管理工作。

在我国的企业中，过去一般有计算中心，并设置计算中心主任等信息技术部门领导职位。但是信息技术部门领导的工作职责主要是负责信息系统的正常运行和维护，建立和实施组织内信息系统使用的指南和规程，向组织中的其他各部门提供信息技术服务，开展对于新项目的学习、研究和开发等技术性工作。

相比传统的信息技术部门领导，CIO 的管理范围更宽，责任更为重大。CIO 不仅要对信息资源的运用、计算中心的正常运行负责，更重要的是要参与企业的核心管理层的决策，决定企业的信息战略，保证信息战略与企业战略相配合，并对企业信息化的发展做出长远规划。由于这些工作是决策层的活动，因此 CIO 必须对企业的发展战略和发展目标有清楚的理解，同时懂得信息技术在企业中的作用，这样才能做好企业信息战略的设计工作。

对图 1.17 中各组成部分的职责说明如下。

1）安全管理

安全管理必须首先得到组织内高层管理者的支持，高层管理者要明确承诺对安全管理的责任，并理解和评估安全风险，制定并强制执行一套书面的政策，清晰地说明应当遵循的标准和规范。

（1）安全管理员

安全管理员是一个重要的职位，其工作职责应当在一个组织（单位）的安全政策中明确规定。安全管理员的职责通常包括如下几个方面。

① 维护对数据和其他信息资源的访问规则。

② 在分配和维护授权用户 ID 和口令时，保护其安全性和保密性。

③ 监测违反安全规定的行为并采取行动，确保信息系统的安全运行。

④ 定期审查和评估安全政策，并向组织（单位）的高层管理者提出必要的建议。

⑤ 计划并推动面向本组织（单位）所有员工的安全知识宣传活动，并对活动的实施结果进行监督。

⑥ 测试本组织（单位）的安全架构（包括制度和技术层面），发现可能的安全威胁，评价信息安全的健全性等。

（2）质量保证员

质量保证员是一个以实施质量控制为目标的职位，主要完成以下两种任务。

① 质量保证：负责开发、推广和维护信息系统各种功能的标准，帮助信息系统部门确保该组织内的员工在信息系统产品开发过程中遵守了规定的标准。如帮助制定程序和文档，确保该组织生产出符合有关标准的信息系统产品。

② 质量控制：负责对信息系统的产品进行测试、审查和验证，确保产品不存在缺陷，并满足用户对产品开发的预期。质量控制可以应用在信息系统产品开发的各阶段，但一定是在产品被正式交付给用户，应用到生产环境之前的环节中进行。

2）系统开发

系统开发部由系统开发经理负责，主要承担实施新的信息系统和维护现有的信息系统，管理程序员和分析员。

程序员和分析员的职责在技术支持部门的工作职责中进行描述,在此不再赘述。

3) 数据中心

数据中心是对数据的采集、存储、检索、加工、变换的场所。

数据库管理员是一个单位或组织的数据保管员,其主要职责是定义和维护本单位数据库系统的数据结构。数据库管理员必须理解本单位用户中有关数据和数据关系的要求,对保存在数据库系统中的共享数据的安全负责;负责本单位数据库的设计、定义,实施正确的维护。具体包括如下几个方面。

(1) 确定面向计算机的物理数据定义(即确定数据在计算机中如何存放和使用)。

(2) 调整物理数据定义,以优化用户访问数据的性能。

(3) 选择和使用数据库优化工具。

(4) 测试和评估程序员的操作和优化工具的使用。

(5) 回答程序员的咨询。

(6) 培训程序员在数据库结构方面的知识。

(7) 实施数据库定义控制、访问控制、更新控制和并发控制。

(8) 监测数据库的使用、收集运行中的统计数据。

(9) 定义和启动备份以及恢复程序等。

4) 技术支持部

技术支持部由技术支持部经理负责,主要负责以下几个方面。

(1) 对最终用户的技术支持

在当今的信息系统应用中,越来越多的机构发现对最终用户的技术支持能有效提升本单位的形象。通过电话、传真、电子邮件、聊天工具甚至现场回访等,实现对最终用户的技术支持,以帮助用户解决技术问题和在使用信息系统过程中的实际困难。这些活动包括:①培训用户;②回答用户的咨询;③了解用户在使用信息系统过程中所遇到的问题;④为用户购买软硬件提供建议;⑤了解用户的新需求,为业务变更提供建议等。

(2) 系统管理员

系统管理员负责维护重要的计算机系统,包括对网络设备的管理。典型的职责包括:①增加和配置新的网络工作站;②增加或删除用户的账号;③安装系统软件;④为系统提供更新服务;⑤执行病毒程序,防止病毒的攻击;⑥分配适当的存储空间等。

(3) 网络管理员

网络管理员负责管理网络基础设施中的关键组成部分,如路由器、交换机、防火墙、入侵检测系统、IP 地址的分配与管理、网络资源的访问控制策略等。

(4) 系统程序员

系统程序员负责维护系统软件,包括操作系统软件。

(5) 系统分析员

系统分析员是基于用户需求来设计信息系统的专家,主要负责在信息系统开发生命周期的初始阶段参与工作,了解用户的需求,完成功能定义,制定高级设计文档,为程序员进行具体的编程服务。

5) 运行部

运行部由运行部经理负责,主要负责对计算机操作人员的管理,如计算机操作员、资料库管理员、数据录入员以及数据复核控制员等,此外,还包括对放置信息(数据)处理设备的物理空间,如机房等的有效管理,确保只有运行部门的人员或只有经过授权的人员才能进入。

(1) 数据录入

在信息系统中,数据录入是一项关键的信息处理活动,承担着信息系统数据采集的任务。

在早期的信息系统中,有关数据采集的活动往往由各个部门自己完成,然后交给运行部中一个专门负责数据录入的人员或小组,由这个专门的人员或小组批量录入有关的数据,此时,他们履行的职责包括对来自各部门的原始文件的保管、批量录入数据的准备、日程的安排和作业的准备、输出结果的分发和保存等。如今,由于计算机网络技术的广泛使用,在一个单位中,许多数据往往由员工使用联网的计算机直接在线进行录入。在此情况下,数据的质量往往由参与数据录入的员工自己控制,而运行部经理的职责是确保数据在录入系统时是合法的、准确的和完整的。

(2) 库管理员

库管理员负责登记、发布、接收和保管在计算机磁带或磁盘上的所有程序和数据文件。根据企业或组织规模的大小,库管理员可以由某个人全职承担,也可以由一个小组来承担。

2. 基于项目的组织结构和职责

基于项目划分的组织结构是由产品或服务组成的一种动态组织形式,其结构如图1.18所示。

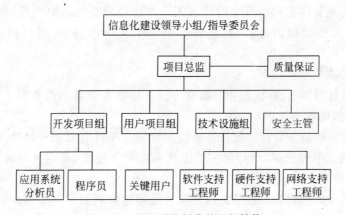

图1.18　基于项目划分的组织结构

在这种组织结构中,将各种资源分配给某个项目,每个项目根据项目的大小配备项目总监或项目经理,项目总监或项目经理负责协调与本项目有关的问题,如技术问题、财务问题、与某一特定类型的用户进行沟通的问题等。图 1.18 中主要的参与者以及职责如下。

1) 信息化建设领导小组/指导委员会

通常由信息系统所涉及的各部门的高层代表所组成,其主要职责是为项目的建设确定总体方向,负责所有的成本和进度的控制等。此外,还需要定期审查项目的进展情况,必要时召开紧急会议,特殊情况下,信息化建设领导小组/指导委员会可以建议项目中止。

2) 项目总监

总监是指承担对公司具有重要影响力或关系公司全局性工作事务的岗位职务者。站在不同角度,对总监的职务定义存在本质区别。在企业经营权层次,"总监"的岗位级别介于总经理和部门经理之间;在企业所有权层次,"总监"是接受董事会授权执行某项关系公司全局性工作事务的岗位职务,对董事会负责。也有人将"总监"定义为经公司授权的针对某项领域的第一监管人,如项目工程总监、财务总监、人力资源总监、技术总监等,在公司中也是高层管理人员。不同的领域,其总监的工作职责不尽相同。

下面以某网站运营总监工作为例,说明项目总监的主要职责。

(1) 修订及执行公司战略规划及与日常运营相关的制度体系、业务流程。

(2) 策划推进及组织协调公司重大运营计划、进行市场发展跟踪和策略调整。

(3) 建立规范、高效的运营管理体系并优化完善。

(4) 制定公司运营标准并监督实施。

(5) 制定公司运营指标、年度发展计划,推动并确保营业指标的顺利完成。

(6) 制定运营中心各部门的战略发展和业务计划,协调各部门的工作,建设和发展优秀的运营队伍。

(7) 完成公司总经理临时交办的其他任务等。

3) 项目经理

项目经理是指受企业法定代表委托对工程项目施工过程全面负责的项目管理者,是企业法定代表在某具体工程项目上的代表人。项目经理必须取得项目经理资格证书才能上岗,对某些大型项目而言,项目总监下辖若干个项目经理,项目经理对项目总监负责。

项目经理的主要职责如下。

(1) 确保项目目标实现,保证业主满意。这一项基本职责是检查和衡量项目经理管理成败、水平高低的基本标志。

(2) 制定项目阶段性目标和项目总体控制计划。项目总目标一经确定,项目经理的职责之一就是将总目标分解,划分出主要工作内容和工作量,确定项目阶段性目标的实现标志,如形象进度控制点等。

(3) 组织精干的项目管理班子。这是项目经理管好项目的基本条件,也是项目成功的组织保证。

(4) 及时决策。项目经理需亲自决策的问题包括实施方案、人事任免奖惩、重大技术措施、设备采购方案、资源调配、进度计划安排、合同及设计变更、索赔等。

（5）履行合同义务，监督合同执行，处理合同变更。项目经理以合同当事人的身份，运用合同的法律约束手段，把项目各方统一到项目目标和合同条款上来。

4）开发项目组

完成指定任务，参与开发过程，根据相关标准进行工作，有效地和用户进行沟通，并可以向项目管理层建议进行必要的计划调整和改进。

5）用户项目组

完成指定任务，与系统开发人员有效沟通，通过参与开发过程，遵循相关标准，提示项目管理者预期与实际开发之间的偏离。

6）技术设施组

为项目的顺利实施提供技术支持，完成对用户的现场帮助，软件或系统的安装、调试，技术的培训等任务。

7）安全员

为系统控制和支持过程提供有效的保护，在与公司安全策略一致的基础上，进行安全指标衡量并集成到系统中。负责审查安全测试计划，并在实施前进行汇报；同时评估与安全有关的文档，报告系统安全的有效性，并在操作过程中监视安全的有效性。

8）质量保证

审查每个阶段的实施结果是否与需求保持一致。审查点取决于所采用的系统开发生命周期方法论、系统的意义和潜在偏差的影响等几个方面的因素。

1.5.2　信息系统对组织结构的影响

信息系统与组织结构之间是相互影响的，一方面，信息系统必须融入组织之中，为其提供组织内部所需要的各类重要信息；另一方面，信息系统也必然影响组织的环境、文化、结构、操作流程以及管理决策等。

近年来，由于信息技术和信息系统的大量使用，企业的组织结构发生了许多变化。

（1）企业组织结构向菱形结构发展。

① 信息资源的开发与利用成为企业的一项战略任务。

② 越来越多的企业设立了专门的信息管理机构，而且规模不断扩大，地位逐步提高。

③ 信息管理成为企业中不可缺少的职业，信息管理职业不仅集中在信息管理机构，其他管理与技术部门也都开始设立信息管理与应用的职位或工作。

（2）信息与决策支持功能的开发与利用，使企业组织结构向扁平化方向发展。

① 现代信息系统已能向企业各类管理人员提供越来越多的企业内、外部信息和各种经营分析与管理决策功能，丰富、全面的决策信息和方便灵活的决策功能，使企业的管理决策工作不再局限于少数专门人员或高层人员。

② 外部经济环境的变化，已使企业中许多不同岗位的各类管理与技术人员共同参与到决策工作中。

③ 决策工作必将成为企业每一位管理与技术人员的工作内容之一，相应的许多决策

问题也不必再由上层或专人解决。这种趋势导致了企业决策权力向下层转移并逐步分散化,企业组织结构由原来层次式的集权结构向卧式的扁平化分权结构发展。

(3) 促进了组织的彻底创新,使组织结构发生根本性转变,比如企业流程重组(Business Processing Reengineering,BPR)。

传统企业在其经营过程中往往按职能划分各部门,一个业务流程要跨越多个部门、经过多个环节,需要人力、财力、时间来把分割的活动连接起来,从而很容易切断信息流通的渠道,流程的不合理造成组织机构臃肿,协调困难,管理成本居高不下。信息技术以其准确高效的信息处理功能及其跨时空配置资源的特征,能够有效地缩减企业内部交易成本,优化业务流程,变革业务流程管理,改变企业原有运行方式,直接推动了企业流程重组,极大地提高了经营效率。

1.6　信息系统的体系结构

1.6.1　体系结构的概念

体系结构一词最早来源于建筑领域,反映了系统的组件与组件之间、组件与环境之间的相互关系,并体现了系统设计和系统改进的原则。简单地说,体系结构反映所描述系统的各个组成部分及其相互关系的一组模型。从系统工程的角度来说,体系结构体现了系统中各要素的相互作用和层次结构,描述了要素间的信息传递、实现的相互依赖关系。

在 IT 领域中,常见的体系结构有计算机体系结构、网络体系结构、软件体系结构等。为了能够帮助读者更好地理解体系结构的概念,下面将对上述这些体系结构分别进行介绍。

1. 计算机体系结构

1) 计算机体系结构概念

早期的关于"计算机体系结构"的定义是 1964 年 C. M. Amdahl 在介绍 IBM 360 系统时提出的,其具体描述为"计算机体系结构是程序员所看到的计算机的属性,即概念性结构与功能特性"。从此,"计算机体系结构"一词便广泛地使用起来。

1982 年,G. J. Myers 在他所著的《计算机体系结构的进展》一书中,定义了组成计算机系统的若干层次,每一层都提供一定的功能支持它上面的一层,不同层之间的界面定义为某种类型的体系结构。Myers 的定义发展了 Amdahl 的概念性结构的思想,明确了传统体系结构就是指硬件与软件之间的界面,即指令集体系结构。根据这个层次模型,我们可以进一步引入虚拟机的概念,例如,系统虚拟机就是把操作系统提供的命令和功能调用当作该虚拟机的机器语言。

1984 年,J. L. Baer 在一篇题为"计算机体系结构"的文章中,给出了一个含义更加广泛的定义:体系结构是由结构、组织、实现、性能 4 个基本方面组成。其中,结构指计算机系统各种硬件的互连；组织指各种部件的动态联系与管理；实现指各模块设计的组装完成；性能指计算机系统的行为表现。这个定义发展了 Amdahl 的功能特性思想。显然，这里的计算机系统组织又成为体系结构的一个子集。

国内流行的几本有关计算机体系结构的教材，大多采用 Myers 的说法。因而，常对计算机体系结构、计算机组织、计算机实现三者的关系加以区别：①计算机体系结构是指计算机的概念性结构和功能属性；②计算机组织是指计算机体系结构的逻辑实现，包括机器内的数据流和控制流的组成以及逻辑设计等，有时也把它称为计算机组成原理；③计算机实现是指计算机组织的物理实现。

2）计算机体系结构的分类

（1）按处理机数量的分类

① 单处理系统，是利用一个处理单元与其他外部设备结合起来，实现存储、计算、通信、输入与输出等功能的系统。

② 并行处理与多处理系统，是为了充分发挥问题求解过程中处理的并行性，利用两个以上的处理机互连起来，彼此进行通信协调，以便共同求解一个大问题的计算机系统。

③ 分布式处理系统，是指物理上远距离而松耦合的多计算机系统。其中，物理上的远距离意味着通信时间与处理时间相比已不可忽略，在通信线路上的数据传输速率要比在处理机内部总线上传输慢得多，这也正是松耦合的含义。

（2）按并行程度的分类

① Flynn 分类法。1966 年，M. J. Flynn 提出按指令流和数据流的多少进行分类的方法。他首先定义了指令流是机器执行的指令序列；数据流是由指令调用的数据序列。然后，他把计算机系统分为 4 类，分别是：单指令流、单数据流（SISD）计算机；单指令流、多数据流（SIMD）计算机；多指令流、单数据流（MISD）计算机和多指令流、多数据流（MIMD）计算机。

② 冯泽云分类法。1972 年，美籍华人冯泽云（Tse-yun Feng）教授提出按并行度对各种计算机系统进行结构分类的方法。他把计算机系统分成 4 类，分别是：字串行、位串行（WSBS）计算机；字并行、位串行（WPBS）计算机；字串行、位并行（WSBP）计算机和字并行、位并行（WPBP）计算机。

③ Handler 分类法。1977 年，德国的 Wolfgang Handler 提出一个基于硬件并行程度的计算并行度的方法。他把计算机的硬件结构分为 3 个层次：处理机级、每个处理机中的算逻单元级、每个算逻单元中的逻辑门电路级。

④ Kuck 分类法。1978 年，美国的 David J. Kuck 提出与 Flynn 分类法类似的方法，只是他用了指令流和执行流及其多重性来描述计算机系统控制结构的特征。他把系统结构分为 4 类，分别是：单指令流、单执行流（SISE）计算机；单指令流、多执行流（SIME）计算机；多指令流、单执行流（MISE）计算机和多指令流、多执行流（MIME）计算机。

2．网络体系结构

1）网络体系结构的概念

网络体系结构也称为计算机网络体系结构，是指计算机网络层次结构模型和各层协议的集合。

世界上第一个网络体系结构是美国 IBM 公司于 1974 年提出的，它取名为系统网络体系结构(System Network Architecture,SNA)。凡是遵循 SNA 的设备就称为 SNA 设备。SNA 的核心思想是将一个复杂的系统层次结构化，即将一个复杂的系统设计问题分成层次分明的一组组容易处理的子问题，各层执行自己所承担的任务。在此之后，很多公司也纷纷效仿，建立自己的网络体系结构，这些体系结构大同小异，大都采用了层次思想，如 20 世纪 70 年代末，美国数字网络设备公司(DEC 公司)发布的数字网络体系结构(Digital Network Architecture,DNA)等。

由于计算机网络由多个互联的节点组成，节点之间要不断地交换数据和控制信息，要做到有条不紊地交换数据，每个节点就必须遵守一整套合理而严谨的结构化管理体系。因此，计算机网络就是按照高度结构化的设计方法、采用功能分层原理来实现的。

当前，标准的计算机网络体系结构有以下几种。

(1) 开放系统互连参考模型 OSI

国际标准化组织(International Organization for Standardization,ISO)是一个全球性的非政府组织，是国际标准化领域中一个十分重要的组织。ISO 总部设在瑞士日内瓦，ISO 的任务是促进全球范围内的标准化及其有关活动的开展，以利于国际间产品与服务的交流以及在知识、科学、技术和经济活动中的合作。

ISO 制定了网络通信的标准，即开放系统互连(Open System Interconnection,OSI)参考模型。OSI 模型包括了体系结构、服务定义和协议规范三级抽象，它将网络通信分为 7 个层次，用以进行进程间的通信，并作为一个框架来协调各层标准的制定；OSI 的服务定义描述了各层所提供的服务，以及层与层之间的抽象接口和交互用的服务原语；OSI 各层的协议规范，精确地定义了应当发送何种控制信息及何种过程来解释该控制信息。这里"开放"的意思是通信双方必须都要遵守 OSI 模型。

OSI 模型的结构示意图如图 1.19 所示。

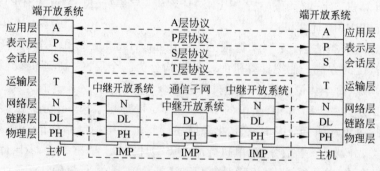

图 1.19　OSI 模型的结构示意图

在图 1.19 中，OSI 七层模型从下到上分别为物理层(Physical Layer,PH)、链路层(Data Link Layer,DL)、网络层(Network Layer,N)、运输层(Transport Layer,T)、会话层(Session Layer,S)、表示层(Presentation Layer,P)和应用层(Application Layer,A)。

OSI 分层模型的优点如下。

① 可以很容易地讨论和学习协议的规范细节。

② 层间的标准接口方便了模块化的实施。

③ 创建了一个好的网络互联环境。

④ 降低了复杂度,使程序更容易修改,产品开发的速度更快。

⑤ 每层利用紧邻的下层服务,更容易记住各层的功能。

需要强调的是,OSI 参考模型并非具体实现的描述,它只是一个为制定标准而提供的概念性框架。在 OSI 模型中,只有各种协议是可以实现的,网络中的设备只有与 OSI 有关协议相一致时才能互连。

(2) 局域网参考模型

电气和电子工程师协会(Institute of Electrical and Electronics Engineers,IEEE)是 1963 年由美国电气工程师学会(AIEE)和美国无线电工程师学会(IRE)合并开发的,是美国规模最大的专业学会。IEEE 最大的成果是制定了局域网和城域网标准,这个标准被称为 IEEE 802 参考模型,如图 1.20 所示。

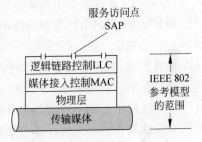

图 1.20　IEEE 802 参考模型

由于局域网是一个通信网,只涉及相当于 OSI 模型通信子网的功能。由于内部大多采用共享信道的技术,不存在路由选择问题,因此,在 IEEE 802 参考模型中不存在网络层,而只有最低的两个层次。其中链路层又分为:媒体接入控制 MAC 和逻辑链路控制 LLC 两个层次。

物理层的主要功能如下。

① 信号的编码与译码。

② 为进行同步用的前同步码的产生与去除。

③ 比特流的发送与接收。

MAC 子层的主要功能如下。

链路层中与接入各种传输媒体有关的问题都放在 MAC 子层,即:

① 将上层交下来的数据封装成帧进行发送;接收时,拆卸封装帧的部分,将剩下的数据交给上层。

② MAC 帧的寻址,即 MAC 帧由哪个站(源站)发出,被哪个站/哪些站接收(目的站)。

③ 比特差错检测。

④ 实现和维护 MAC 协议。

LLC 子层的主要功能如下。

链路层中与媒体接入无关的部分都集中在 LLC 子层,即:

① 建立和释放链路层的逻辑连接。

② 提供与高层的接口。

③ 差错控制。

④ 给帧加上序号。

在 IEEE 802 参考模型中,每个实体和另一个系统和同等实体按协议进行通信;而一个系统中上下层之间的通信,则通过接口进行,并用服务访问点(Server Access Point, SAP)来定义接口,SAP 位于 LLC 层与高层的交界处。

2)网络协议

网络层次结构模型是指用分层的方法定义计算机网络各层的功能,各层协议以及接口的集合。而在一个计算机网络中,由于存在多种硬件和软件,而且这些硬件和软件存在各种差异,为了保证它们之间能够相互通信及双方能够正确地接收信息,则必须事先形成一种约定,这种约定即网络协议。

一个网络协议主要由以下 3 个要素组成。

(1)语法,即数据与控制信息的结构或格式。

(2)语义,即需要发出何种控制信息、完成何种协议以及做出何种应答。

(3)同步,规定事件实现顺序的详细说明,即确定通信状态的变化和过程,如通信双方的应答关系。

由此可见,网络协议是计算机网络不可缺少的部分。很多经验和实践表明,对于非常复杂的计算机网络协议,其结构最好采用层次式的,具体描述如下。

(1)结构中的每一层都规定有明确的人物及接口标准。

(2)把用户的应用程序作为最高层。

(3)除了最高层外,中间的每一层都向上一层提供服务,同时又是下一层的用户。

(4)把物理通信线路作为最低层,它使用从最高层传送来的参数,是提供服务的基础。

这样分层的好处在于:每一层都实现相对的独立功能,因而可以将一个难以处理的复杂问题分解为若干个较容易处理的更小一些的问题。

局域网中常用的网络协议如下。

(1)TCP/IP 是 Transmission Control Protocol/Internet Protocol 的简写,中文译名为传输控制协议/互联网络协议。TCP/IP 是一种网络通信协议,它规范了网络上的所有通信设备,尤其是一个主机与另一个主机之间的数据往来格式以及传送方式。

(2)IPX/SPX 是基于施乐的 XEROX'S Network System(XNS)协议,而 SPX 是基于施乐的顺序包协议(Sequenced Packet Protocol,SPP),它们都是由 Novell 公司开发出来应用于局域网的一种高速协议。IPX/SPX 和 TCP/IP 的一个显著不同就是它不使用IP 地址,而是使用网卡的物理地址,即 MAC 地址。

(3)NetBEUI 即 NetBios Enhanced User Interface,或 NetBios 增强用户接口,它是NetBIOS 协议的增强版本。NetBEUI 协议是一种短小精悍、通信效率高的广播型协议,安装后不需要进行设置,特别适合于在局域网中网络邻居间传送数据。

3. 软件体系结构

软件体系结构是具有一定形式的结构化元素,即构件的集合,包括处理构件、数据构件和连接构件。处理构件负责对数据进行加工,数据构件是被加工的信息,连接构件把体系结构的不同部分组合连接起来。

虽然软件体系结构已经在软件工程领域中有着广泛的应用,但迄今为止还没有一个被大家所公认的定义。许多专家学者从不同角度和不同侧面对软件体系结构进行了刻画,较为典型的定义有以下几个。

(1) Dewayne Perry 和 Alex Wolf 的定义:软件体系结构是具有一定形式的结构化元素,即构件的集合,包括处理构件、数据构件和连接构件。处理构件负责对数据进行加工,数据构件是被加工的信息,连接构件把体系结构的不同部分组合连接起来。这一定义注重区分处理构件、数据构件和连接构件,这一方法在其他的定义和方法中基本上得到保持。

(2) Mary Shaw 和 David Garlan 认为软件体系结构是软件设计过程中的一个层次,这一层次超越计算过程中的算法设计和数据结构设计。体系结构问题包括总体组织和全局控制、通信协议、同步、数据存取,给设计元素分配特定功能,设计元素的组织,规模和性能,在各设计方案间进行选择等。

(3) Kruchten 指出软件体系结构有 4 个角度,它们从不同方面对系统进行描述:概念角度描述系统的主要构件及它们之间的关系;模块角度包含功能分解与层次结构;运行角度描述了一个系统的动态结构;代码角度描述了各种代码和库函数在开发环境中的组织。

(4) Hayes Roth 则认为软件体系结构是一个抽象的系统规范,主要包括用其行为来描述的功能构件和构件之间的相互连接、接口和关系。

(5) David Garlan 和 Dewne Perry 于 1995 年在 IEEE 软件工程学报上又采用如下的定义:软件体系结构描述了系统各构件的结构、它们之间的相互关系以及进行设计的原则和随时间进化的指导方针。

概括起来,以上几种定义基本上都支持这样的观点:软件体系结构包括系统总体组织、全局控制、通信协议、同步、数据存取、设计元素的功能、设计元素的组织、规模、性能、设计方案选择等。

软件体系结构虽脱胎于软件工程,但其形成同时借鉴了计算机体系结构和网络体系结构中很多宝贵的思想和方法,最近几年,软件体系结构研究已完全独立于软件工程的研究,已成为计算机科学的一个最新的研究方向和独立学科分支。

1.6.2　信息系统体系结构

信息系统体系结构是信息系统各要素按照某种内在的关系所构成的系统框架。由于信息系统是基于计算机、网络通信等现代化工具和手段,服务于信息处理的人机系统,不仅包括了计算机、网络通信和数据(信息)等,还包含了大量人的因素,这些复杂性决定了信息系统体系结构具有多重性和多面性,远比计算机体系结构、网络体系结构、软件体系结构要复杂得多。

对于每个具体的企业,其管理方式、运作模式、组织形式、机构大小、工作习惯、经营策略各不相同,反映在信息系统的体系结构上,表现为软硬件产品的选择、系统环境的构建、用户界面的设计、数据库的要求、程序的编制以及对信息系统性能的要求等都不一样。这充分说明信息系统与企业的组织架构、规模以及管理模式是密不可分的，并且随着社会的变革、企业的发展、技术的进步，这种内在的联系愈发明显。

此外，对于绝大多数企业与组织的信息系统而言，最基本的要求是要有一个技术支撑体系和安全保障体系。计算机硬件、软件（包括系统软件和应用软件等）以及计算机网络等仅仅构成了信息系统运行的基本框架，而防火墙、防病毒以及入侵检测等则提供信息系统运行的安全保障，二者紧密配合才能保证信息系统的正常运行。

然而，一个信息系统仅有技术支撑体系和安全保障体系是无法满足当代企业需求的。从长远发展来看，企业的生命在于信息资源，建立一个数据库或知识库（数据资源体系）几乎是当今所有拥有信息系统的企业或组织在构建信息系统体系结构时首先要考虑的问题之一，因此，信息资源体系是信息系统不可或缺的重要组成部分。

通过上述的描述，可以认为在一个企业或组织中，相对完整的信息系统体系结构应该包括管理体系、技术支撑体系、安全保障体系、数据资源体系等 4 个部分，如图 1.21 所示。信息系统在具有软件、硬件的技术支撑体系、安全保障体系和数据资源体系后，还需要企业或组织在构建信息系统的初期制定出信息系统体系结构的各部分功能，并对信息系统的应用加以制度的保障，这样能够使信息系统体系结构的各部分分工更加明确，企业的高层、中层、基层人员都能够按照系统的要求操作相关信息系统，从而确保信息系统发挥其最大的效用，以帮助企业实现战略目标。

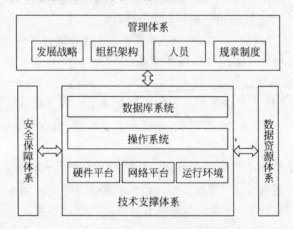

图 1.21　信息系统的体系架构

1. 信息系统的管理体系

信息系统的管理体系是指信息系统通过组织内部的管理人员、规章制度与管理部门间的协调运作，解决信息系统体系结构中各种管理问题的制度与方法的总和。

在管理体系中，经常会涉及以下几个重要方面。

1）战略规划

信息系统的战略规划也称为企业在信息系统建设方面的发展战略，是将组织目标、支持这些目标所必需的信息以及提供这些信息的计算机系统的实施相互联系起来的信息系统战略，是面向组织中信息系统作用的一个系统开发计划。

信息系统的战略规划中有两个重要的概念：策略和流程。策略是组织的高层文档，代表组织高层管理者以及业务过程所有者对信息系统的战略思考。流程是一种详细的文档，由策略演化而来，必须贯彻在策略所描述的内容中。信息系统的流程文档（管理和操作）需要嵌入到具体的业务过程和控制中。策略与流程、标准等的开发、维护是对信息系统战略规划的细化，从而使战略规划的制定具有可操作性，保证信息系统战略规划的实现。

2）企业架构

企业架构包括实现企业战略目标的目标职能架构和以企业业务发展为导向的业务架构。目标职能架构是企业的使命、目标和职能的结构化描述，企业的目标反映企业的使命，企业的任何职能都应该围绕企业的目标来设置。业务架构是描述一个企业的关键要素、业务的结构和相互之间的关系的宏观框架。业务架构要反映企业的关键业务，以及业务对象、业务目标、业务过程和业务规则。业务对象是业务所要处理的以及涉及的相关企业资源，包括人、原料、信息和产品等。业务目标是通过对资源的加工利用所要达到的目的。业务过程是为了完成业务目标，对业务资源加工利用的一组活动流程。业务规则是业务过程应遵循的规范和约束，业务架构还要反映企业业务流的结构模式。企业架构对信息系统的建设与运行等会产生重大的影响。

3）人员结构

信息系统的管理人员主要分为信息系统的规划人员、硬件管理人员、软件管理人员、网络管理人员等。当然，在不同规模的组织中，信息系统的管理人员也有所不同，大型企业中 IS 的管理人员较多，分工也较详细，小型企业中 IS 的管理人员则较少，分工也相对不够明确。在 MIS 系统管理支持构架中，管理人员既是一个管理支持体系的入口，同时也是管理支持的服务对象，他们在管理支持中起了很重要的作用。他们首先要去发现管理中的问题，一个问题的提出重要程度甚至超过一个问题的解决。所以，管理人员的经验和敏锐的管理意识就显得非常重要，因为管理问题的发现必须依靠管理人员自身。同时管理支持的分析结果也是呈现给管理人员，管理人员通过分析这些报告，从而制定相应的对策来使管理中的问题得到解决。

4）规章制度

信息系统体系结构中的规章制度是指用文字形式对各项信息系统相关操作管理工作的行为规范所做出的规定，具体包括信息系统的操作规程、系统的软件维护制度、系统的硬件维护制度、数据管理制度、信息系统的岗位规章等。

在企业或组织内部，信息系统的运行势必涉及多个职能部门和环节，至于如何明确这些部门、岗位的职责、权限、工作程序等，则有赖于建立健全各项规章制度来加以确认。因此，如果说信息系统的功能是信息系统的骨骼的话，那么，信息系统体系结构的规章制度就是各个骨骼之间的神经。由此可见，规章制度在企业或组织管理的地位十分重要，它也是衡量一个企业或组织管理水平的重要标志。

5）部门或机构

信息系统体系结构中的部门或机构是指由一些人员或相应硬件设施所组成，有一定职能并负责完成决策层所下达的不同任务的组织结构,如 IT 战略规划部门、系统维护部门和系统的日常管理部门等。这些部门根据企业的战略目标和计划组织有关要素,生产出市场需要的产品或服务。

信息系统的管理体系在整个信息系统的建设与运行中,起到联通信息系统其他几个体系的纽带作用。组织的决策层通过信息的反馈,了解组织所面对的众多情况,做出决策并规划行动方案来解决问题,从而清楚地认知环境带来的挑战,并制定组织的应对战略,分配人力、财力去协调工作以达成战略。通过管理者对信息系统的不断了解与管理者对信息的及时获取,信息系统体系将帮助企业保障自身的竞争优势,为自身的长久发展赢得先机。

2. 信息系统的技术支撑体系

信息系统的技术支撑体系是指应用信息技术的原理和方法,给企业信息系统的构建提供一个相对完整的技术架构,具体包括信息系统的软硬件设备、计算机网络基础设施以及信息系统的运行环境等。

信息技术的发展和应用已经使企业的经营环境和经营方式发生了很大的变化,企业借助于信息技术可以更有效地来完成对信息系统的支持任务,实现企业生产过程的自动化、管理方式的网络化、决策支持的智能化和商务运营的电子化,不断提高生产、经营、管理、决策的效率和水平,并能够不断跟进技术的更新,进而提高企业经济效益和企业竞争力。

对一个组织而言,如果信息系统没有一个相对稳定的技术支撑体系,会导致整个组织无法良性运转,甚至面临着巨大的甚至致命的危险。因此一个健康有序的技术支撑体系对组织的信息系统来说是非常必要的,它不仅能够给组织带来稳定、有序的信息互动平台,而且能够支持企业保持对信息技术的领先优势,取得竞争优势。

3. 信息系统的安全保障体系

信息系统的安全保障体系是指防止信息系统被故意或偶然地破坏和系统内信息被泄露、更改、破坏,甚至使系统不可用的辨识、控制、策略和过程。其根本目的是向合法的服务对象提供准确、及时、可靠的服务;而对其他任何人员和组织包括内部、外部乃至于敌对方,不论系统所处的状态是静态的、动态的,还是传输过程中的,都要保持最大限度的不可获取性、不可接触性、不可干扰性、不可破坏性。

信息系统的安全问题具有如下特点。

(1) 信息系统是一个人-机系统,所以又是一个社会系统,因此安全不仅涉及技术问题还涉及管理问题。

(2) 信息系统的安全问题涉及的内容非常广泛,既包括系统软硬件资源,还包括数据等信息资源。

(3) 信息系统安全不仅包括静态安全,还包括系统运行的动态安全。

(4) 完善的信息系统安全机制是一个完整的逻辑结构,其实施是一个复杂的系统工程。

信息系统安全内容包括如下几个部分。

（1）硬件安全：系统硬件设备及其相关设施运行正常，系统服务适时。具体包括系统硬件设备、系统辅助设备、可移动硬件存储设备和通信设施等。

（2）网络安全：系统的网络设施不受外界侵扰，并保持稳定运行。包括网络硬件安全、防火墙的设置、入侵检测、风险评估、加密认证等。

（3）软件安全：软件安全包括操作系统软件、应用软件、数据库管理软件、网络软件相关资料的安全。具体包括软件开发规程、软件的安全测试、软件的修改与复制等。

（4）数据安全：指系统拥有的和产生的数据或信息完整、有效、使用合法、不被破坏或泄露。具体包括输入、输出、用户识别、存取控制、加密、审计与追踪、备份与恢复。

（5）操作安全：能够保障系统运作过程中合理、规范操作的规程或制度等。如系统操作规程、安全使用制度、信息系统管理规范等。

（6）技术环境安全：指针对系统软硬件系统、辅助设备、网络通信设施和有价值的数据资源等制定的保障制度。如关于电磁损坏、数据介质的稳定性等方面的安全。

（7）组织环境安全：主要指组织内的人文环境，甚至一些潜规则的安全，如组织内个人的工作情绪化与抵触情绪，甚至小团体的抵触情绪将从某种程度上对IS的发展产生负面的影响。

（8）自然环境安全：指系统所在自然环境的安全情况，包括机房安全、建筑安全、自然灾害等。

目前，信息系统的安全保障体系在信息系统的体系结构中处于与技术支撑体系同样重要的核心位置，这与当今信息系统受多方面不稳定因素不无关系。只有在安全体系的保障下，企业信息系统才能够正常运转。

4. 信息系统的数据资源体系

在人类社会已进入信息时代的今天，信息资源在经济社会发展中扮演着愈发重要的角色。开发和利用好信息资源的意义在于：通过不断采用现代信息技术，可以有效减少物质与能量的消耗，扩大物质与能量的作用，从而极大地提高劳动生产率，有利于实现国民经济的可持续发展。

信息资源已成为当今社会的核心资源。对组织而言，信息时代的到来，使包括资料、数据、技术、消息、信誉、形象等在内的资源作为一种重要的生产要素和无形资产，在财富创造中的作用越来越大。不仅如此，信息还为实现供需双方的有效对接搭建了平台。企业通过互联网获得全球的市场信息，包括技术、产品、需求等，使新产品的开发从掌握市场信息、确定产品概念到开发、设计、制造同步进行，从而大大缩短了开发周期，提高了企业的竞争力。此外，在信息高度发达的今天，人们的经济活动基本上是围绕信息展开的，信息流引导物流和资金流朝着合理的方向运动，使物流和资金流变得更加精准，使社会资源得到最大限度地节约和合理运用。企业可直接在基于网络的虚拟市场上获得用户需求的信息，再进行规模化定制，减少库存甚至保持零库存，满足用户多样化、个性化的需要。通过对信息资源的利用，可降低市场调研成本，避免或降低由于信息不对称所造成的预测失误风险，使企业和消费者都从中受益。因此，信息作为一项重要资源，其重要性越来越受到人们的重视。

对一个典型的信息系统而言,数据(信息)资源一般需要从数据(信息)生产者通过一定的途径和环节流向数据(信息)资源的使用者,这些环节包括信息源、信息采集、信息加工、信息传输、信息存储到信息资源的使用者。数据(信息)资源流的结构如图 1.22 所示,这个过程表现出有序的信息资源流的结构。

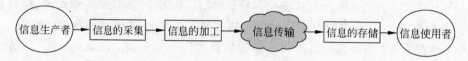

图 1.22　数据(信息)资源流的结构

信息系统的数据资源体系是指信息系统经过多年的积累,在系统中以一定的组织方式存储在一起的相关数据的集合,它是一个动态、持续发展的过程:企业或组织内部的员工不断地把长时间积累的数据转变成组织中的资源并使其发挥作用。

企业实施数据资源管理的目的是要形成一种有效的机制,保障能够为组织管理者及时地提供有效数据,帮助决策,进而保障企业运行流畅,同时通过企业文化、组织结构等来保证该机制的形成。组织的数据资源作为管理信息系统的基础信息,是企业和组织的宝贵财富和重要资源,它能够帮助组织决策和保存组织所积累下来的知识,支持企业长久的发展。

数据资源体系构建的目标就是要使信息系统的数据资源在逻辑上是一个整体,分布在整个系统网络的不同数据服务器或计算机节点上,使整个信息系统能够协同工作。

第 2 章

信息系统风险管理与
控制的基本理论和方法

风险管理是研究风险发生规律和风险控制技术的一门新兴管理学科,对单位或组织信息系统面临的风险进行管理,是实现单位或组织信息系统稳定运行和业务可持续发展的关键。信息系统风险管理与控制是一项复杂的系统工程,涉及安全管理、教育、培训、立法、应急恢复等诸多环节,信息系统风险管理与控制也是一个动态发展的过程,需要随着时间、技术、环境的变化而不断变化。在对信息系统风险进行管理与控制之前,首先要了解信息系统风险管理与控制的基本理论以及相关概念。

2.1 风险管理的研究现状

由于信息系统固有的敏感性和特殊性,信息系统是否安全,专用的信息安全系统是否可靠,都将成为国家、企业、社会各方面需要科学证实的问题。谷勇浩博士在其博士论文《信息系统风险管理理论及关键技术研究》中,对信息系统的风险管理,从标准、方法、工具等几个方面,对目前研究的状况进行了详细阐述和比较,现概括如下。

2.1.1 关于标准的研究现状

目前,国际性的标准化组织主要有:国际标准化组织(ISO)、Internet 工程任务组(IETF)、国际电器技术委员会(IEC)、美国国家标准与技术局(NIST)以及国际电信联盟(ITU)所属的电信标准化组织(ITU-TS)等。这些组织在安全需求服务分析指导、安全技术机制开发、安全评估标准等方面制定了许多标准和草案。

当前,国外主要的安全评估准则包括:美国国防部颁布的可信计算机系统评测标准(TCSEC),欧共体委员会(CEC)制定的信息技术安全评价准则(ITSEC),加拿大可信计算机产品评价准则(CTCPEC),美国联邦准则(FC),信息技术安全评估通用标准 ISO/IEC 15408 (CC),系统安全工程能力成熟度模型(CSSE-CMM),自动数据处理系统风险分析标准(FIPS 65),信息安全保障 8500 系列,信息技术系统安全自评估指南(SP800-26),CVE 使用和漏洞命名法,卡内基梅隆大学提出的 OCTAVE,欧盟资助项目提出的 CORAS 模型。国内的安全评估标准主要有:信息技术安全性评估准则(GB/T 18336:2001),信息技术信息安全管理使用规则(GB/T 19716:2005),信息技术安全管理指南(GB/T 19715.1:2005),

信息安全风险评估指南等。

有关风险管理标准主要有：美国国防部发布的信息技术安全认证和批准程序 DITSCAP、澳大利亚和新西兰提出的风险管理标准 AS/NZS 4360：1999，英国的 BS7799，信息风险管理体系标准 ISO/IEC 17799，IT 安全管理指南 ISO 13355，美国 NIST 结构提出的 IT 系统风险管理指南，加拿大政府通信安全机构提出的 IT 系统风险管理及防范措施选择指南，欧洲通信委员会提出的 IT 安全评估手册（ITSEM），美国国家审计署提出的旗舰公司信息风险管理等。

2.1.2　关于方法的研究现状

风险评估作为风险管理的基础，主要的研究工作包括评估标准和方法论的研究。

标准指出了安全评估的目的，方法论描述实现评估目标的方法和流程。信息安全评估标准的制定需要以科学的安全评估方法学为基础，才能具有令人信服的科学性和公正性，开展对信息系统安全评估方法的研究具有重要的现实意义。

风险评估阶段取得的任务是对威胁造成损失，以及威胁发生概率两个因素的估计。根据估计方式的不同，风险评估可分为定性评估、定量评估、定性与定量相结合的评估等三种方法。

1. 定性评估

定性评估方法主要依据研究者的知识、经验、历史教训、政策及特殊变例等非量化资料对系统风险状况做出判断的过程。它主要以与调查对象的深入访谈做出个案记录为基本资料，然后通过一个理论推导演绎的分析框架，对资料进行编码整理，在此基础上做出调查结论。典型的定性分析方法有因素分析法、逻辑分析法、历史比较法、Delphi 法。

LANL（Los Alamos National Laboratory）实验室提出的因素分析法（Risk Factor Analysis）是一种前概念风险分析方法，作为后续详细的定量分析的基础，该方法适用于中等规模系统的风险分析。逻辑分析法（Logical Analysis）采用流程图等方法进行因果关系、逻辑关系推理对系统风险进行定性分析。历史比较法是根据历史数据对风险状况做出定性评价。Delphi 法是对影响信息系统安全的各种因素进行问卷调查，经过反复多次征求意见，充分发挥专家们的智慧、知识和经验，得到信息系统评估的统一结果。其他的定性分析方法包括：分类方法、分析归纳法、域分析法、解释分析法、语义分析法等。

（1）定性评估的优势

① 评估过程中没有复杂的推理过程，容易理解，能够让高层管理者明确风险评估过程的重要性。

② 定性评估的计算过程简单，可以人工实现。

③ 数据收集过程比定量分析简单，采用问卷调查方式就可以实现。

④ 定性评估用到的参数可以采用主观评价方式获得，风险分析者还可以根据需要选择评估参数。

（2）定性评估的局限

① 由于缺少理论支撑，使得风险评估结构的准确性难以得到保证。

② 定性评估的好坏主要取决于评估团队中专家的经验,以及问卷调查过程中的反馈信息的有用程度。实现这两方面工作的成本是比较高的,可能企业不容易接受。

③ 由于评估过程的主观性,所以整个评估过程的结果很难清晰地记录下来。

2. 定量评估

定量评估方法是指运用量化指标来对风险进行评估。典型的定量分析方法有主成分分析法、聚类分析法、时序模型、回归模型、等风险图法、决策树法等。

主成分分析法(Principal Component Analysis)的思想是通过主成分分析,减少影响系统风险评估的多种指标,降低因素分析的复杂度,提高风险分析的效率和准确性。聚类分析法(Cluster Analysis)是在评估前对安全数据进行聚类分析,在简化数据分类的同时,降低风险分析和风险评估的复杂度,提高评估效率和准确性。此外,由于信息系统的动态变化性,资产、漏洞、威胁的不断变化,采用聚类分析数据可以将新的安全数据归类,便于安全数据的更新。聚类分析的算法有很多种,需要根据系统的实际情况选择。时序模型用于对系统风险随时间动态变化进行建模,目的是预测系统风险属性(发生概率和造成后果)变化的趋势。系统环境动态变化、威胁源能力的不断增强,使得对风险发生概率和后果的预测越来越复杂,Stuart 等采用回归模型对风险后果和概率与变化属性之间的关系进行预测,给出风险的实时结果,提高风险评估的准确性,为风险管理提供保障。决策树法是采用树型结构对风险进行分类,然后对每类风险采用不同的评价指标分别分析和评估。

(1) 定量评估的优势

① 定量分析中,风险属性的评价指标值有多种表达方式。

② 定量评估方法提供可靠的参数集,可以采用成本效益分析方法进行决策。

③ 风险分析过程的结果可以为风险管理提供量化数据,有助于企业实现业务目标。

(2) 定量评估的局限

① 计算方法复杂,容易使管理者产生理解上的问题。

② 定量风险评估的实现需要重要的软硬件体系结构,要求这些工具能够辅助并且准确地完成风险评估任务。但是,很少有这样的工具满足上述要求,而开发这样的工具对于企业来说非常昂贵,所以企业管理者不愿实施定量风险评估。

③ 数据收集、管理的复杂性。收集到的信息要非常准确,保证风险分析的有效性。此外,要保证数据收集机制的安全性,防止对安全数据的非授权访问和对安全策略的破坏。

3. 定性与定量相结合的评估方法

系统风险评估是一个复杂的过程,需要考虑的因素很多,有些评估要素是可以用量化的形式来表达,而对有些要素的量化又是很困难甚至是不可能的,所以我们不主张在风险评估过程中一味地追求量化,也不认为一切都是量化的风险评估过程是科学、准确的。我们认为定量分析是定性分析的基础和前提,定性分析应建立在定量分析的基础上才能揭示客观事物的内在规律。定性分析则是灵魂,是形成概念、观点,做出判断,得出结论所必须依靠的,在复杂的信息系统风险评估过程中,不能将定性分析和定量分析两种方法简单的割裂开来。而是应该将这两种方法融合起来,采用综合的评估方法。

综合评估方法中最为典型的是层次分析法,该方法是由美国著名的运筹学专家

Saaty 于 20 世纪 70 年代末提出的。这一方法的核心是将决策者的经验判断给予量化，从而为决策者提供定量形式的决策依据。目前，层次分析法已被广泛地应用于尚无统一度量标尺的复杂问题的分析，解决用纯参数数学模型方法难以解决的决策分析问题。

2.1.3　关于风险管理工具的研究现状

1. 风险评估和管理工具分类

根据在风险评估过程中的主要任务和作用原理不同，风险评估的工具可以分成：

1) 综合风险评估与管理工具

集成了风险评估各类知识和判据的管理信息系统，以规范风险评估的过程和操作方法；或者是用于收集评估所需要的数据和资料，基于专家经验，对输入输出进行模型分析。

2) 系统基础平台风险评估工具

主要用于对信息系统的主要部件（如操作系统、数据库系统、网络设备等）的脆弱性进行分析，或实施基于脆弱性的攻击，包括脆弱性评估工具和渗透测试工具。

3) 风险评估辅助工具

实现对数据的采集、现状分析和趋势分析等单项功能，为风险评估各要素的赋值、定级提供依据。如 SARA（信息安全管理辅助工具），安全漏洞库和知识库等。

从风险评估工具的分类来看，风险评估辅助工具涉及信息安全的其他技术体系，这里只分析综合风险评估与管理工具。

2. 综合风险评估与管理工具分类

1) 基于信息安全标准的风险评估与管理工具

依据标准或指南的内容为基础，开发相应的评估工具，完成遵循标准或指南的风险评估过程。如 ASSET、CC Toolbox、RiskWatch 等。

2) 基于知识的风险评估与管理工具

并不仅仅遵循某个单一的标准或指南，而是将各种风险分析方法进行综合，并结合实践经验，形成风险评估知识库，以此为基础完成综合评估。如 COBRA、MSAT、@RISK、BDSS 等。

3) 基于模型的风险评估与管理工具

对系统各组成部分、安全要素充分研究的基础上，对典型系统的资产、威胁、脆弱性建立量化或半量化的模型，根据采集信息的输入，得到评价的结果。如 RA、CORA、CRAMM 等。

3. 风险评估工具的发展方向

1) 评估工具应整合多种安全技术

风险评估过程中要用到多种技术手段，如入侵检测、系统审计、漏洞扫描等，将这些技术整合到一起，提供综合的风险分析工具，不仅解决了数据的多元获取问题，而且为整个信息安全管理创造良好的条件。

2) 风险评估工具应实现功能的集成

风险评估工具应具有状态分析、趋势分析和预见性分析等功能。同时，风险评估工具应提供对系统及管理方面漏洞的修复和补偿办法。可以调动其他安全设施如防火墙、IDS等配置功能，使网络安全设备可以联动。风险分析是动态的分析过程，又是管理人员进行控制措施选择的决策支持手段，因此，全面完备的风险分析功能是避免安全事件的前提条件。

3）风险评估工具逐步向智能化的决策支持系统发展

专家系统、神经网络等技术的引入，使风险评估工具不是单纯的按照定制的控制措施为用户提供解决方案，而是根据专家经验，进行推理分析后给出最佳的、具有创新性质的控制方法。智能化的风险评估工具具有学习能力，可以在不断地使用中产生新的知识，解决不断出现的新问题。智能化的决策支持能够为普通用户在面对各种安全现状的情况下提供专家级的解决方案。

4）风险分析工具向定量化方向发展

目前的风险分析工具主要通过对风险的排序，来提示用户重大风险需要首先处理，而没有计算出重大风险会给组织带来多大的经济损失。而组织管理人员所关心的正是经济损失的问题，因为他们要把有限的资金用于信息安全管理，同时权衡费用与价值比。因此，人们越来越倾向于一个量化的风险预测。

2.2　风险管理与控制内涵

2.2.1　风险管理与控制的含义

关于风险管理的定义有很多版本。C. A Williams 等认为"风险管理是通过对风险的识别、计量和控制，以最小的成本使风险所致的损失达到最低程度的管理方法"。James C. Cristy 在《风险管理基础》中指出"风险管理是企业或组织为控制偶然损失的风险，以保全所得能力和资产所做的努力"。美国项目风险管理协会给出项目风险管理的定义为"风险管理是系统识别和评估风险因素的形式化过程；是识别和控制能够引起不希望的变化的潜在领域和事件的形式、系统的方法；在项目中识别、分析风险因素、采取必要对策的决策科学和决策艺术的结合"。

控制是组织为了实现其业务目标，防止风险事件的发生而采取的一个合理的保证。控制是管理的深化措施。

通常情况下，依据控制对象的范围和环境，可将控制分为一般控制和应用控制两类。对信息系统而言，一般控制是信息系统的构成要素，如对机器、文件等的控制。之所以称为一般控制是因为这些控制措施适用于该单位的所有信息系统应用。应用控制是一般控制的深化，一般情况下直接深入到某信息系统具体的业务流程中，包括业务数据的处理过程等，为数据的准确性、完整性和可用性提供保证。只有当一般控制措施比较有力，信息系统才能有效地运行，应用控制才能起到应有的作用。

由以上诸多描述，归纳起来可以得出一般的风险管理与控制的定义，即"管理与控制是在一个单位或组织中，管理者通过风险评估、选择相应的风险防范手段，以最小的成本，获得最大的安全效益的动态过程"。

2.2.2　影响风险管理与控制的因素

对一个单位或组织而言,影响风险管理与控制的因素有来自单位内部层面的因素,也有来自单位外部层面的因素。单位内部层面的因素主要包括员工职业道德、风险管理文化、高层管理者、管理理念和经营风格、权责分配、组织结构、员工胜任能力及人力资源政策等多个方面。而单位外部层面的因素则包括国家的政策、法律与法规的完善程度,合作伙伴的技术力量等方面。相比较而言,影响风险管理与控制的主要因素则来自单位内部,单位内部的这些因素决定了风险管理的基调,直接影响人们对组织内部风险的认识、识别、评估和风险应对措施的选择等。

1. 职业道德

职业道德是与人们的职业活动紧密联系的符合职业特点所要求的道德准则、道德情操与道德品质的总和,它既是对本职人员在职业活动中行为的要求,同时又是职业对社会所负的道德责任与义务。

单位或组织的目标及目标实现方式基于该组织的优先选择、价值判断和管理层的经营风格,这些优先选择和价值判断反映出单位管理层的诚信及其信奉的道德价值观。职业道德既有单位制度约束的一面,更有单位或组织的从业者自身人品和修养的一面。如许多单位制定的《高级管理人员道德守则》,就是对高级管理人员的管理理念、正直与诚信、利益冲突的处理方式、披露与保密重要信息等提出明确要求和应遵守的准则。《公司员工道德准则》、《关键岗位管理暂行办法》等制度则是约束员工行为、防止关键信息泄露的重要规章。没有职业道德的人,一定会给其所在的组织带来重大的风险隐患。

2. 风险管理文化

风险管理文化是单位或组织对待风险的态度以及对风险的重视程度。具体包括以下两个方面。

1) 风险管理理念

风险管理理念是单位或组织面对风险的态度,反映在单位或组织对风险管理的期望收益以及相关管理政策等方面。如银行追求信息系统的稳定和可靠就是为赢得企业的信誉,减少风险的具体举措等。

2) 风险偏好

风险偏好是单位或组织在日常经营活动中,表现出的一系列对待风险的态度、价值观以及所采用应对措施的特征(如保守或激进等),常常表现在风险管理理念和风险容量上。风险偏好在不同的组织表现不同,如中小企业对网络和信息安全的容忍程度与银行、税务行业相比要低得多。风险偏好在同一组织内又表现出多样性,不同背景、不同技能、不同职位、不同部门、不同区域都有不同的风险偏好,如网络和信息安全管理部门与信息系统的支持部门或操作人员等,就可能有着不同的风险态度,这些多样性可以理解为风险的子偏好,在设计不同部门的风险管理措施时,要充分考虑各自的风险偏好。

3. 高层管理者

高层管理者是在单位或组织中进行指挥、制定发展战略和规划以及相关标准的人员,是风险管理环节中一个关键的因素,对风险管理与控制的实施有着直接的影响。在一个单位或组织中,由于高层管理者掌握资源的分配,他们的思路、个人能力、经验、决策的独立性、工作风格以及各项方案的参与程度都对单位或组织的风险管理起着决定性的作用。董事会和高层管理者在风险管理过程中,尽管是一个不确定性很强的情景因素(如一个人在不同年龄阶段、不同压力环境等因素影响下判断和选择的不同),却是单位或组织风险管理非常关键的因素,是企业总体风险的最终责任人。

4. 管理风格

管理风格是指管理者受其文化及管理哲学影响所表现出来的行为模式等。对企业而言,管理者的管理风格主要表现在面对风险的态度,与企业的文化、发展历史、周围环境及高层管理者的个人性格特征等有着直接关系,直接影响着企业的管理模式,对企业的风险管理有着重要的影响。激进的、自由的管理风格往往会使企业处于高风险状态;相反,保守的、严格控制的管理风格则可能会降低企业的风险管理水平。因此,企业管理者应该学会在不同的场合有意识地使用不同的风格,以最大限度地降低企业风险。

5. 组织结构

组织结构是企业组织内部各个有机构成要素相互作用的联系方式或形式,以求有效、合理地把组织成员组织起来,为实现共同目标而协同努力。组织结构是企业计划、执行、控制和监控各项活动的框架,在人的能动行为下,通过信息传递,承载着企业的业务流动,推动或者阻碍企业使命的进程,因而在组织结构中位于基础地位,起着关键作用。因此,企业在进行风险管理时要充分考虑组织结构的形态,依据各环节的权责,分配不同的风险管理任务。

6. 权责划分

在单位或组织中,风险的管理实际就是权责的管理,科学、恰当的权责管理意味着合适的人有合适的权限来解决所发生的问题,这就是所谓的职责分离原理。职责分离要求在一个单位或组织中,需要有明确的分工、授权和建立岗位责任制,企业应根据合理分工的原则,尽量将不同的工作岗位分派给不同的人员来担任,在内部岗位、职员之间形成内部牵制,这样能够最大限度地提高员工的主观能动性、创新能力。如果不恰当地行使权责分配,则可能产生新的风险,如权责不分、权责混乱、权责不匹配等,很容易造成信息系统的非授权访问、非授权使用、数据的非授权访问和篡改的威胁。

对信息系统而言,在权责划分时要特别注意以下几个关键职责。

1) 高层管理者

高层管理者如企业董事会、CEO等,作为企业目标实现的最终责任者,同样也是系统风险管理的最终负责者,因此他们必须保证有足够的资源完成实现企业目标的能力创造,在目标制定过程中必须充分考虑企业风险管理活动,同时必须理解、支持信息系统的风险管理。

2) IT 高层管理者(CIO)

在西方工商企业界眼中,CIO是一种新型的信息管理者。他(她)们不同于一般的信息技术部门或信息中心的负责人,而是已经进入公司最高决策层,相当于副总裁或副经理地位的重要官员。而在国内,CIO在很多人眼中则变成了负责信息技术和企业信息系统的人,或简单地认为CIO就是管技术的人。CIO协助高层管理者对其分管的部门风险负责。

3）IT人员

IT人员包括信息系统和信息资源的所有者和维护者,职责是确保存在有效的控制措施,保证信息资产的完整性、机密性和可用性,理解自己在整个IT风险管理中的角色地位并且有效地支持整个风险管理流程。

4）业务或各职能部门负责人

他们是主要业务运营的执行者,也是IT资源的使用者,为各子目标的最终实现负责,因此必须有效地参与IT风险管理的分析、评估过程,理解各自在风险管理中的角色地位,为信息数据的完整性、机密性负责。

7. 员工胜任能力

胜任能力是指员工完成工作任务所需要的知识和技能的统称。工作任务需要具备什么样的知识和技能的员工来完成,通常是管理层根据公司的目标和实现这些目标的战略和计划,在胜任能力和成本之间进行平衡后做出的决策。为此,公司需要对所有岗位都制定详细的岗位说明书,表明履行岗位职责所必需的知识和技能。制定相应的培训计划加强员工胜任能力的培养。员工能力与岗位所需相匹配,就会减少人为失误的操作,降低类似的风险水平。

8. 人力资源政策

人力资源,又称劳动力资源或劳动力,是指能够推动整个经济和社会发展、具有劳动能力的人口总和。人力资源具有一定的时效性(其开发和利用受时间限制)、能动性(不仅是被开发和被利用的对象,且具有自我开发的能力)、两重性(是生产者也是消费者)、智力性(智力具有继承性,能得到积累、延续和增强)、再生性(基于人口的再生产和社会再生产过程)、连续性(使用后还能继续开发)、时代性(经济发展水平不同时期的人力资源其质量也会不同)、社会性(文化特征是通过人这个载体表现出来的)和消耗性等特点。

人力资源政策涉及员工聘用、定岗、培训、评价、晋升、薪酬等一系列活动。适当的人力资源政策对于公司招聘并留住有能力的员工,引导员工达到公司期望的职业道德水平和胜任能力,以确保公司计划的正确执行并达到既定目标,具有决定性的作用。如果一味强调员工的奉献而忽视配套的政策,可能会导致消极怠工、甚至人为破坏等风险。

在分析影响风险管理的因素时应关注以下几点。

(1) IT管理者是否有足够的能力和知识胜任工作。

(2) 是否设置相关职能部门,如IT指导委员会监控IT战略计划的实施。

(3) 是否列举关键系统和数据并指定相关责任人(或所有者)。

(4) IT组织的职责是否有明确的描述、被记录在案和被充分理解。

(5) IT人员是否有充分的授权去完成他们的职责。

(6) IT人员是否理解相应的风险控制并且乐意接受。

（7）数据完整性的责任人和相应业务的责任人是否相互了解其职能并且乐意接受，也就是说信息数据管理者和使用者之间是否相互了解。

（8）是否定期评估 IT 人员的绩效（技能、经验、执行力等）。

（9）IT 人员或外聘支持人员是否了解企业的管理政策并且乐意遵守。

了解影响风险管理与控制的因素，对风险的识别、评估和风险的应对大有好处。

2.2.3　风险管理与控制的意义

风险管理与控制是人类社会生活的基本特征，遍布于单位生产、经营、管理等各个方面，期望达到以最小的成本获得最大安全保障的目标。

风险管理与控制的意义如下。

（1）有助于减少因风险所致的单位所有费用的开支，从而提高利润水平和提高工作效率。

（2）有助于减少单位员工对风险的恐惧与忧虑，有助于调动企业管理人员和职工个人的积极性和创造性。

（3）有利于避免组织或单位经营、社会经济的波动。

（4）有利于减少组织或单位资源的浪费。

（5）有利于改进组织或单位资源的分配和利用等。

对某个组织（单位）的信息化而言，大力推行风险管理与控制的总目标是：服务于组织（单位）信息化发展，促进组织（单位）信息安全保障体系的建设，提高信息系统的安全保障能力。通过对信息系统的风险管理与控制，可使单位的主管者和运营者在安全措施的成本与资产价值之间寻求平衡，并最终通过对支持其使命的信息系统及数据进行保护而提高其使命能力。因此，一个单位的领导特别是主管信息化的领导（CIO）必须确保本单位的信息系统及数据具备完成其使命所需的能力。由于信息安全措施是有成本的，因此对信息安全的成本必须像其他管理决策一样进行全面检查。一套合理的风险管理方法，可以帮助信息系统的主管者和运营者最大限度地提高其信息安全保障能力，便于最有效地实现其使命。

2.3　几个典型的信息系统风险管理与控制理论

目前，应用于信息系统风险管理与控制的理论比较多，下面将重点介绍几种常用信息安全方面的风险与控制理论和模型。

2.3.1　内部控制理论

1. 内部控制理论的发展

从当代管理学角度来解释，控制即操作、管理、指挥、调节的意思。任何组织管理者都非常希望在一种有条不紊的高效率的方式下开展经营活动，提供可靠的财务会计信息和各项管理信息以供自身和其他方面使用,需要一些控制措施来减少决策的失误和防止工作中的错误舞弊行为。当这种控制在组织系统内部实施时,通常称其为内部控制。内部控制是组织为了提高经营效率和充分有效地获取和使用各种资源,达到既定的管理目标,而在内部实施的各种制约和调节的组织、计划、方法和程序。内部控制其实是一种管理控制,是有效实施组织策略的必备工具。

传统的内部控制理论的基本思想源于企业管理的内部牵制。1949 年美国会计师协会(AICPA)对内部控制做出了权威定义:"内部控制是企业所制定的旨在保护资产、保证会计资料可靠性和准确性、提高经营效率,推动管理部门所制定的各项政策得以贯彻执行的组织计划和相互配套的各种方法和措施"。1958 年审计程序委员会(CAP)发布了《审计程序公告第 29 号》(SAP No.29),将内部控制分为内部会计控制和内部管理控制。

1992 年美国注册会计师协会(AICPA)、美国会计协会(AAA)、美国内部审计协会(IIA)、财务协会国际联合会(FEI)、美国管理会计学会(IMA)共同组成的 COSO 委员会,提出了 COSO 报告《内部控制——整体架构》,报告指出:"内部控制是一个过程,受企业董事会、管理当局和其他员工影响,旨在保证财务报告的可靠性、经营的效果以及现行法规的遵循",它认为内部控制整体主要由控制环境、风险评估、控制活动、信息与沟通、监督 5 项要素构成。1996 年,AICPA 发布 SAS 78 号,全面接受 COSO 报告。

2004 年,COSO 发布了《企业风险管理——整合框架》,明确指出了内部控制、风险管理和管理过程的关系,指出:内部控制是企业风险管理的一个组成部分,企业风险管理是管理过程的一个组成部分。

2. 内部控制的原理

任何单位都希望通过有效的管理,将本单位内部经营活动中的各类要求和环节,在空间和时间上合理组织起来,有序、高效地进行工作,使本单位的经营能够发挥最好的效果,以达到预定的目标。但预定的目标和所期望的结果常常是一种计划和设想,究竟能否实现要取决于单位在经营过程中的诸多环节和因素。即使人们有良好的意图,也难免会发生错误,会使结果受到影响,如果在经营过程中有不良分子的破坏,往往会有虚假的结果或重大损失发生。究其原因是人们在执行计划过程中,总会受到许多可控制和不可控制的因素的影响。而采用内部控制可以帮助单位或企业预防和发现"有意的"或"无意的"错误,使单位的经营管理有序、高效地进行。

内部控制的理论基础是控制论,而控制论是对一切运行系统进行控制和调节的一般科学,它研究的是所有系统的一般规律和原理,而不管这些系统本身的性质如何。

控制论中有关控制和调节的基本概念是反馈,如图 2.1 所示。

在图 2.1 中,被调节系统和控制器统称为调节系统。某信号(或经营活动)经过某个环节时就称为被调节系统,当被调节系统被控制器所调节就称为信号(或经营活动)在该环节被采用了控制手段,调节就是纠正系统输出结果与标准或期望之间偏差的活动,如果信号(或经营活动)通过控制器的调节后与标准或期望之间存在

图 2.1　控制论中的控制与调节

偏差,则控制器需要对控制的手段进行调整,并重新对源信号(或经营活动)进行控制,这个过程就称为反馈。

对一个单位或组织而言,被调节系统可以是任何经营活动,而控制器则可以是相应的规章、制度、技术方法等。内部控制则是以控制论为基础,分析研究每个具体组织的内部经营过程及活动,研究每个单位如何发挥管理功能,并对管理过程进行有效调节。内部控制的目的是通过各种调节手段,减小或消除企业经营活动中由于各种因素出现的偏差,确保单位或组织既定目标的实现。

3. 以风险为焦点的内部控制

COSO 报告指出:"企业风险管理是一个过程,它由一个主体的董事会、管理当局和其他人员实现,应用于战略制定并贯穿于企业之中,旨在识别可能会影响主体的潜在事项,管理风险以使其在该主体的风险容量之内,为主体目标的实现提供合理保证。"

COSO 企业风险管理框架中强调以下 7 个属性和理念。

(1) 企业风险管理是一个过程,它持续流动于企业之内。

(2) 企业风险管理由组织中各个层级的人员来实施。

(3) 企业风险管理应用于战略制定的过程中。

(4) 企业风险管理贯穿于企业整体,在各层级和单元应用,还包括企业整体层级的风险组合观。

(5) 企业风险管理旨在识别那些一旦发生将会影响企业的潜在事项,并把风险控制在风险容量以内。

(6) 企业风险管理能够向一个企业的管理当局和董事会提供合理保证。

(7) 企业风险管理力求实现一个或多个不同类型但相互交叉的目标。

在此框架中,内部控制已包含在企业风险管理中,成为企业风险管理的一个组成部分,企业风险管理比内部控制更广泛,是在内部控制基础上的拓展和精心设计,形成一个更加充分关注风险的概念体系。COSO 并没有用企业风险管理框架取代内部控制框架,而是将内部控制框架纳入其中,借助企业风险管理框架满足内部控制的需要。

4. 内部控制的内容及特征

无论对内部控制怎样定义,内部控制的内容一般都包括控制目标和控制手段两个方面。内部控制目标主要包括保证资产安全和财务报表的可靠性,保证营运效率和效果的提高,保证各项法律、法规和既定管理政策的遵循。而内部控制手段则主要包括组织规划手段以及相应的措施。如单位具有合理的组织机构和规划,各部门之间具有严格的职责权限与密切的业务关系,对有关员工规定有明确的任务以及完成任务的期限等。

内部控制一般具有以下几个方面的特征。

1) 全面性

内部控制是对某单位一切业务活动的全面控制,而非局部性的控制。内部控制可以控制单位的财务、会计、资产、人事等政策执行的情况,还可以被用来进行各种工作分析与研究,并提出改善措施。

2) 经常性

内部控制不是阶段性或突击性的控制方法,它涉及单位各种业务的日常作业与各种管理职能的经常性检查。

3) 潜在性

在日常管理工作中,内部控制的行为表现不十分明显,它通常隐藏在一切作业中。无论采取何种管理方式或发生何种业务事项,都存在着控制行为和控制意识。

4) 关联性

在单位内部控制的各项控制中,彼此之间是相互关联的,一种控制行为成功与否直接或间接地影响到另外一种控制行为,一种控制行为或许会导致另外一种控制行为的增强,也可能会导致另外一种控制行为的减弱。

令人满意的内部控制通常具有以下几个方面的特征。

(1) 组织规划以及提供适当的职责和职能划分。

(2) 核准授权制度与会计记录程序的规范,以便于对资产、负债、收入以及费用予以适当合理的控制。

(3) 良好的管理措施,以期望组织中各部门能达到预期的绩效。

(4) 选任与所赋予职务相符合的员工。

5. 内部控制的功能

内部控制具有以下几方面的功能。

1) 控制功能

一般所指的控制功能,是代表一种侦察、比较和改正的程序。即应建立某种反馈系统,首先应有规则地把某种实际状况(包括组织绩效和外界环境)反映给组织,并借由管理人员或计算机,与预期目标或标准进行比较,如果两者的差异超出了一定的程度,则管理者必须查明原因,并采取改正行动,以保证实际行为及实际发展不脱离原有目标的设计。

2) 防护职能

内部控制是以计划目标为依据的控制,通过对计划的鉴定与分析,使计划更加正确可靠,更有利于制约管理过程中的各种消极因素,因此内部控制具有防护性职能。

3) 调节职能

控制是为了制约标准的执行与平衡偏差,平衡偏差应采取各种各样的调节方式,即要采取排除干扰、补偿干扰、自动平衡等调节方式。因此,内部控制不仅有防护职能,更重要的是有调节职能,只有通过调节,才能达到监督考核与制约的目的。

4) 反馈职能

内部控制一般采取闭环控制的方式,无论是目标控制还是程序控制,均是闭环控制。闭环控制有利于各种信息的反馈,也就是说管理目标的执行、差异的存在及应采取的措施等能够及时准确地报告给有关管理者。必要时,有关的管理信息还可以报告给国家有关的宏观管理控制部门。内部控制的闭环控制方式如图 2.2 所示。

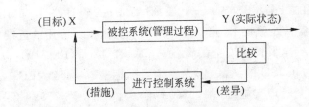

图 2.2　内部控制的闭环控制方式

6. 信息系统与内部控制

在了解信息系统和内部控制的相关概念之后,下面有必要对二者之间的关系进行简单分析。

从管理角度看,内部控制是管理 5 项职能中的控制职能,而信息系统是一种程序、人的行为等的集合,程序是一种能够执行循环往复一贯控制的作业规则,因此信息系统的控制可被视为是一种作业控制。控制和作业控制的关系可以表述为:控制＝硬控制(作业控制)＋软控制(控制信息系统的环境等弹性控制)。由此可见,信息系统与内部控制之间是部分作业控制和整体控制的关系,是子集和全集的关系。

在规划控制系统时,策略规划只有转化为实际的内部控制才有意义,内部控制也只有转化为作业控制才更具可操作性。进一步讲,信息系统是控制系统的子系统,若不考虑实施控制,就不能使信息系统发挥应有的作用。

当今的社会正逐步向信息化社会迈进,信息已经成为维持社会正常运转的重要的基础性资源,信息系统正广泛深入地渗透到社会的政治、经济、军事、文化等各个领域,这也加大了整个社会对信息系统的依赖性。从实践角度来看,在信息系统环境下,企业已经实现了业务和财务的一体化,资源得到了高度的共享。为了有效地保护单位资产的安全与完整,保证业务和财务信息的真实、可靠,提高经营效益,企业迫切需要加大内部控制的力度,对业务和财务信息进行整合和优化,以提高管理者经营决策的效率和效果。

2.3.2　BS 7799

BS 7799 标准是英国标准协会(British Standards Institution,BSI)制定的信息安全管理体系标准。它包括两部分,其第一部分 BS 7799—1《信息安全管理实施指南》于 2001年 2 月被国际标准化组织(ISO)采纳为国际标准 ISO/IEC 17799;第二部分 BS 7799—2《信息安全管理体系规范和应用指南》是一个认证标准,描述了信息安全管理体系各个方面需要达到的一些要求,可以以此为标准对机构的信息安全管理体系进行考核和认证。

1995 年,英国首次出版 BS 7799—1:1995《信息安全管理实施细则》,它提供了一套综合的、由信息安全最佳惯例组成的实施规则,其目的是作为确定工商业信息系统在大多数情况所需控制范围的参考基准,并且适用于大、中、小组织。1998 年,英国公布标准的第二部分 BS 7799—2《信息安全管理体系规范》,它规定了信息安全管理体系要求与信息安全控制要求,是一个组织的全面或部分信息安全管理体系评估的基础,它可以作为一个正式认证方案的根据。BS 7799—1 与 BS 7799—2 经过修订,于 1999 年重新予以发布,1999 版考虑了信息处理技术,尤其是在网络和通信领域应用的近期发展,同时还强调了商务涉及的信息安全及信息安全的责任。2000 年 12 月,BS 7799—1:1999《信息安全管理实施细则》通过了 ISO 的认可,正式成为国际标准——ISO/IEC 17799—1:2000《信息技术——信息安全管理实施细则》。2002 年 9 月 5 日,BS 7799—2:2002 草案经过广泛的讨论之后,终于发布成为正式标准,同时,BS 7799—2:1999 被废止。现在,BS 7799 标准已得到了很多国家的认可,是国际上具有代表性的信息安全管理体系标准。

1. BS 7799—2:1999

BS 7799—2:1999 包含 10 个管理要项,分别是:安全策略、组织安全、资产的归类与管理、人员安全、物理与环境安全、通信和操作管理、访问控制、系统的开发与维护、业务连续性管理、符合性(合规性)等。

1) 安全策略

主要阐述管理层制定的信息安全目标和原则,对特别重要的安全策略进行简要说明,通过在整个组织内颁布信息安全策略,以恰当的、易理解的方式将安全策略传递给整个组织的成员,表明管理层对信息安全的支持、要求和承诺。所有的安全策略要进行定期的评审和维护。

2) 组织的安全

主要阐述从组织架构上对信息安全管理的要求。主要包括:建立安全管理机构,负责组织安全策略的制定和审核,进行安全控制的实施和组织间的安全协调;对第三方访问的安全要求;信息处理采用外包形式时的安全要求。

3) 资产分类和管理

规定了对所有的信息资产要进行标识并指定责任人,明确安全责任;对信息进行分类,明确不同的安全需求和保护等级。

4) 人员安全

阐述了雇员录用、岗位职责、保密性协议、安全教育培训等方面的要求。

5) 物理和环境安全

对安全区域的范围、进出安全区域、安全区域的保护、在安全区域内工作、设备的安置和保护、通常的保护措施等进行了规定。

6) 通信和运营管理

阐述了设备的操作规程、发生事故时的响应、责任分离、系统的规划和验收、防范病毒等恶意代码、信息备份、日志记录、网络管理、介质安全管理、组织间的信息交换等方面的要求。

7) 访问控制

主要阐述了访问控制的策略、用户访问管理、用户权限和责任、网络访问控制、操作系统访问控制、应用系统访问控制、系统审计、移动计算和远程工作等安全要求。

8) 系统的开发和维护

阐述了在进行系统开发和维护时的一些安全要求,包括需求分析阶段时对安全需求的分析,强调信息安全工程应和信息系统的建设同步进行,才能更经济有效。应用系统内应设计有控制和审计机制,对应用系统内的信息进行保护。

9) 业务连续性管理

业务连续性通常是企业最关注的,该部分阐述了如何建立业务连续性计划,如何进行业务连续性计划的维护和测试等。

10) 符合性

该部分主要强调了信息系统的设计、运行、使用和管理要符合国家法律、法规和政策的要求;对信息系统进行安全审计、检验信息安全控制措施是否与安全策略的要求一致,同时对审计工具进行有效保护。

多年的实践表明,BS 7799 是一个比较完善的信息安全管理标准,其权威性是其他标准所不可替代的。

2. BS 7799—2：2002

2002 年 9 月 5 日英国发布了新版本 BS 7799—2：2002。新版标准的主要更新在于:①增加了应用 PDCA 的模型;②提出了基于 PDCA 模型的基于过程的方法;③加强了对风险评估过程、控制选择和适用性声明的内容与相互关系的阐述;④进一步说明了对 ISMS 持续过程改进的重要性;⑤更清楚地描述了文档和记录方面的需求;⑥对风险评估和管理过程进行了改进;⑦对新版本使用提供了指南的附录。

新版本在介绍信息安全管理体系的建立、实施和改进的过程中引用了 PDCA 模型,按照 PDCA 模型将信息安全管理体系分解成风险评估、安全设计与执行、安全管理和再评估 4 个子过程,特别介绍了基于 PDCA 模型的过程管理方法,并在附录中为解释或采用新版标准提供了指南,组织通过持续地执行这些过程而使自身的信息安全水平得到不断的提高。

PDCA 的模型如图 2.3 所示。

PDCA 模型的主要过程如下:①计划(PLAN),定义信息安全管理体系的范围,鉴别和评估业务风险;②实施(DO),实施统一的风险治理活动以及适当的控制;③检查(CHECK),监控控制的绩效,审查变化中环境的风险水平,执行内部信息安全管理体系审计;④改进(ACTION),在信息安全管理体系过程方面实行改进,并对控制进行必要的改进,以满足环境的变化。

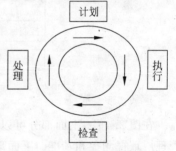

图 2.3　PDCA 模型

与 BS 7799—2：1999 相比,新版标准既没有引入任何新的审核和认证要求,完全兼容依据 BS 7799—2：1999 建立、实施和保持的信息安全管理体系(ISMS),也没有增加任何控制目标和控制方式,所有的控制目标和控制方式都是来自 ISO/IEC 1799：2000,只是新版标准将原来 BS 7799—2：1999 的第 4 部分作为附件 A 放在了新版标准后面,而且采用了不同的编号方式将 BS 7799—2：1999 和 ISO/IEC 1799：2000 结合起来而已。

2.3.3　COBIT

信息及相关技术的控制目标（Control Objectives for Information and related Technology,COBIT）是 IT 治理的一个开放性标准，是由美国负责信息技术安全与控制参考架构的组织 ISACA（Information Systems Audit and Control Association）在 1996 年所公布的业界标准，目前已经更新至第 4 版，是国际上公认的最先进、最权威的安全与信息技术管理和控制的标准。

1. COBIT 体系架构

COBIT 架构的主要目的是为业界提供关于 IT 控制的清晰策略和良好典范。COBIT 主要由 6 部分组成：执行概要、框架、执行工具集、管理指南、控制目标和审计指南，如图 2.4 所示。

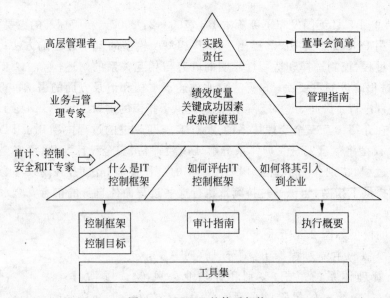

图 2.4　COBIT 的体系架构

在图 2.4 中，上面部分可以供董事会或者执行层参考。中间部分关注管理层，因为管理层重视测控和基准。下面部分提供了对实施的详细支持，并确保有足够的 IT 控制和管理。

对 COBIT 体系架构的解释如下。

1）管理指南（Management Guidelines）

包括成熟度模型（Maturity Models）、关键成功因素（Critical Success Factors）、关键目标指标（Key Goal Indicators）和关键绩效指标（Key Performance Indicators）。其中，成熟度模型用于帮助决定每一个控制阶段和预期水准是否符合产业的规范；关键成功因素用来辨认 IT 程序中达成控制最重要的活动；关键目标指标则用来定义绩效的目标水准；而关键绩效指标则用来测量 IT 控制的程序是否能达到目的。这些指导方针都是为·

了要确保企业能成功及有效地整合企业业务流程与信息系统。

2）执行概要（Executive Summary）

健全的企业决策在于实时、恰当和简要的信息，执行概要为资深管理阶层提供了熟悉 COBIT 关键概念和原则的综述以及 COBIT 细节的 4 个领域及 34 个相关 IT 程序的概要架构。

3）框架（Framework）

一个成功的组织是建构在一个数据和知识的坚固框架上的，所以在这个部分详细描述了 COBIT 的 34 个 IT 高层次的控制目标，并且指出了企业对信息标准的要求（效果、效率、隐私性、准确性、可用性、承诺、可靠性）和 IT 资源（人力、应用、技术、能力和数据）上的需求是如何紧密地融入各个控制目标中的。

4）审计指南（Audit Guidelines）

为了要达成所期待的目标，必须要持续和确实地审计所有的程序。这里提供了关于 34 个 IT 高级控制目标的审计步骤，来协助信息系统的审计员来检验 IT 程序是否符合 302 个具体的控制目标，以提供管理上的保证和改进的建议服务。

5）控制目标（Control Objectives）

在科技不断变化的环境中能维持项目的成功关键在于如何维持良好的控制。COBIT 的控制目标为 IT 控制提供了一个用来明晰策略和实施指导的关键方针，它包括用来达成预期目的或结果的 302 个具体控制目标的详细说明。

6）应用工具集（Implementation Tool Set）

包括了管理意识（Management Awareness）、IT 控制的诊断（IT Control Diagnostics）、应用指导（Implementation Guide）、常见问题集（FAQs）、应用 COBIT 组织的个案研究（Case Studies）及介绍 COBIT 的相关教材。这些新的工具集主要是让 COBIT 的应用更为容易、让组织能快速、成功地从教材中学到如何在工作环境应用 COBIT，并且让领导层思考 COBIT 对企业目标的重要性。

2. COBIT 对信息系统风险控制的现实意义

目前，我国"信息化带动工业化、工业化促进信息化"的战略国策日益深入人心，各行各业的信息化应用已取得了世人瞩目的成就。在这样的背景下，信息化建设和推进中深层次的问题开始受到广泛的关注。如何将 IT 战略与企业战略相融合？如何从公司治理的高度，对企业信息化做出制度安排？如何加强 IT 控制，降低信息系统的风险？诸多问题亟待解决。

为使信息化健康地发展，对信息系统整个生命周期的过程实施有效的控制就显得尤为重要。COBIT 在信息系统控制方面，提供了一系列可行的策略和标准，对我国开展信息系统控制有很好的启示和指导作用。

第一，COBIT 是一个非常有用的工具，而且易于理解和实施，可以帮助企业在管理层与审计之间提供彼此之间进行沟通的共同语言。几乎每个机构都可以从 COBIT 中获益，来决定基于 IT 过程及其所支持的业务功能的合理控制。

第二，COBIT 提供了一个共同的标准，使得 IT 治理过程实施者更容易与其他组织的 IT 人员或厂商彼此之间进行更好的沟通。

第三,企业通过实施 COBIT,增加了管理层对控制的感知和支持,并帮助管理层懂得如何控制影响业务发展的因素。COBIT 提供一种被广泛接受的与信息系统内部控制实践有关的框架来评估现有的或准备建立的信息系统环境,使组织的管理层即使不精通信息系统,也能理解信息系统带来的利益和花费的成本,明白其中存在的风险,然后做出正确的决策。COBIT 提供的实施工具集包括优秀的案例资料,帮助管理层很好地理解信息系统内部控制的概念,使管理层在基于最佳实践的基础上做出正确的决策。

第四,COBIT 使信息系统内部控制的工作简化并量化,减轻对复杂信息系统内部控制工作的难度,并且可以应用在每天都可能发生的各种新问题中。这在我国企业信息化管理水平普遍不高的今天,具有重要的现实意义。

第五,为 IT 处理过程的实施者提供一个完整的理论指导,使他们可以对 IT 处理过程中的相关活动实施管理和控制,满足企业对信息系统的安全、可靠与有效的需求,为企业达成其目标提供合理保障。

第六,COBIT 提供了一个国际通用的信息系统内部控制方案,适用于各种不同的信息系统项目和审计。此外,COBIT 模型还可以帮助决定过程责任,以提高信息系统内部控制的水平。

2.3.4 ISO 13335

1. ISO 13335 简介

ISO/IEC TR 13335 是一个关于 IT 安全管理的指南。其目的是给出如何有效地实施 IT 安全管理的建议和指南,而不是解决方案。该标准目前由以下 5 个部分组成。

第一部分:IT 安全的概念和模型。这一部分的目的在于描述 IT 安全管理领域内的各种主题,并提供一个基本 IT 安全概念和模型的简单介绍。第一部分内容适合于负责 IT 安全的管理人员以及对一个组织的总体安全项目负责的人员。

第二部分:IT 安全的管理和计划。这一部分介绍与 IT 安全管理有关的各种活动,以及组织内的相关角色和职责。一般说来,第二部分内容对于任何对组织的 IT 系统负责的管理者都是有用的。

第三部分:IT 安全的技术管理。这一部分描述并推荐了成功管理 IT 安全的技术。这些技术可以用于评估安全需求和风险,帮助建立和维护适当的安全防护措施,如恰当的 IT 安全级别。本部分内容适用于组织内所有负责 IT 安全的管理者或实施人员。

第四部分:防护的选择。这一部分主要探讨如何针对一个组织的特定环境和安全需求来选择防护措施。这些措施不仅仅包括技术措施。为 IT 系统选择防护措施的决策时使用本部分。

第五部分:网络安全管理指南。这部分主要描述了网络安全的管理原则以及各组织如何建立框架以保护和管理信息技术体系的安全性。这一部分将有助于防止网络攻击,把使用 IT 系统和网络的危险性降到最低。

2. ISO 13335 对信息安全的定义

在很多文献中,将信息的基本安全属性定义为 3 个方面:机密性、完整性、可用性,信息系统的安全就是保证信息系统的用户在允许的时间内、从允许的地点、利用允许的方法,对允许范围内的信息进行经过允许的处理。

而 ISO 13335—1 中却定义了信息安 6 个方面的含义。

(1) Confidentiality(保密性),确保信息不被非授权的个人、实体或者过程获得和访问。

(2) Integrity(完整性),包含数据完整性的内涵,即保证数据不被非法地改动和销毁,同样还包含系统完整性的内涵,即保证系统以无害的方式按照预定的功能运行,不受有意的或者意外的非法操作所破坏。

(3) Availability(可用性),保证授权实体在需要时可以正常地访问和使用系统。

(4) Accountability(负责性),确保一个实体的访问动作可以被唯一地区别、跟踪和记录。

(5) Authenticity(确实性),确认和识别一个主体或资源就是其所声称的,被认证的可以是用户、进程、系统和信息等。

(6) Reliability(可靠性),保证预期的行为和结果的一致性。

针对上述的安全要素,ISO 13335 给出了一个独特的风险管理关系模型,如图 2.5 所示。

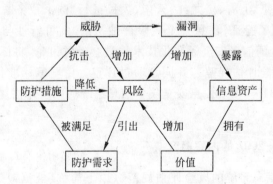

图 2.5 ISO 13335 风险管理关系模型

该模型将资产所面临的风险和相关要素之间的关系形象地反映出来,简单明了。

3. ISO 13335 和 BS 7799 的比较

ISO 13335 和 BS 7799 相比,对安全管理的过程描述得更加细致,而且有多种角度的模型和阐述。

(1) ISO 13335 提出了更为细致的"信息安全"概念。BS 7799 将信息安全描述为维持信息的机密性、完整性和可用性。而在 ISO 13335 中,却将其定义为 6 方面的内容:保密性、完整性、可用性、负责性、确实性和可靠性。这一定义较传统的 CIA(机密性、完整性和可用性)特性更为细致和精确。

（2）ISO 13335 提出了以风险为核心的安全模型，该模型将资产所面临的风险和相关要素之间的关系形象地反映出来，简单明了。

（3）ISO 13335 中对风险分析描述得更为详细，介绍了 4 种风险评估方法：基线方法、非正式方法、详细的风险分析方法、综合分析方法。这 4 种风险分析方法各有侧重点，组织需要根据自身的规模、业务类型以及环境和文化来决定采用哪种风险分析策略。

（4）相对于 BS 7799 来说，ISO 13335 提供了一系列可供参考的风险管理模型，具有较强的可操作性。一个企业的信息安全主管，完全可以参照这个完整的过程来规划本单位的风险管理计划和实施步骤。

（5）BS 7799 规范体现了 PDCA 思想，强调信息安全管理水平的不断提高。这一点在 ISO 13335 中没有涉及，ISO 13335 标准还在不断地增加和改进中。

2.3.5　GB/T 20984—2007

1. GB/T 20984—2007 的由来

2003 年 7 月中办发[2003]27 号文件对开展信息、安全风险评估工作提出了明确的要求。国信办委托国家信息中心牵头，成立了国家信息安全风险评估课题组，对信息安全风险评估相关工作展开调查研究。2004 年 3 月 29 日正式启动了信息安全风险评估标准草案的编制工作。2004 年底完成了《信息安全风险评估指南》标准草案。2005 年由国务院信息办组织在北京、上海、黑龙江、云南、人民银行、国家税务总局、国家信息中心与国家电力总公司开展了验证《信息安全风险评估指南》的可行性与可用性的试点工作。2006 年 6 月 19 日，全国信息安全标准化技术委员会经过讨论，将标准正式命名为《信息安全技术信息安全风险评估规范》，并同意通过评审。由国家标准化管理委员会审查批准发布的 GB/T 20984—2007《信息安全技术信息系统的风险评估规范》于 2007 年 11 月 1 日正式实施。

2. GB/T 20984—2007 的内容简介

《信息安全技术信息系统的风险评估规范》（以下简称《规范》）是我国开展信息安全风险评估工作遵循的国家标准。《规范》定义了风险评估的基本概念、原理及实施流程，对被评估系统的资产、威胁和脆弱性识别要求进行了详细描述，并给出了具体的定级依据，提出了风险评估在信息系统生命周期不同阶段的实施要点，以及风险评估的工作形式。

《规范》分为两个部分：第一部分为主体部分，主要介绍风险评估的定义、风险评估的模型以及风险评估的实施过程；第二部分为附录部分，包括信息安全风险评估的方法、工具介绍和实施案例。

1）GB/T 20984—2007 的内容结构

《规范》的结构为 7 个条款和两个附录，7 个条款和两个附录如下。

引言；

（1）范围；

（2）规范性引用文件；

（3）术语和定义；

（4）风险管理框架及流程；

（5）风险评估实施；

（6）信息系统生命周期各阶段的风险评估；

（7）风险评估的工作形式；

附录 A 风险的计算方法；

附录 B 风险评估的工具。

2）GB/T 20984—2007 各部分的主要内容

（1）引言

指出信息安全风险评估的出发点是从风险管理角度，运用科学的方法和手段，系统地分析信息、系统所面临的威胁及其存在的脆弱性，评估安全事件一旦发生可能造成的危害程度，提出有针对性的抵御威胁的防护对策和整改措施，为防范和化解信息安全风险，将风险控制在可接受的水平，从而最大限度地保障信息安全提供科学依据。引言还指出信息安全风险评估要贯穿于信息系统生命周期的各个阶段。

（2）范围

提出了《规范》的内容。

（3）规范性引用文件

《规范》引用了 4 个标准，GB/T 9361—2000 计算机场地安全要求；GB 17859—1999 计算机信息系统安全保护等级划分准则；GB/T 18336—2001 信息技术安全技术信息技术安全性评估准则以及 GB/T 19716—2005 信息技术信息安全管理实用规则。

（4）术语和定义

给出了信息安全风险评估相关的一些概念。

（5）风险管理框架及流程

① 给出了风险评估要素关系模型，如图 2.6 所示。风险评估中各要素的关系是业务战略依赖于资产去完成资产拥有价值，单位的业务战略越重要，对资产的依赖程度越高，资产的价值则越大；资产的价值越大，则风险越大；风险是由威胁发起的，威胁越大则风险越大，并可能演变成安全事件；威胁都要利用脆弱性，脆弱性越大则风险越大；脆弱性使资产暴露，是未被满足的安全需求，威胁要通过利用脆弱性来危害资产，从而形成风险；资产的重要性和对风险的意识会导出安全需求；安全需求要通过安全措施来得以满足，且是有成本的安全措施可以抗击威胁，降低风险，减弱安全事件的影响；在实施了安全措施后还会有残余风险，残余风险可能会诱发新的安全事件。

② 风险分析原理。风险计算过程是识别资产并赋值，识别威胁并对威胁出现的频率赋值，识别脆弱性并对脆弱性的严重程度赋值；根据威胁及威胁利用脆弱性的难易程度，判断安全事件发生的可能性；根据脆弱性的严重程度及安全事件所作用的资产的价值，计算安全事件造成的损失；根据安全事件发生的可能性以及安全事件出现后的损失，计算安全事件一旦发生对组织产生的影响，即风险值。

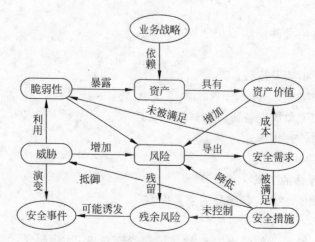

图 2.6　风险评估要素关系模型

③ 实施流程。给出了风险评估的实施流程图。

(6) 风险评估实施

《规范》描述了风险评估的实施过程。

① 风险评估的准备：这是整个风险评估过程有效性的保证。在这个阶段要完成以下任务：确定风险评估的目标和范围，组建评估团队，进行系统调研，确定评估依据和方法并获取最高管理者对评估工作的支持。

② 资产识别：依据资产的分类，对评估范围内的资产逐一识别，完成对资产保密性、完整性和可用性的赋值，最后经过综合评定得出资产重要性等级。

③ 威胁识别：对资产可能遭受的威胁进行识别，并依据威胁出现的频率对威胁进行赋值。

④ 脆弱性识别：脆弱性识别是风险评估中最重要的一个环节。脆弱性识别可以以资产为核心，也可以从物理、网络、系统、应用等层次进行识别，然后与资产、威胁对应起来。从技术和管理两个方面对评估对象存在的脆弱性进行识别并赋值。

⑤ 已有安全措施的确认：在识别脆弱性的同时，对评估对象已采取的安全措施的有效性进行确认，评估其有效性。

⑥ 风险分析：采用适当的方法与工具确定威胁利用脆弱性导致安全事件发生的可能性。综合安全事件所作用的资产价值及脆弱性的严重程度，判断安全事件所作用的资产价值及脆弱性的严重程度，判断安全事件造成的损失对组织的影响，即安全风险。

标准给出了风险计算原理，以下面的范式形式化加以说明：

$$风险值 = R(A,T,V) = R[L(T,V),F(Ia,Va)] \tag{2-1}$$

式(2-1)中，R 表示安全风险计算函数；A 表示资产；T 表示威胁；V 表示脆弱性；Ia 表示安全事件所作用的资产价值；Va 表示脆弱性严重程度；L 表示威胁利用资产的脆弱性导致安全事件的可能性；F 表示安全事件发生后造成的损失。

⑦ 风险评估文件记录：形成风险评估过程中的相关文档，包括风险评估报告。

（7）信息系统生命周期各阶段的风险评估

风险评估贯穿于信息系统的整个生命周期中。各阶段根据其活动内容的不同，安全目标和风险评估的要求也会不同。信息系统在规划设计阶段要通过风险评估确定系统的安全目标，在建设验收阶段要通过风险评估以确定系统的安全目标达成与否，在运行维护阶段要不断地进行风险评估以确定安全措施的有效性，确保安全保障目标始终如一得以坚持。《规范》给出了各阶段风险评估的侧重点、评估要点及评估采取的方式。

（8）风险评估的工作形式

根据评估实施者的不同，风险评估形式分为自评估和检查评估两大类。自评估是由被评估单位依靠自身的力量，对其自身的信息系统进行的风险评估活动。检查评估是被评估单位的上级主管机关，依据已经颁布的法规或标准进行的，具有强制意味的检查活动。

（9）附录内容

附录 A 风险的计算方法：给出了风险计算方法，是最简单和基础的方法。

附录 B 风险评估的工具：给出了风险评估与管理工具、系统基础平台风险评估工具和风险评估辅助工具。

2.3.6　可靠性理论

可靠性理论最早应用于对机器和电子元器件的维修问题，近年来已发展到现代工程及管理等诸多领域，成为一门新兴的边缘学科，正越来越受到人们的重视。

可靠性理论的基础是概率论和数理统计，其主要任务是研究系统或产品的可靠程度。在可靠性理论中，描述系统或产品可靠程度的大小往往用可靠度 R 指标来衡量，显然 R 越大，则系统越可靠，因此，探讨系统的可靠性是可靠性理论研究的一个重要内容。在具体研究可靠性时，通常用到 2 个基本的模型：串联系统和并联系统，在实际应用过程中，系统多表现为串并联的组合，称为混合系统。下面对这几个基本的系统模型进行简单描述。

1. 串联系统

若组成系统的所有单元中，任一个单元失效均会导致整个系统的失效，这样的系统称为串联系统。串联系统的可靠性模型如图 2.7 所示。

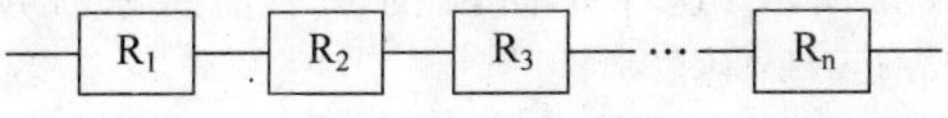

图 2.7　串联系统可靠性模型

串联系统总的可靠度为

$$R = R_1(t) \cdot R_2(t) \cdots R_{n-1}(t) \cdot R_n(t) \tag{2-2}$$

式（2-2）中，$R_i(t)$ 为组成系统中任一单元 i 的可靠度。

由式（2-2）可知，由于串联系统任何一个单元的可靠度 $R_i(t)$ 均小于 1，因此，串联系统的组成单元越多,系统的总可靠度 R 则越小。此外,在串联系统中,可靠性最差的那个单元其 $R_i(t)$ 的值最小,则该单元对整个系统可靠性的影响最大。

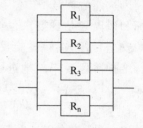

2. 并联系统

若组成系统的所有单元全部失效,则整个系统失效,具备这样特征的系统称为并联系统。并联系统的可靠性模型如图 2.8 所示。

图 2.8　并联系统可靠性模型

并联系统可靠度

$$R = 1 - (1 - R_1(t)) \cdot (1 - R_2(t)) \cdots (1 - R_{n-1}(t)) \cdot (1 - R_n(t)) \tag{2-3}$$

式(2-3)中,$R_i(t)$ 为组成并联系统任一单元 i 的可靠度。

由式(2-3)可知,若并联系统的组成单元越多,则系统的总可靠度越大,而且系统的总可靠度 R 大于任何一个单元分系统的可靠度。

3. 混合系统

实际系统多为串并联的组合,称为混合系统,混合系统可靠性模型如图 2.9 所示。

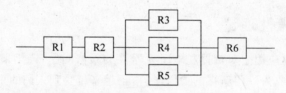

图 2.9　混合系统可靠性模型

在混合系统情况下,可以先把每一组成单元(串联与并联)的可靠度求出,转换成单纯的串联或并联系统,然后求出系统的可靠度。

4. 可靠性理论与信息系统风险

可靠性理论可以很好地运用到信息系统的风险分析中。为了便于说明问题,下面从信息系统项目建设和信息系统资源使用两个方面进行讨论。

1) 可靠性理论在信息系统项目建设中的应用

在信息化项目建设中,一个完整的信息系统项目通常可分为识别需求、提出解决方案、执行项目、结束项目 4 个阶段,这 4 个阶段构成了信息系统项目建设的生命周期,如图 2.10 所示。

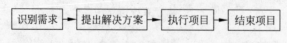

图 2.10　信息系统项目建设的生命周期

识别需求阶段是项目生命周期的初始阶段,需要明确项目的概念,制定出项目的细节计划;方案解决阶段则是在识别需求基础上所进行的一系列有针对性的实施计划;项目的执行阶段是对项目解决方案的具体实施；而项目的结束阶段则需对本项目的文档、试运行情况进行总结，完成项目的决算等。

由以上分析可知，信息系统项目建设生命周期内任一阶段的重大缺陷或失败，都将导致整个信息系统项目建设的失败，显然，这种特点具备可靠性理论中"串联系统"的全部特征，因此，信息系统项目建设的风险管理与控制过程是一个典型的"串联系统"。

2）可靠性理论在信息系统资源使用中的应用

由第1.6节的知识可知，在信息系统资源使用中，一个典型的信息系统由管理体系、技术支撑体系、安全保障体系和数据资源体系等几部分构成。如果4个部分的任意一个环节中存在重大的缺陷或疏忽，如管理混乱、网络基础设施的不稳定、安全防范措施不到位、工作人员的责任心严重缺乏等，都将导致信息系统资源使用风险的产生，显然，这种特点具备可靠性理论中"串联系统"的全部特征。如果对信息系统资源使用的某个具体环节进行分析，如信息安全保障体系，该部分包含许多内容，既有硬件安全，也有软件安全，同时还有操作方面的安全等，只有当这些众多的安全保障措施全部失效时，则整个信息安全保障系统才失效，因此，这种特点具备了可靠性理论中"并联系统"的特征。因此，信息系统资源使用的风险管理与控制过程其本质是一个典型的"混合系统"。

2.4　信息系统风险管理与控制的内容与原则

2.4.1　信息系统风险管理与控制的内容

信息系统风险管理与控制研究的对象主要是面向信息系统，其内容主要由5个部分组成：风险评估、风险处理、基于风险的决策、状态监控以及事件响应，如图2.11所示。

图 2.11　信息系统风险管理与控制的内容

风险评估过程将全面评估信息系统的资产、威胁、脆弱性以及现有的安全措施，分析安全事件发生的可能性以及可能的损失，从而确定信息系统的风险，并判断风险的优先级，建议处理风险的措施，并且为今后类似事件的发生制定相应的事件响应策略。基于风险评估的结果，风险处理过程将考察信息安全措施的成本，选择合适的方法处理风险，将风险控制到可接受的程度。基于风险的决策旨在由信息系统的主管者或决策层判断残余风险是否处在可接受的水平之内。通过制定信息资源的保护级别，强调关键的信息技术资源，有效实施监控和事故处理。当决策方案实施后，需要监控信息系统的状态，做到事件响应的及时性和准确性，主管者将以此为依据并做出决策，决定是否允许信息系统的运行。

2.4.2 信息系统风险管理中的角色和责任

1. 信息系统风险管理与控制的角色和责任

　　风险管理与控制是一项综合的过程,由于信息系统(信息及运行环境等)的开放性,决定了信息系统风险管理与控制过程中参与角色的多样性。一般情况下,一个完整的信息系统的参与角色可分为国家信息安全主管机关、业务主管机关、信息系统拥有者/运营者、信息系统承建者、信息系统安全服务机构、信息系统的关联者(即因信息系统互联、信息交换和共享、系统采购等行为与该系统发生关联的机构)。这些角色在风险管理与控制中的责任如表 2.1 所示。

表 2.1　信息系统的参与角色在风险管理与控制中的责任

角　　色	责　　任
国家信息安全主管机关	制定信息安全的政策、法规和标准
	督促、检查和指导各单位的风险管理工作
业务主管机关	提出、组织制定并批准本单位的信息安全风险管理策略
	领导和组织本单位的信息系统安全评估工作
	基于本部门内风险评估的结果,判断信息系统的残余风险是否可接受,并决定是否批准信息系统投入运行
	检查信息系统运行中产生的安全状态报告
	定期或不定期地开展新的风险评估工作
信息系统拥有者/运营者	制定风险管理策略和安全计划,报上级审批
	组织实施信息系统自评估工作
	配合检查评估或委托评估工作,并提供必要的文档等资源
	向主管机关提出新一轮风险评估的建议
	改善信息安全措施,处理信息安全风险
信息系统承建者	将信息系统建设方案提交给有关方面进行风险分析,根据风险分析的结果修正建设方案,使方案成本合理且积极有效,在方案中有效地控制风险
	规范建设,减少在建设阶段引入的新风险
信息安全服务/集成机构	提供独立的风险评估,并在评估后提出调整建议,以减少或根除信息系统中的脆弱性,有效对抗安全威胁,处理风险、保护评估中的敏感信息,防止被无关人员和单位获得
	使用经过测评认证的安全产品
	协助制定风险管理策略和安全计划
	根据系统拥有者/运营者的需求,对风险进行处理
信息系统的关联机构	遵守安全策略、法规、合同等涉及信息系统交互行为的安全要求,减少信息安全风险
	协助风险管理工作,确定安全边界
	在风险评估中提供必要的资源和资料

2. 信息系统风险管理与信息安全保障

"信息安全保障"是最近几年西方一些计算机科学及信息、安全专家提出的与信息安全有关的新概念。有学者将"信息安全保障"定义为"确保国家或群体或个人对信息基础设施及其信息内容'安全、可靠和可控'实现的手段和措施"。"信息安全保障"是通过对信息基础设施及其信息内容进行保护和防范,支持人类其他领域发展的保证体系,它是物理安全、网络安全、数据安全、信息内容安全、信息基础设施安全与公共国家信息安全等的总和。

"信息系统的风险管理"与"信息安全保障"二者之间并不是一个简单的等同关系。风险管理是对信息系统安全进行风险管理与控制的过程,是所有信息系统安全保障工作的总称。信息系统的任何安全保障工作,其最终目的都是处理信息安全风险,使残余风险可接受,从而促进信息化健康发展。基于风险的思想是所有信息安全保障工作的核心思想。

风险管理不只是单纯的管理行为,而是积极调动一切管理和技术资源来评估和处理信息安全风险,并最终由管理层做出决策的一种综合而且呈现动态变化的过程。

风险管理突出了"有的放矢"的思路,这个"的"便是信息安全的需求。如表 2.2 所示,信息系统生命周期包括 5 个阶段:规划和启动、设计开发或采购、集成实现、运行和维护以及废弃,每个阶段均会出现不同的安全需求,均需要得到不同风险管理工作的支持。风险管理是一个在信息系统生命周期各主要阶段实施的连续性过程。

表 2.2　信息系统全生命周期内各阶段的风险管理工作

生命周期阶段	阶 段 特 征	风险管理工作的支持
阶段 1——规划和启动	提出信息系统的目的、需求、规模和安全要求	确定信息系统的安全需求
阶段 2——设计开发或采购	信息系统的设计、购买、开发或建造	对设计中的风险进行评估,支持后续的信息系统安全分析。有可能会影响到系统在开发过程中要对体系结构和设计方案进行变更
阶段 3——集成实现	实现信息系统的安全特性,并进行测试和验证	通过风险评估考察信息系统的安全效果,判断其是否能满足要求,随后做出相关决策
阶段 4——运行和维护	信息系统开始执行其功能,一般情况下系统要不断修改,添加硬件和软件,或改变单位的运行策略、流程等	当信息系统在运行中出现重大变更时(例如增加了新的系统接口或功能、外部环境发生了改变等),要对其进行风险评估,处理新产生的风险,并重新判断是否允许信息系统继续运行
阶段 5——废弃	本阶段涉及对信息、硬件和软件的废弃。这些活动包括信息的转移、备份、丢弃、销毁以及对软硬件进行的报废处理	在报废或替换系统组件前,要对其进行风险评估,以确保硬件和软件的废弃处置方式是恰当的。此处,还要确保信息系统的升级换代过程能够平稳、可靠进行

在信息系统生命周期的全过程中,风险管理始终会伴随着新的信息安全需求的提出而出现。

2.4.3　信息系统风险管理与控制的原则

信息系统风险管理与控制的目标主要体现在以下 4 个方面:信息资产的安全、信息资产的准确可靠、组织或单位经营效率的提升以及组织或单位管理方针的贯彻。

为了实现以上的目标,风险管理与控制需要遵循以下几个方面的原则。

1. 经济性原则

经济性原则是信息系统风险管理与控制实施应遵循的成本效益原则,风险管理与控制的成本应小于风险损失,用最小的投入将安全风险降到最低程度。安全风险评估是进行资产估价、威胁和脆弱性识别、风险分析和选择适当安全措施的过程。对信息资产的过度保护会投入太多的安全成本,但过低成本的安全保护又会遭受安全事件发生的巨大损失。因此组织(单位)在进行风险管理与控制的选择时,要进行安全成本效益分析,在信息系统安全投入成本、信息安全事件发生时造成的经济损失、组织(单位)可接受风险之间求得平衡,使组织(单位)具有更大的竞争力。

2. 可用性原则

风险管理与控制措施应该是简单、易于操作和使用。所使用的管理与控制方法要能够被组织(单位)中的大多数人员所接受。

3. 综合性原则

信息系统风险管理与控制并不是单一方法或产品的使用,而是从系统论的角度将其集成、综合地运用并去指导实施,各种控制方法互相配合、互相补充,以达到组织(单位)制定的安全目标的实现。

4. 自愈性原则

信息系统风险管理与控制措施不仅能阻止和检测风险,还应保证在风险事件发生时和发生后,及时恢复事件造成的损失,保证组织(单位)业务的连续运营。

5. 可持续性原则

由于组织环境以及信息技术的不断变化,信息系统面临的新的风险将不断出现,风险管理与控制也就不是一劳永逸,而是一个持续改进和更新的过程,以不断应对新风险的发生。

2.5　信息系统风险管理与控制的常用方法

2.5.1　信息系统风险管理与控制的一般过程

1. 风险管理与控制的一般过程

在对信息系统进行风险管理与控制的一般过程中,把风险管理与控制分为风险评估和风险控制两个主要过程,风险评估和风险控制又向下分为各个子过程,如图 2.12所示。

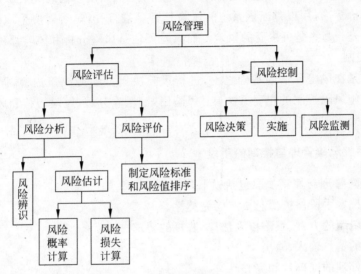

图 2.12　风险管理与控制的一般过程

1) 风险管理过程

风险管理过程是对风险进行评估和控制的过程。在这个过程中,通过主动、系统地对风险进行全过程识别、评估及监控,以达到降低系统风险、减少风险损失,甚至化险为夷,变不利为有利的目的。

2) 风险分析

风险分析是风险辨识和风险估计的过程。其内容包括查明在哪些方面、哪些地方、什么时候可能会隐藏着风险,查明之后要对风险进行量化,确定各个风险的大小以及轻重缓急。

3) 风险辨识

风险辨识是指对给定系统进行危险辨识,寻找全部风险源或发生风险的原因。它回答的问题是:系统有几种可能的风险? 产生风险的原因是什么? 通常可列出风险来源列表,将风险进行分类或分组,陈述风险的症状。当然,风险辨识的目的是找出主要的风险因素,如果考虑全部风险因素,则问题将过于复杂,无法量化了。

4）风险估计

风险估计是指应用相关理论或方法对风险发生的概率进行计算,并估算风险在特定条件下,可能遭受的损失程度。损失程度大小要从损失性质、损失范围和损失时间分布这3个方面来衡量。风险估计回答的问题是:风险事件后果有多大?风险估计的方法有主观和客观两种。客观的风险估计以历史数据和资料为依据;主观的风险估计是在无历史数据和资料可参考,无法使用试验或统计的方法来验证其正确性的情况下,根据人的经验和判断来估计风险。由于客观世界的复杂性,实践常采取主观估计和客观估计相结合的方法来进行风险估计。

5）风险评价

风险评价是在风险分析的基础上,对风险进行排队,确定它们的先后顺序,同时制定相应的风险评价标准,用以判断该系统的风险是否可被接受,是否需要采取相应的措施。它回答的问题是:哪些是可接受的风险?而风险评估是风险分析和风险评价的全过程。

6）风险控制

风险控制是在风险评估的基础之上,进行风险决策并实施决策内容,同时监测风险发生情况。实施风险控制的主要方法有:风险回避、风险分散、风险转移和风险自留。风险控制的关键是采取果断的行动。

2. 信息系统风险管理与控制的手段

常见的风险管理与控制手段包括以下几个方面。

(1) 采用技术手段保护信息资产的完整性。

(2) 符合组织的方针、策略以及法律、法规的要求。

(3) 准确的信息输入、输出。

(4) 交易处理的准确性和完整性。

(5) 数据处理的完整性。

(6) 保证信息系统运营的效率和效果。

(7) 制定信息系统业务可持续发展的计划。

(8) 制定信息系统运行的应急响应措施以及灾难恢复计划等。

风险管理与控制的成功与否取决于以下几个方面。

(1) 高层管理者的重视。

(2) 技术团队的全力支持和配合。

(3) 风险评估队伍的能力。

(4) 信息系统使用者的意识和合作态度。

(5) 单位内对风险进行持续评估和管理的机制。

2.5.2 内部控制自我评价

1. 内部控制自我评价的产生背景

内部控制体系的建立与执行是现代企业所关心的问题,因为任何组织都希望在有条不紊的高效率的方式下开展业务活动,而内部控制恰恰为尽量减少组织中的决策失误和工作缺陷提供了有力的支持。然而,值得注意的问题是,内部控制能够为企业有效运营提供合理的保证,但并非绝对保证,因此,管理者有必要不断复核及更新内部控制手段,开展定期或不定期内部控制的评价工作,其根本目的就在于检查企业为达到其经营目标所付出努力的有效性。

在一个企业或组织中,传统的内部控制评价往往由内审部门来执行。内审人员可能常常会处于这样一种尴尬境地:管理层没有为内部审计工作的开展提供足够支持,企业内部员工对内部审计及内部控制缺乏认识,并且由于内部审计及内部控制主客体的统一,使得内审人员难以开展工作。另外,很多企业内部审计机构设置不合理,无法保证内审机构及人员的独立性,其结果往往导致企业或组织中的内部控制处于监控盲点。因此,企业迫切需要一种新的方法对内部控制做出评价,以期从根本上扭转局面,树立新的管理风格。

1987 年,由加拿大海湾(Gulf Canada)公司首次提出的控制自我评价方法创造了一种新的内部审计技术类型,它由传统的审计人员检查单据、实施符合性测试程序为导向,转为在审计人员指引下由管理部门和员工共同探讨。之后,控制自我评价方法被世界上越来越多的公司和组织所接受,在国际上已经掀起了一股控制自我评价热。

2. 内部控制自我评价的内涵

内部控制自我评估(Control Self-assessment,CSA),是指在企业内部为实现目标、控制风险而对内部控制系统的有效性和恰当性实施自我评估的方法。

CSA 是被用来评价企业关键经营目标、围绕该目标实现的风险和为管理该风险而设计的内部控制的一套新兴的审计技术方法体系。它把传统的只由内部审计人员从事的内部控制评价转由公司各部门参与作业的人员亲自评估,帮助他们认识到内部控制不只是内部审计工作的责任,也不仅是高级管理层应关心的问题,相反,应该把它看做是组织中所有成员的事。尽管不同组织采用不同的 CSA 方法和形式,但从本质上看,CSA 是一个动态的有机过程,它能够帮助公司重要股东探测到他们所面临的风险,适时监测处理风险的内控制度,以及评价或评估内控制度的适当性。由于 CSA 能够迅速地识别企业的潜在优势和威胁,因此,一些 CSA 的倡导者将其定义扩展为组织的 SWOT(优势与局限、机会与威胁)分析和确保组织目标实现的制度的总体效果性评价。借助管理层和内部审计师之间的协作,CSA 的应用还使得审计重新从传统的事后评价活动转向对管理控制系统之持续、交互作用的审视。

3. 内部控制自我评价的工作方法

在实践中,国外已经发展了多至 20 余种的 CSA 方法,但从其基本形式来看,主要有3 种,即引导会议法、问卷调查法和管理结果分析法。

1) 引导会议法

引导会议法是指把管理层和员工召集起来就特定的问题或过程进行面谈和讨论的一种方法。CSA 引导会议法又有 4 种主要形式:以控制为基础的、以程序为基础的、以风险为基础的和以目标为基础的。

（1）控制基础形式主要关注已有控制的实际执行情况，也可能包括在工作组之外的内控设计决策。在这种形式下，CSA引导者可以结合高层管理者的主要意图确定目标和控制技术，并对控制的执行情况与管理层关于内控执行方面的意图之间存在的差距进行分析。这种形式在检查软控制，如管理层的诚实性等方面是比较有效的。

（2）程序基础形式是对所选程序的业务执行情况进行检查，这种工作的意图是评价、更新所选取程序或使所选程序呈流水线性。除确定评价目标之外，CSA引导者还要在引导会议之前确定最能实现关键经营目标的程序。程序基础形式可能比控制基础形式具有更宽的分析范围，而且可以被有效地用来与质量管理小组的倡议联合行动。

（3）风险基础形式注重甄别与管理风险。这种形式的检查控制活动可以确保其控制关键的经营风险，更易于甄别主要剩余风险以便采取纠正行动，而且，与其他方法相比较，这种形式可能带来更全球化的自我评价。

（4）目标基础形式关注实现目标的最好方法。目标可能由引导者确定，也可能不由引导者确定，重要的是要从工作组那边获得重要的输入信号。工作组的目的是弄清最好的控制方法是否已被选用，这种方法是否有效运行，以及所产生的剩余风险是否在可接受的水平之下。

2）问卷调查法

问卷调查方法利用问卷工具使得受访者只要做出简单的"是/否"或"有/无"的反应，控制程序的执行者则利用调查结果来评价他们的内部控制系统。问卷调查表如图2.13所示。

网络安全调查问卷

1. 所属公司（单位）是否建有局域网？ A. 是 B. 否

2. 所属公司（单位）拥有多少台PC？ A. 1～10台 B. 11～99台 C. 100台以上

3. 所属公司（单位）是否有服务器？ A. 是 B. 否

4. 所属公司（单位）局域网是否感染过病毒？ A. 是 B. 否

5. 所属公司（单位）局域网是否遭遇过黑客攻击？ A. 是 B. 否

6. 所属公司（单位）目前是否安装了企业版防病毒产品？ A. 是 B. 否

7. 所属公司（单位）目前是否安装了防火墙？ A. 是 B. 否

8. 所属公司（单位）目前是否安装了入侵检测产品（IDS）？ A. 是 B. 否

9. 您选择网络安全产品的依据是什么？

A. 价格　　B. 产品效能　　C. 相关认证　　D. 品牌知名度　　E. 售后服务

10. 您近期最关注的网络安全产品？

A. 企业版防病毒产品　B. 防火墙　C. 入侵检测产品　D. VPN　E. 身份验证　F. 其他

图2.13　问卷调查

3）管理结果分析法

管理结果分析法是指除上述两种方法之外的CSA方法。通过这种方法，管理当局布置工作人员学习经营过程，CSA引导者（可以是一个内审人员）把员工的学习结果与他们从其他方面，如其他经理和关键人员那里收集到的信息加以综合，通过综合分析这些材料，CSA引导者提出一种分析方法，使得控制程序执行者能利用这种分析方法。

以上3种CSA方法各有其适用情况,目前西方用得比较多的是引导会议法。在该方法下,引导人员应受到一般的引导技巧和内部控制系统设计方面的培训,具有高素质的能力,以便引导参与人员研讨、分析,并写出评估报告,提出改进措施。引导人员还应对企业外部的机遇与风险进行分析,以决定采取最为恰当形式的引导会议或结合使用多种形式。然而,引导会议法的效果在一定程度上取决于企业的组织文化是否支持和鼓励员工的诚实反应。

2.5.3 信息系统的风险识别

风险识别是用感知、判断或归类的方式对现实的和潜在的风险性质进行鉴别的过程。风险识别是风险管理与控制的第一步,也是风险管理的基础。只有在正确识别出系统所面临的风险的基础上,人们才能够主动选择适当有效的方法进行处理。

通常情况下,风险识别一方面可以通过感性认识和历史经验来判断,另一方面也可以通过对各种客观的资料和风险事故的记录来分析、归纳和整理,以及必要的专家访问,从而找出各种明显和潜在的风险及其损失规律。因为风险具有可变性,因而在风险识别过程中应该充分认识到风险识别是一项持续性和系统性的工作,需要密切注意原有风险的变化,并随时发现新的风险。

1. 信息系统风险识别的内容

信息系统的风险大多情况下是针对信息系统资源的,没有资源,风险也就成为无的之矢。安全事件的客体就是资源,资源既是组织保护的对象,威胁攻击的对象,还是脆弱性的载体。因此,风险识别的核心工作是识别威胁源和脆弱性。

1）威胁源的识别

威胁源通常包括黑客、内部误操作人员、内部恶意攻击人员、外部恶意攻击人员、商业间谍、国家(军事)间谍人员等。

通常可采用人工检查法、专用技术工具等手段识别威胁源,分析其可能引起哪些威胁源的关注和面临哪些威胁源的威胁。

人工检查法识别威胁源的应用,如在物理访问方式方面,通过走访等形式,了解单位信息系统的安全规章制度、防范措施是否合乎规定和要求;通过检查信息处理场所门卫处的人工登记日志,查看单位对信息处理场所进出的控制程度等。在环境运行方面,通过人工检查单位的消防情况,确定信息系统的环境是否符合相关规定;现场查看电源情况,机房的接地情况是否符合相关要求;现场查看磁带库、磁盘及其他重要的信息存储介质存放区是否具有防潮、防湿措施等。

对信息系统威胁源的识别方法还可以采用专用技术工具等手段。如采用信息系统分析工具、专用技术工具等。以下列举几个常用专门工具软件的应用。

入侵检测工具是专门用于检测信息系统是否受到攻击的工具。入侵检测的记录将反映出信息系统曾经遭受的网络攻击及攻击企图,并能记录攻击及攻击企图来自何处。

操作系统及应用软件日志或专门的审计工具软件能记录下本地或通过网络所进行

的相关操作,可用于分析威胁源。

恶意程序也是信息系统一个重要的威胁源。恶意程序包括病毒、蠕虫、木马等。近年来,这些恶意程序在互联网上大量泛滥,肆意作恶,相关的研究和工具的研发不断发展。针对病毒和木马的检测方法有:特征代码法、校验和法、行为监测法、软件模拟法、先知扫描法和应用防毒保护法等。目前,已有人研究采用人工免疫算法和人工智能的方法来发现新的、未知的病毒和其他恶意程序等。

2) 脆弱性的识别

脆弱性识别是风险分析的核心内容,减少脆弱性能大大减轻信息安全的工作量。因此,脆弱性的发现技术和工具是风险识别研究的重点。目前,已经有很多对已知脆弱性(漏洞)检测发现和对未知漏洞进行发掘的方法、技术手段和工具。

脆弱性识别常用的技术方法如下。

(1) 漏洞扫描,对已知的漏洞进行扫描检测。漏洞扫描分为基于网络的漏洞扫描、基于主机的漏洞扫描、分布式漏洞扫描和数据库漏洞扫描。在国内,部分信息安全公司已经从比较单一的系统漏洞检测向应用软件缺陷扫描的方向扩展,如安络科技的 CNNS-Scanner,已集成了对 Web 服务、FTP 服务、数据库服务等多种服务进行扫描检测的功能。

(2) Fuzz 测试(黑盒测试)。通过构造可能导致程序出现问题的输入数据和其他各种尝试方式进行自动测试。

(3) 源码审计(白盒测试)。一系列的工具能协助发现程序中的安全 BUG,如最新版本的 C 语言编译器。信息系统中的很多应用程序是针对专门的业务定制的,没有通用的漏洞检测工具,往往都需要进行源码审计。

(4) IDA 反汇编审计(灰盒测试)。这和上面的源码审计非常类似,用于有软件,但没有源码的情形。IDA 是一个非常强大的反汇编平台,能基于汇编码进行安全审计。

(5) 动态跟踪分析。记录程序在不同条件下执行的全部和安全问题相关的操作(如文件操作),然后分析这些操作序列是否存在问题。这是竞争条件类漏洞发现的主要途径之一,其他的污点传播跟踪也属于这类。

(6) 补丁比较。厂商的软件出了问题通常都会在补丁中解决,通过对比补丁前后文件的源码(或反汇编码)就能了解到漏洞的具体细节。

以上手段都需要通过人工参与分析来找到全面的流程覆盖路径。通过分析整个进程的运行来获得脆弱性信息,分析手法多种多样,有分析设计文档、分析源码、分析反汇编代码、动态调试程序等。

信息系统的脆弱性,除了以上的检测技术,还有针对特定技术和应用的脆弱性检测,特别是安全技术的脆弱性检测,如密码安全性、异常性检测等。

(7) 密码安全性检测。技术方面,已知公开的对系统口令、无线局域网口令进行检测的一些工具。目前,国内外针对无线局域网的安全性评估工具很少,而且主要是通过过滤器、数据捕获和接入授权等进行安全检测,还没有针对密钥配置安全的安全性评估工具。针对系统口令检测,较好的工具是 LophtCrack,该工具主要采用暴力攻击手段破译口令,破译速度慢,仅能破译字符范围较小或口令规律性很强的弱口令。该工具也具有时空折中法破译功能,可通过大量预计算生成数据库,提高破译速度。但是,即使使用该方法,该工具也只能破译强度很弱的口令。密码协议分析,如 SSL 协议分析工具,供安全研究人员实验用的工具有 SSLdump、SSLsniffer 等,其他一些协议分析仪或协议分析软件也部分集成了 SSL 协议解析模块。

(8) 异常性检测。对信息系统功能的不正确设计、实现、配置和使用等异常情况的检测。例如,在防火墙安全常规测试技术方面,目前针对防火墙规则集异常检测的研究主要集中在 3 个方面:第一,具体到某一种实际的防火墙产品;第二,主要针对某一类规则异常,如规则交叉冲突等;第三,提高异常检测算法的速度和扩大其适用面。Al Shaer 和 H Hamed 提出了一个用于检测防火墙规则设置中是否存在异常的模型。Hari B,Suri S 和 Parulkar G 提出了规则交叉冲突的检测算法和解决方案,并且采用了递归 Trie 树的方法开发了一个快速的规则交叉冲突检测算法。Baboescu F 和 Varghese G 改进了前人的包分类冲突检测算法,通过改变变量的语义和增加额外变量的方式,使冲突检测速度提高 40 倍左右,实现了"以空间换取时间"的目标。Wang D,Hao RB 和 Lee D 给出了一个两阶段的算法,第一阶段完成规则的标准化,第二阶段完成规则间冲突的检测。该算法可以应用在各种基于规则的软件系统中。未来防火墙规则集异常检测技术研究将主要集中在对分布式防火墙规则集的异常的研究以及如何提高异常检测速度上。

除了技术方面的脆弱性检测外,还有物理、硬件和管理方面的脆弱性检测。技术不是万能的,尤其在有人参与的信息系统中,人的行为可能导致技术的失效和误用。因此,管理因素在信息系统安全中的地位也是极其重要的。而管理是否恰当和完善,是否得到有效实施,都需要通过管理的脆弱性检测得到识别。如机房是否有值守制度,值守制度是否有效地遵守;计算机登录口令是否定期更换;是否部署有恰当的安全设施等。

从科学、合理的角度来看,对信息系统主要部件、技术及管理的薄弱点的识别应该按照一定的标准要求来实施。例如,对操作系统,应该按照 TCSEC 或《操作系统安全技术要求》(GB/T 20272—2006)等的要求去实施。

需要注意的是,并非所有的信息系统安全风险都可以通过风险识别来进行管理,风险识别只能发现已知的风险或根据已知风险较容易获知的潜在风险,而对于大部分的未知风险,则需要依赖于风险分析和控制手段来加以解决或降低。

2．信息系统风险识别的步骤

信息系统风险识别可分 3 步进行:收集信息;估计潜在的风险;确定风险事件并进行归类。

1)收集信息

风险识别需要大量地占有信息,了解情况,要对信息系统以及系统的环境有十分深入的了解,并要进行预测,不熟悉情况是不可能进行有效风险识别的。在实际工作中,风险识别不仅需要收集足够的信息,还要判断信息的准确性和可信度,这就给收集信息的工作增加了一定的难度。

2)风险估计

风险形势估计是要明确信息系统建设的目标、目标所实现的战略、信息系统建设所处的内外环境(包括国家、单位等方面的环境)、信息系统资源状况、前提和假设,以确定信息系统及其环境的不确定性。如对信息系统工程项目风险识别时,可以使项目管理班子换一个角度或请外单位专家重新审查项目计划,认清项目形势,揭露原来隐藏的假设、前提和以前未曾发觉的风险等。

　　3)确定风险事件并归类

　　在风险形势估计的基础上,尽量客观地确定信息系统存在的风险因素,分析这些风险因素引发风险的大小。然后对这些风险进行归纳分类。如在信息系统工程项目风险识别时,首先,可按工程项目内、外部进行分类;其次,按技术和非技术进行分类,或按工程项目目标分类;还可按建设阶段分类。

3. 信息系统风险识别的常用技术方法

　　脆弱性检测可以发现信息系统存在的脆弱性。而对脆弱性检测结果进行验证,在风险评估中分析风险,评估风险的强度和对网络信息系统进行安全测评,就需要专门的技术方法。下面介绍一种常用的技术——渗透测试技术。

　　渗透测试技术是近几年兴起的一种安全性测试技术,通过在实际网络环境中利用各种测试软件和脚本,在堆栈溢出、脚本注入、口令破解、木马植入等方面,对目标信息系统发起模拟攻击,以验证是否可以危害目标信息系统的安全性。渗透测试与面临的威胁、存在的脆弱性相结合,可以进一步研究和获知攻击者利用脆弱性实施攻击的路径和实施的成本要求和能力要求,以及攻击路径中的(信息系统的)薄弱环节,从而对该脆弱性相关的风险进行切实的评估,并在安全建设中对风险采取相应的防范措施。

　　目前,黑客们的攻击手法已从蠕虫等大规模攻击改为对特定组织实行有针对性、多管齐下的攻击,渗透测试显得尤为重要。执行得力的渗透测试能够查出组织防御网络当中最关键的漏洞。

　　大多数情况下漏洞及其披露源于系统管理不善、没有及时打补丁、弱口令策略、不完善的访问控制机制等。管理失效导致了系统漏洞的出现,并在渗透测试的过程中被披露出来。因此,进行渗透测试的主要目的是识别和纠正信息系统管理过程的失效,发现攻击的可能路径。最常见的系统管理过程失效包括:系统软件配置的失效;应用程序软件配置的失效;软件维护的失效;用户管理和系统管理的失效。在渗透测试时,可以检测这些失效,并对攻击实施进行模拟验证。

　　渗透测试有两种方式,一是本地现场测试,测试者通过局域网或者直接在目标主机上进行测试;二是远程测试,测试者通过远程网络对目标信息系统或主机进行测试。渗透测试模型是指导渗透测试的依据。在渗透测试前,应构建相应的模型。现有的渗透测试模型存在一些不足,其中突出的一点是现有模型主要对网络中存在的漏洞进行测试,与实际的黑客攻击过程有很大的不同,对攻击的模拟只限于攻击技术层面。这就使得测试不能够完全模拟攻击过程,只能孤立地看待漏洞对网络安全性的影响,而难以体现组合攻击对网络系统造成的威胁。而事实上,攻击者往往是利用多个漏洞的组合攻击,甚至是以其他主机为跳板发动对目标系统的攻击,而仅通过遍历漏洞是无法得到这些结果的。由于渗透测试采取模拟网络攻击方式进行,因此在渗透测试时要能够模拟网络攻击过程,体现出各个漏洞在各种攻击中的不同危害性。

英国信息安全办公室提出一种结构化的渗透测试方法,确保测试的效率和效果。该结构化的渗透测试分为 5 个阶段:准备,搜索,分析信息和风险,主动入侵尝试和最后的分析。在国外,像 CANVAS 和 CORE IMPACT 渗透测试工具集平台等能够利用在正常的安全漏洞扫描过程中发现的安全漏洞实施攻击,但应用对象仅适合于专业人员,没有综合的信息管理功能,需要人工结合来识别渗透效果。

渗透测试多见于黑客工具,适合风险评估的并不多。在做风险评估时可以把渗透测试的攻击路径画出来,不同路径带来的风险可能不同。路径风险可分为两大类,一种是可能的风险线,是推演出来的,并不一定发生;第二种是通过技术手段证实的,客观存在的风险线,可在风险线中标明各风险点的风险等级等参数。

需要注意的是,渗透技术是信息安全的双刃剑。一方面可以检测或验证漏洞和攻击路径;另一方面,渗透测试可能影响信息系统的正常运行或带来其他安全问题。因此,在做渗透测试时,要有严格的测试规则,并按照安全规定进行,只允许在目标主机上放置测试标识,不能植入木马或引入病毒。

2.5.4　信息系统的风险评估

风险评估是风险管理与控制活动中一个重要的环节,其主要任务是对潜在风险的识别,风险分析(可能性和影响分析),确定关键风险,制定控制措施。在分析过程中要避免出现“分析盲区”的危险,即忽略了关键风险。因此为了保证风险分析的有效性和及时性,管理层面的讨论会是必不可少的,讨论会应该有具有丰富的风险知识和各业务单元的代表参加,包括部门经理和关键用户、IT 人员、审计人员、专家顾问,他们能够帮助快速地指出关键风险,确定风险重要性的优先等级。

风险评估需要对风险分析阶段中获得的信息或数据,采用适当的方法进行数据分析和处理,把不同时间和空间的信息或数据进行综合处理,从而得到对信息系统安全环境的准确描述,选择合理的安全控制措施,保障信息系统的安全运行。

1. 信息系统风险评估的内容

风险评估的内容包括:信息系统的资源,信息系统资源的脆弱性和威胁,信息系统存在的风险及其大小,信息系统风险威胁到的安全性和风险存在的时间和空间等。

常见的风险评估内容如下。

(1)组织的管理规章制度。这是组织的安全管理框架,包括信息系统的安全策略、制度、安全管理组织机构。

(2)安全管理与运行状况的监控。这是组织安全管理的实施,采用技术和管理手段处理安全问题,技术上有审计、攻击检测、漏洞扫描等手段。

(3)运维制度,如数据的备份和恢复制度等。

(4)关键设备和服务的采购及控制。如设备的管理,服务的实施,设备配置变更的处理。

　　(5) 存储介质及环境管理。检查是否采用访问控制措施,限制终端接入,保证物理安全等。

　　(6) 信息安全及网络安全管理。对网络设备和信息处理设备根据检查列表进行检查,并采用相关安全工具进行检测。

　　在实施风险评估时,有几个关键的问题需要考虑。首先,要确定保护的对象(或者资产)是什么? 它的直接和间接价值如何? 其次,资产面临哪些潜在威胁? 导致威胁的问题所在? 威胁发生的可能性有多大? 第三,资产中存在哪些弱点可能会被威胁所利用? 利用的难易程度又如何? 第四,一旦威胁事件发生,组织会遭受怎样的损失或者面临怎样的负面影响? 最后,组织应该采取怎样的安全措施才能将风险带来的损失降低到最低程度?

　　在进行风险评估时,还需要考虑几个对应关系:每项资产可能面临多种威胁;威胁源(威胁代理)可能不止一个;每种威胁可能利用一个或多个弱点等。

2. 信息系统风险评估的常用方法

　　在风险评估过程中,可以采用多种操作方法,包括基于知识的分析方法、基于模型的分析方法、定性分析和定量分析等。还可以针对不同的评估对象和内容,采用文档评估、人员访谈、现场检测、渗透测试、专家分析、风险等级矩阵定级等方法,无论何种方法,共同的目标都是找出组织中信息资产面临的风险及其影响,以及目前安全水平与组织安全需求之间的差距。

　　在实际工作中,经常使用的风险评估途径包括基线评估、详细评估和组合评估 3 种。

1) 基线评估

　　如果组织的商业运作不是很复杂,并且组织对信息处理和网络的依赖程度不是很高,或者组织信息系统多采用标准化的模式,基线风险评估就可以直接而简单地实现基本的安全水平,并且满足组织及其商业环境的安全要求。

　　采用基线风险评估,组织根据自己的实际情况(所在行业、业务环境与性质等),对信息系统进行安全基线检查(即用现有的安全措施与安全基线规定的措施进行比较,找出其中的差距),得出基本的安全需求,通过选择并实施标准的安全措施来消减和控制风险。所谓的安全基线,是在诸多标准规范中规定的一组安全控制措施或者惯例,这些措施和惯例适用于特定环境下的所有系统,可以满足基本的安全需求,能使信息系统达到一定的安全防护水平。

　　目前,一个单位或组织可以根据以下方式来选择安全基线:国际标准和国家标准,例如 BS 7799、ISO 13335—4 等;行业标准或建议,例如德国联邦安全局 IT 基线保护手册;来自其他有类似应用或类似组织的惯例等。当然,单位或组织也可以自行建立基线。

　　基线评估的优点是需要的资源少,周期短,操作简单,对于环境相似且安全需求相当的诸多组织,基线评估显然是最经济有效的风险评估途径。当然,基线评估也有其难以避免的缺点,如基线水平的高低难以设定,如果过高,可能导致资源浪费和限制过度;如果过低,可能难以达到充分的安全。此外,在管理安全相关的变化方面,基线评估比较困难。

基线评估可以在整个组织范围内实行,如果有特殊需要,应该在此基础上,对特定系统进行更详细的评估。

2)详细评估

详细风险评估要求对资产进行详细识别和评价,对可能引起风险的威胁和弱点水平进行评估,根据风险评估的结果来识别和选择安全措施。这种评估途径集中体现了风险管理的思想,即识别资产的风险并将风险降低到可接受的水平,以此证明管理者所采用的安全控制措施是恰当的。

详细评估的优点如下。

(1)组织可以通过详细的风险评估而对信息安全风险有一个精确的认识,并且准确定义出组织目前的安全水平和安全需求。

(2)详细评估的结果可用来管理安全变化。当然,详细的风险评估可能是非常耗费资源的过程,包括时间、精力和技术,因此,组织应该仔细设定待评估的信息系统范围,明确商务环境、操作和信息资产的边界。

3)组合评估

基线风险评估耗费资源少、周期短、操作简单,但不够准确,适合一般环境的评估;详细风险评估准确而细致,但耗费资源较多,适合严格限定边界的较小范围内的评估。在实践中,组织多是采用二者结合的组合评估方式。

为了决定选择哪种风险评估途径,组织首先对所有的系统进行一次初步的高级风险评估,着眼于信息系统的商业价值和可能面临的风险,识别出组织内具有高风险的或者对其商务运作极为关键的信息资产(或系统),这些资产或系统应该划入详细风险评估的范围,而其他系统则可以通过基线风险评估直接选择安全措施。

将基线和详细风险评估的优势结合起来的组合评估方式,既节省了评估所耗费的资源,又能确保获得一个全面系统的评估结果,而且,组织的资源和资金能够应用到最能发挥作用的地方,具有高风险的信息系统能够被预先并且重点关注。当然,组合评估也有缺点:如果初步的高级风险评估不够准确,某些本来需要详细评估的系统也许会被忽略,最终导致结果失准。

2.5.5 信息系统的风险控制

1. 风险控制的计划

风险被识别和评估后,单位或组织就必须制定一系列应对风险的计划,对风险进行防范控制。一项应对风险的计划应包括:界定扩大机会的步骤、制定处理构成威胁或风险的计划等。风险应对计划制定过程的重要输出包括:风险管理计划、应急计划和应急储备。

1)风险管理计划

风险管理计划记录了信息系统运行中所出现风险的程序,概括了风险识别和量化过程的结果,描述了组织内部进行风险管理的一般方法。

2）应急计划

应急计划是指对一项已识别的风险事件，为防止该风险事件发生给信息系统造成损失，组织内部将采取的预先确定的措施。例如，如果项目团队知道，一个新的软件包不能及时发布，他们将不能将其用于他们的项目上，从而会造成项目延期风险，那么他们应该有一个应急计划，如采用已有的旧版软件来临时替代新软件的应用等。

3）应急储备

应急储备是信息系统项目建设方为了应付项目建设范围或质量上可能发生的变更而持有的预备资金或人力资源等。它可用来转移成本风险或/和进度风险。例如，如果项目因为员工不熟悉一些新技术而导致其偏离既定的轨道，那么项目建设方会从应急储备中提出额外资金来聘请公司外的咨询师，培训和指导项目人员采用新技术。

2．风险控制的基本策略

不管采取什么样的风险控制措施，都应遵循以下的一般性原则。

（1）加强员工培训。人是引起事故的主要原因，加强员工培训，提高人员素质，是减少信息系统风险的主要途径。员工风险培训的内容包括：文化、技术、职业道德、工作态度、工作责任心等。

（2）规范相关的规章制度，通过安全监督检查，安排合适的安全管理人员来监督落实规章制度的执行，最大限度地预防风险的发生。

（3）采取适当的技术措施，确保信息系统的各个部件处于良好的安全状态。

此外，在实施风险控制时还需要注意以下几个方面。

（1）风险规避：通过某种方法或途径，消除风险或风险产生的条件，保护信息系统不受风险的影响。

（2）风险减轻（或称为风险缓解）：将信息系统的风险发生概率或后果降低到某一可以接受的程度。例如，使用成熟的技术、招募胜任的技术人员、使用各种分析和验证技术等，确保信息系统安全可靠地运行。

第3章

信息系统的风险及其分布

在计算机应用迅速普及的今天,信息技术广泛地渗透到各行各业和人们的日常生活中,已成为世界各国实现政治、经济、文化发展战略目标最重要的支撑条件。人们在大量使用信息技术,实现信息资源充分共享的同时,也不能不了解信息系统的风险及其分布,否则,将会对企业、社会乃至国家造成重大损失,甚至影响社会经济的正常运行。

本章在风险管理与控制的基本理论基础上,介绍风险的概念以及信息系统风险构成要素,分析信息系统的威胁和漏洞,讨论信息系统的不确定性,最后从信息系统建设和信息系统应用两个方面,阐述信息系统的风险及其分布,为后续章节进行有针对性的研究做好铺垫。

3.1 风险的内涵与外延

3.1.1 风险的概念

1. 风险的定义

风险是一个具有极其深刻而又广泛含义的概念,至今还没有形成公认的标准化定义。

1901 年,美国的 A. H. Wiliett 在其博士论文《风险与保险的经济理论》中,首次给出"风险"的定义,指出"风险是关于不愿发生的事件发生的不确定性之客观体现",这个定义强调了"风险"的客观性及其本质属性上的"不确定性"。

1921 年,美国经济学家芝加哥学派创始人 F. H. Knight 教授在其名著《风险、不确定性和利润》中区分了"风险"和"不确定性"的关系。他认为,"风险"是"可测定的不确定性",而"不可测定的不确定性"才是真正意义上的"不确定性"。

1964 年,美国明尼苏达大学的 C. A. 小威廉和 R. M. 汉斯教授在其《风险管理与保险》中分析了"风险"和"不确定性"问题。他们认为"风险"是客观的状态,而"不确定性"却是认识或识别风险过程中人的主观判断。

1983 年,日本学者武井勋在其著作《风险理论》中总结了诸家观点,归纳了风险的定义,认为"风险"本身应具有 3 个基本因素,即:

（1）"风险"与"不确定性"有差异；

（2）"风险"是客观存在的；

（3）"风险"可以被测算。

在此基础上，武井勋提出"风险"的新定义："风险是在特定环境和特定期间内自然存在的导致经济损失的变化"。

由以上描述可见，在涉及风险问题的研究中，对"风险"的定义大致可分为两类：第一类定义强调"风险"的不确定性，可称为广义风险；第二类定义强调风险损失的不确定性，可称为狭义风险。广义的风险定义暗示着伴随风险而来的可能是某种机会，也可能是威胁，而狭义的风险则强调风险带来的不利后果。

通常情况下，风险是指在一定时间内，由于系统行为的不确定性（系统脆弱性、人为因素或受到来自自然界的威胁等）导致安全事件发生的可能性及其带来的影响。这种不确定性包括风险产生与否、发生的时间、发生的过程以及发生结果的不确定等。在后面章节中如果没有特别说明，则全部沿用此"风险"的定义。

2．风险的构成要素

一般地讲，风险是由风险因素、风险事故和损失 3 个要素构成的。

1）风险因素

风险因素是指某一特定损失发生或增加其发生的可能性或扩大其损失程度的原因。它是风险事故发生的潜在原因，是造成损失的内在或间接原因。

根据性质不同，风险因素可分为 3 种类型：

（1）实质风险因素；

（2）道德风险因素，如故意犯错；

（3）心理风险因素，如过失、疏忽、无意犯错等。

2）风险事故

风险事故是指造成生命、财产损失的偶发事件，是造成损失的直接的或外在的原因，是损失的媒介物。即风险只有通过风险事故的发生，才能导致损失。就某一事件来说，如果它是造成损失的直接原因，那么它就是风险事故；而在其他条件下，如果它是造成损失的间接原因，它便成为风险因素。

3）损失

损失是指非故意的、非预期的、非计划的经济价值的减少，即经济损失。这是狭义的损失定义，一般以丧失所有权、预期利益、支出费用、承担的责任等形式表现，而像精神损失、政治迫害、折旧、馈赠等均不能作为损失。

通常可将损失分为两种，即直接损失和间接损失。直接损失是指风险事故导致的财产本身损失和人身伤害等，这类损失又称为实质损失；间接损失则是指由直接损失引起的其他损失，包括额外费用损失、收入损失和责任损失等。

风险是由风险因素、风险事故和损失三者构成的统一体。风险因素引起或增加风险事故；风险事故的发生则可能造成损失；损失是风险发生结果的一种表现形式。

3. 与风险相关的几组概念

由于风险的普遍性,所以对风险既有学术上的定义也有日常生活中的解释。日常生活中有不少与风险相近的概念,下面进行简单介绍和比较。

1) 风险与不确定性

不确定性理论是风险管理的学科基础,不确定性概念构成了风险的内涵,理论意义上两者的不同在于:已知结果概率分布函数的不确定性,称为风险。也就是说不确定性包括了风险,但不是全表现为风险。

2) 风险与损失

损失是指无意的、未能预期的价值减少,有实质损失、收益损失、增加额外费用损失和名誉损失等多种形式。有风险不一定有损失,例如预期项目完成后的效益达到 100 万元,而实际只获利 50 万元,所以有获利风险而没有产生资本损失,损失是构成风险后果的重要指标。

3) 风险与危险

危险指能增加或产生损失频率和损失幅度的因素,是损失的内在或间接原因。危险是引起高风险的重要原因,一般当人们意识到某因素达到危险程度时,则将不愿再承担此类风险。

4) 风险与冒险

冒险是指明知道某一事情有危险,却坚持要去做此事。而风险常常是在没有危险的前提下,为了取得更高的回报,宁愿暂时遭受一些自己有能力承担的损失。例如程序设计中采用汇编语言可能会加大程序不可跟踪的风险,但可能为了提高项目的核心性能,值得软件工程师不得不冒险一试。

5) 风险与问题

人们经常混淆这两个概念。问题主要是指对现状的不利价值判断,而风险主要指对现状可能引起的未来不利状况的价值判断。风险和问题发生的时间不同:问题指已经发生了的风险,而风险则有可能在未来转变为问题。另外,两个概念也有程度上的区分,当问题比较大,问题产生之后还有可能引起后续一系列的不利影响,则该问题同时就表现为风险。因此,风险和问题有区别,不能等同。

6) 风险频率与风险程度

风险频率:又称为损失频率,是指一定数量的标的在确定的时间内发生事故的次数。

风险程度:又称为损失程度,是指每发生一次事故所导致标的毁损状况,即毁损价值占被毁损标的全部价值的百分比。

现实生活中二者的关系是:风险频率很高,但风险程度可能不大;风险频率不高,但风险程度可能很大。

7) 风险成本

由于风险的存在,当风险事故发生后,人们必须支出相应的费用作为代价,又称为风险的代价。

风险成本包括风险损失的实际成本、风险损失的无形成本和预防以及控制风险损失所需要的其他成本等。

3.1.2　风险的特征

风险是客观存在的。风险具有以下特征。

1．客观性

风险的存在取决于决定风险的各种因素的存在,风险因素又是多种多样,不依赖于人的意志和愿望而转移,具有不确定性。风险的客观性要求人们充分认识风险,采取相应的措施应对风险,尽可能地降低或化解风险。

2．普遍性

风险无处不在,无时不有。有些风险是能够发现的,有些风险则完全隐藏在事物的背后,还有一些风险我们则可能从未见识或无法事先预料到。

3．突发性

由于风险的不确定性,往往在突发风险时,人们不知所措,从而加剧了风险的破坏性。风险的这一特性要求加强风险预警和风险防范研究,建立风险预警系统和防范机制。

4．多变性

事物之间是相互联系的,风险要素之间也不例外。某一阶段的风险可能会导致与之相关的其他风险的发生,从而表现为动态变化的特征。这要求对风险实施动态的风险管理。

5．相对性

风险承受能力受到组织规模、收益大小等因素的影响,收益越大,愿意承受的风险也越大;组织规模越大,对风险的防范愿望也越强烈。

6．无形性

风险不能非常准确地表示,这种无形性增加了认识和把握风险的难度,因此只有掌握了风险管理的科学理论,系统分析风险的内外因素,恰当运用技术、管理方法,才能有效管理风险。

3.1.3　风险的分类

(1) 按风险产生的原因分类,可以将风险划分为自然风险、社会风险、政治风险、经济风险和技术风险。

(2) 按风险的性质分类,可以将风险划分为固有风险和外部风险。固有风险是系统自身所特有的风险,是不可避免的;而外部风险是由于系统外部所具有的不确定性导致的风险,是可避免的。

(3) 按风险产生的环境分类,可以将风险划分为静态风险和动态风险。

(4) 按损失的范围分类,可以将风险划分为基本风险和特定风险。

(5) 按风险的对象分类,可以将风险划分为财产风险、人身风险、责任风险和信用风险。

风险还可以按其他方式进行分类,例如,对一个信息系统项目而言,在不同的生命周期中表现的风险形式不尽相同。如,工程项目的立项、设计、实施等过程中的风险等。此外,还有:

(1) 政策风险:如国家法律、法规等不完善,经济形势不利、通货膨胀幅度过大、市场物价不正常上涨等,给信息系统工程项目造成的风险。

(2) 人为风险:如项目管理不善;融资受阻、合同条款不严谨造成索赔、承包商或材料供应商履约不力、监理工程师失职、职员贪污受贿渎职等,都会造成项目达不到预期的经济效果而给建设方带来风险。

(3) 自然风险:恶劣的自然条件、气候条件、现场条件及不利的地理环境等给项目造成一定的潜在风险。

(4) 管理变革风险:虽然信息系统项目的成功实施会给企业发展带来好处,但是,由于实施新的信息化系统,不可避免地会冲击现行管理体制,给工作流程、员工操作习惯等带来诸多影响。

3.2　信息系统风险的内涵与外延

3.2.1　信息系统风险的概念

根据风险的定义,企业或组织在实施信息化过程中必然会遭遇许多不确定性,而这种不确定性主要体现在信息系统的安全特性上。

在开放式互联网络环境下,国内外学者普遍认为信息系统的安全特性主要表现为信息系统及其资源(包含组件、个体或其集合)的机密性、完整性和可用性。因此,信息系统的风险可归结为信息系统及其资源在达到其安全特性要求过程中的不确定性,而这些安全特性又主要表现为机密性、完整性和可用性。

"机密性"就是保证信息仅供那些已获授权的实体或进程访问,不被未授权的用户、实体或进程所获知,或者即便数据被截获,其所表达的信息也不被非授权者所理解。例如,对某些敏感的信息经过加密,只有懂得怎么加密的人才能还原该信息,也就是能看懂此信息,其他的人是无法看懂该信息的或者是需要花费昂贵的代价才能还原该信息。设备的废物利用、敏感设备的遗失、间谍窃听、数据的泄露等都可能导致由于机密性被破坏而产生的风险。

"完整性"就是保证没有经过授权的人不能改变或者删除信息系统中的相关信息,确保信息无论是在网络传送过程中还是存储在电子设备中,均不会被偶然或故意破坏,保证信息的完整、统一。网络欺骗、对数据或程序的破坏、特洛伊木马、病毒、人为破坏等,都可能导致由于完整性被破坏而产生的风险。

"可用性"就是得到授权的实体或进程的正常请求能及时、正确、安全地得到服务或回应,信息及信息系统能够被授权使用者正常使用。软硬件故障、程序编制错误、火灾或自然灾害、逻辑炸弹等可能导致由于可用性被破坏而产生的风险。

与信息系统安全相关的其他安全特性及要求如表 3.1 所示。

表 3.1 信息安全特性及要求

安 全 特 性	要 求
保密性	保持个人的、专用的和高敏感度数据的机密
认证性	确认通信双方的合法身份
完整性	保证所有存储和管理的信息不被篡改
可访问性	保证系统、数据和服务能由合法的人员访问
防御性	能够抵挡不期望的信息或黑客攻击
不可否认性	防止通信交易双方对已发生交易或业务的否认(抵赖)
合法性	保证各方的业务符合可适用的法律、法规

从安全特性考虑,在一个信息系统中,针对信息系统及其资源的风险如图 3.1 所示。

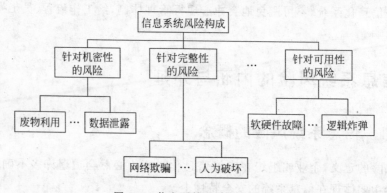

图 3.1 信息系统风险的构成图

由图 3.1 可见,信息系统及其资源在达到其安全特性要求过程中的任何不确定性都可能导致信息系统风险的产生。

3.2.2 与信息系统风险相关的几个要素

与信息系统风险相关的几个关键要素包括以下几个方面。

1. 信息资产

信息资产即一切具有价值的、敏感的、需要保护的信息资源。信息系统资源在信息系统运行时表现为一种信息资源,而对某个组织来说,就是资产。组织的资产除了有形资产外,如财务报表等,还有无形资产,如信誉、形象和品牌价值等。信息系统一旦遭遇破坏,将对组织的有形资产和无形资产都会造成负面影响和损失,严重的将会给企业造成灭顶之灾。因此,在评估信息系统风险时,无论是有形资产还是无形资产都是不可忽略的重要指标。

2. 威胁

威胁即指在限制或阻碍某一使命的完成,或降低完成使命的能力和有效性的潜在力量、能力及战略资源的总称。《信息安全风险规范》中将威胁定义为"威胁是客观存在的一种对组织及其资产构成潜在破坏的可能性因素"。通俗地说,任何行为,如果对组织或个人拥有的信息造成了现实的或潜在的损害,则称这种行为为安全威胁。

对某个现实的信息系统而言,究竟存在哪些威胁,与信息系统所处行业、地位、应用环境(管理的、技术的)等多个因素有关。在技术层面上,可通过入侵检测系统,历史安全事件,应急响应组的信息发布和专家分析工具等多个途径进行综合分析。

3. 人的行为

人的行为是指人在主客观因素影响下产生的外部活动。在信息安全应用领域,行为是指威胁源对信息系统及其资源进行操作或破坏的统称。行为可以是良性的,如对信息系统进行定期病毒扫描和检测;行为也可以是恶性的,如黑客对信息系统的破坏等。

4. 脆弱性

脆弱性也被称为安全漏洞,是信息系统及其资源所固有的,可能被威胁源所利用,而对信息系统及其资源实施损害行为的缺陷或漏洞。

脆弱性是信息系统存在风险的内在原因。信息系统的脆弱性不仅包括技术上的漏洞(如 CVE 的记录),还包括管理制度的漏洞和人员的疏忽等。在实际应用中,对某个脆弱性的疏忽,特别是对严重脆弱性的疏忽,将导致对信息系统风险分析和评估的结果不可信赖,并可能对信息系统的安全带来无法预期的后果。因此,评价和分析信息系统的脆弱性要从多方面加以系统考虑。

5. 安全措施

安全措施是指组织或机构为应付威胁,降低脆弱性,保护信息资产,减小意外事件的影响,检测响应意外事件,促进灾难恢复和打击信息犯罪而实施的各种实践、规程和机制的总称。

对某个组织或机构的信息系统应用而言,安全措施是全方位的且是动态的,而不仅仅局限于技术手段,这样才能确保信息系统的保密性、完整性、安全性和可用性。

6. 安全事件

"事件"是指那些影响计算机系统和网络安全的不当行为。而计算机系统和网络的安全从小的方面说是计算机系统和网络上数据与信息的保密性、完整性以及信息、应用、服务和网络等的可用性。从大的方面来说,越来越多的安全事件随着计算机网络的发展而出现,如在电子商务中抵赖、网络扫描和骚扰行为,所有不在预料中的对系统和网络的使用和访问均有可能导致违反既定安全策略的安全事件。

安全事件是安全管理的重点和关键要素。安全事件由各种安全系统和设备的日志和事件,网络设备的日志和事件,操作系统的日志和事件,数据库系统的日志和事件,应用系统的日志和事件组成,它直接反映网络、系统、应用的安全现状和发展趋势,是信息与网络安全状况的晴雨表。

安全事件可能不会对信息系统的运行造成任何影响,它只是一种征兆、一种过程。但大量的日志和安全事件是能够在一定程度上反映信息系统安全的现状和发展趋势的。

信息系统风险要素之间的关系如图 3.2 所示。

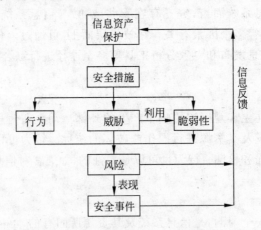

图 3.2　信息系统风险要素之间的关系模型

信息资产具有价值,而价值越大则增加了信息系统风险控制的难度。风险是由于信息系统遭受威胁而发起的,且威胁越大风险越大,系统的脆弱性暴露了信息资产保护的风险,而威胁利用了脆弱性来危害信息资产,从而增加了信息系统的风险,最终导致了安全事件的发生。当系统存在风险时将会提出安全需求,而安全需求则要通过安全措施才可以被实现,安全措施可以抵御威胁,并降低信息系统的风险。

由于威胁和脆弱性在信息系统风险识别中的重要性,下面将对这两个概念进行重点介绍。

3.3　信息系统的威胁和脆弱性

3.3.1　信息系统的威胁

1. 威胁的形式

威胁是风险评估的重要因素之一,无论多么"安全"的信息系统,安全威胁是一个客观存在的事物,并呈现动态性和多样性的特征。

对一个信息系统而言,威胁的作用形式可以是对信息系统的直接攻击,也可以是对信息系统的间接攻击。

一个信息系统面临的常见威胁有以下几种。

1) 窃听

攻击者通过监视网络数据获得敏感信息,从而导致信息泄密。主要表现为网络上的信息被窃听,这种仅窃听而不破坏网络中传输信息的网络侵犯者被称为消极侵犯者。恶意攻击者往往以此为基础,再利用其他工具进行更具破坏性的攻击。

2) 重传

攻击者事先获得部分或全部信息,以后将此信息发送给接收者。

3) 篡改

攻击者对合法用户之间的通信信息进行修改、删除、插入,再将伪造的信息发送给接收者,这就是纯粹的信息破坏,这样的网络侵犯者被称为积极侵犯者。积极侵犯者截取网上的信息包,并对之进行更改使之失效,或者故意添加一些有利于自己的信息,起到信息误导的作用。积极侵犯者对信息系统的破坏作用最大。

4) 拒绝服务攻击

攻击者通过某种方法使系统响应减慢甚至瘫痪,阻止合法用户获得服务。

5) 行为否认

通信实体(如电子商务活动中的交易方)否认已经发生的行为。

6) 电子欺骗

通过假冒合法用户的身份来进行网络攻击,从而达到掩盖攻击者真实身份,嫁祸他人的目的。

7) 非授权访问

没有预先经过同意,就使用网络或计算机资源被看做非授权访问。它主要有以下几种形式:假冒、身份攻击、非法用户进入网络系统进行违法操作、合法用户以未授权方式进行操作等。

8) 计算机病毒

通过计算机网络传播病毒,其破坏性非常高,而且用户很难防范。如众所周知的CIH病毒、爱虫病毒、红色代码、尼姆达病毒、求职信、欢乐时光以及近年来流行的熊猫病毒等都具有极大的破坏性,严重的甚至可以使整个计算机网络陷入瘫痪。

9) 间谍软件

间谍软件的制造者为了寻求利益的最大化,吸引更多的人成为攻击对象,采用了越来越复杂的传播方式。根据调查显示,针对间谍软件的传播方式,用户最为反感的间谍软件形式主要包括:弹广告的间谍软件、安装不打招呼的软件、控件、不容易卸载的程序、容易引起系统不稳定的程序、盗取网银网游账号的木马程序等。间谍软件已成为信息系统安全所面临的最大的安全威胁之一。

在网络安全领域,目前,计算机网络面临的安全威胁大体有两种:一是对网络本身的威胁,二是对网络中信息的威胁。对网络本身的威胁包括对网络设备和网络软件系统平台的威胁;对网络中信息资源的威胁除了包括对网络中数据的威胁外,还包括对处理这些数据的信息系统应用软件的威胁。

影响计算机网络安全的因素很多,对网络安全的威胁主要来自人为的无意失误、人为的恶意攻击以及网络软件系统的漏洞和"后门"3个方面的因素。

人为的无意失误是造成网络不安全的重要原因。网络管理员对安全的策略选择和配置不当,就会造成安全漏洞。另外,用户安全意识不强,不按照安全规定操作,如口令选择不慎,将自己的账户随意转借他人或与别人共享,都会对计算机网络安全带来威胁。

人为的恶意攻击是目前计算机网络所面临的最大威胁。人为攻击又可以分为两类:一类是主动攻击,它以各种方式有选择地破坏系统和数据的有效性和完整性;另一类是被动攻击,它是在不影响网络和应用系统正常运行的情况下,进行截获、窃取、破译以获得重要机密信息。这两种攻击均会对计算机网络造成极大的危害,导致网络瘫痪或机密泄露。

网络软件系统是由人设计制造的,因此,不可能百分之百无缺陷和无漏洞。另外,许多业务软件都存在人为设置的"后门"。这些漏洞和"后门"恰恰是黑客进行攻击的首选目标,已成为影响网络安全的重要隐患之一。

2. 威胁的分类

对威胁进行合理分类是正确认识信息资源和布置安全控制措施的基础。

一般情况下,可以将产生威胁的主要因素分为偶发性与故意性两类,也可以用主动或被动方式对威胁进行分类。

1) 偶发性威胁

偶发性威胁是指那些不带预谋企图的威胁。偶发性威胁的实例包括系统故障、操作失误和软件出错等。

2) 故意性威胁

故意性威胁包括使用简单的网络监视工具对网络系统进行有目的的检测,或利用某方面的专业知识对信息系统进行精心策划的攻击。一种故意性威胁如果实现就可以认为是一种"攻击"。

3) 被动性威胁

被动威胁是指这样的一些威胁:它的实现不会导致对系统中所含信息的任何篡改,而且系统的操作与状态也不被改变。使用消极的搭线窃听办法以观察在通信线路上传送的信息就是被动威胁的一种实现。

4) 主动性威胁

对系统的主动威胁涉及对系统中所含信息的各种形式篡改,或对系统的状态或操作的改变。一个非授权的用户恶意地改动路由选择表就是主动威胁的一个例子。

根据威胁的来源也可以将威胁分为两个大类:非人为因素和人为因素,其中人为因素分为人为失误、内部恶意威胁、外部恶意威胁。内部恶意人员为合法用户利用合法授权和信任而滥用特权、超越权限或失误,造成业务损失,具有潜在的巨大威胁;外部恶意人员为外部非授权用户公开或秘密使用系统和应用软件破坏系统,造成业务系统的中断。

基于来源的威胁分类如表 3.2 所示。

表 3.2　基于来源的威胁分类

威胁源	威 胁	威胁的表现
非人为因素	工业事故 故障 自然灾害 基础服务中断 机械电磁事故	火灾、爆炸、附近工厂的污染或放射线 系统运行中由于某缺陷造成的物理或逻辑故障 洪水、地震、飓风、闪电、房屋塌陷等 电力、水、通信服务中断等 电子设备的坠落、放射线、电磁波辐射泄漏等
人为因素	错误 人为错误或失误 软硬件技术故障或错误 信息传输错误 可否认和抵赖	员工在业务运行和数据使用中的错误或失误 软件设计缺陷、代码问题、漏洞 硬件设备(如主机、交换机等)由于硬件故障、设计缺陷等导致的错误或失误 信息传输过程中发生的错误 审计技术的不完善等导致的错误或失误
	内部恶意威胁 偷窃或破坏物理设施 非授权访问和窃取信息 非授权拦截或篡改信息 故意破坏信息 使资源不可用 抵赖	未经允许偷窃设备或破坏基础设施 使用非法软件,如木马等,访问或窃取信息 使用端口扫描、网页篡改等 逻辑炸弹、黑客行为等 拒绝服务攻击等 供审计用的日志被修改
	外部恶意威胁 非授权访问和窃取信息 非授权拦截或篡改信息 非授权访问和破坏信息 使资源不可用 假冒行为	使用非法软件,如木马等,访问或窃取信息 使用端口扫描、网页篡改等 逻辑炸弹、黑客行为等 拒绝服务攻击等 利用伪装等手段对系统发动攻击

3. 威胁源

信息系统的威胁源可能来自很多方面,表 3.3 列举了一些常见的信息系统威胁源。

表 3.3　信息系统的威胁源

威 胁 来 源	威胁来源描述
环境因素、意外事故或故障	由于断电、静电、灰尘、潮湿、温度、鼠蚁虫害、电磁干扰、洪灾、火灾、地震等环境条件和自然灾害;意外事故或由于软件、硬件、数据、通信线路方面的故障
无恶意内部人员	内部人员由于缺乏责任心,或者由于不关心和不专注,或者没有遵循规章制度和操作流程而导致故障或被攻击,内部人员由于缺乏培训,专业技能不足,不具备岗位技能要求而导致信息系统故障或被攻击

续表

威 胁 来 源	威胁来源描述
恶意内部人员	不满或有预谋的内部人员对信息系统进行恶意破坏；采用自主的或内外勾结的方式盗窃机密信息或进行篡改,获取利益
第三方	第三方合作伙伴和供应商,包括电信、移动、证券、税务等业务合作伙伴以及软件开发合作伙伴、系统集成商、服务商和产品供应商；包括第三方恶意的和无恶意的行为
外部人员攻击	外部人员利用信息系统的脆弱性,对网络和系统的机密性、完整性和可用性进行破坏,以获取利益或炫耀能力
制度的漏洞	国家法律、法规的不健全；企业内部未制定完善的安全管理规定；单位内部员工安全意识的麻痹等

4. 威胁对信息系统可能造成的影响

评估威胁对信息系统造成的影响是困难的,但一般来说,威胁对信息系统会造成以下破坏。

(1) 对通信或网络资源的破坏。

(2) 对信息的滥用或篡改。

(3) 信息或网络资源的被窃、删除或丢失。

(4) 信息的泄露。

(5) 信息服务的中断或禁止等。

上述这些破坏会给组织造成以下这些方面的影响。

(1) 收入的损失。

(2) 修复费用的增加(体现在纠正信息或重建服务上)。

(3) 重新建立安全防范措施所需要增加的成本。

(4) 信息的损坏(如关键数据、私人重要信息、合同、商业机密等)。

(5) 商业机密的泄露。

(6) 组织或单位信誉的影响。

(7) 违反法律、法规。

(8) 无法满足合同条款。

(9) 为丢失用户的机密数据负法律责任等。

3.3.2　信息系统的脆弱性

脆弱性是信息系统在分析、设计、实施、维护以及实施内部控制等诸多过程中存在的弱点,是信息系统的固有属性,也是信息系统安全链中的薄弱环节。根据管理学中的"木桶原理",整个信息系统的安全取决于系统安全链中最弱的那一环节,作为一个攻击者,可以采用任意手段,来攻击整个系统安全链条中最弱的那个环节,就会对信息系统造成致命破坏。

不同的信息系统其脆弱性是有差异的,脆弱性往往涉及计算机网络的连接方式、信息的产生、分布和使用状况,信息系统的运行、维护等多种因素,同时还涉及安全管理人员的素质。信息系统的脆弱性是客观存在的,是造成诸多安全事件的内因,认识这一点,对信息系统的安全防范与控制是至关重要的。

1. 信息系统脆弱性的分类

信息系统的脆弱性从体系架构上可以分为环境、技术和管理 3 个方面的脆弱性。

1) 环境方面的脆弱性

环境方面的脆弱性又可以分为自然环境和物理环境两方面。

自然灾难诸如地震、闪电、雪崩等是不可控的,如果组织缺乏灾难恢复方面的计划和准备,则灾难来临时可能会摧毁整个组织业务。物理环境包括物理设施保护和物理访问控制的脆弱性,如不稳定的电源和防水、防火、防雷等方面存在的脆弱性。

2) 技术方面的脆弱性

(1) 操作系统方面的脆弱性

当前在计算机上常见的操作系统有 OS/2、UNIX、XENIX、Linux、Windows 家族、Netware 等,根据现有的文献显示,无论是何种操作系统都存在脆弱性。为便于说明问题,下面以 Windows 操作系统为例,说明操作系统方面存在的脆弱性。

(2) Internet Explore 的脆弱性

运行于 Windows 98/ME/SE、Windows NT Workstation 和 Server,Windows 2000 Workstation 和 Server、Windows XP Home 和 Professional 以及 Windows 2003 等操作系统上的 Microsoft Internet Explore,是目前世界上最流行的浏览器,一般默认安装后都会有多个潜在安全漏洞,如果不及时安装补丁,攻击者利用这些漏洞可能远程控制安装和执行恶意代码、引起内存溢出、进行钓鱼攻击。当用户浏览恶意网页或是阅读邮件时有可能触发远程恶意代码的执行。另外,VML(Vector Markup Language-MS06-55)零日漏洞在对外公布后补丁推出前,被许多恶意网站广泛利用。其他还有 MS06-055、MS06-042、MS06-023、MS06-21、MS06-013、MS06-004、MS05-054 等。

另外,通过 IE 还可以引发 Microsoft Active X 控件存在的下载程序漏洞,恶意人员可以远程控制计算机,如格式化硬盘和关闭计算机,甚至发送恶意代码。

(3) Windows Libraries 的脆弱性

Windows 库是 Windows 应用模块,如 Windows DLL 常用于执行通用任务图像格式译码、协议译码、本地或过程存取应用等。这些应用中存在的关键漏洞常常被远程攻击者利用,如 MS06-057、MS06-15、MS06-050、MS06-046、MS06-043、MS06-002 等漏洞。

(4) Microsoft Office 的脆弱性

Microsoft Office 是目前世界上使用最广的办公软件。攻击者可以利用这些软件中存在的漏洞,通过发送带有恶意 Office 文档的 E-mail 发动攻击,也可以利用 Web 服务器或共享文件夹中的恶意文档通过用户浏览网页或共享文件时引发攻击,也可以通过新闻服务或 RSS 发送带有恶意文档的邮件利用漏洞,如 MS06-060、MS06-062、MS06-048、MS06-059、MS06-058、MS06-047、MS06-038、MS06-037、MS06-003 等漏洞。

（5）Microsoft 服务的脆弱性

Windows 操作系统支持许多服务、网络方式和技术，常由服务管理控制。在这些服务中存在可被利用的漏洞，如远程调用（Remote Procedure Calls，RPC）最易被攻击者通过 TCP/UDP 端口利用，取得主机的控制特权，其他如 MS06-040、MS060-035、MS06-025、MS06-019 等漏洞。

（6）Windows 配置弱点

在蠕虫、恶意软件泛滥的互联网中，Windows 口令设置、活动目录存在的漏洞常常导致账户口令或密码、信任证书被盗，造成组织数据或个人隐私的暴露。因此加强口令的复杂性和周期性更改非常重要。

（7）Web 应用的脆弱性

每周都有上百个 Web 应用漏洞被发现利用，如 PHP 远程文件存取漏洞，易被攻击者利用进行远程代码执行、工具安装，导致系统暴露；SQL 注入的漏洞，允许攻击者创建、读取、修改、删除任意数据，甚至泄露数据库数据；XSS 允许攻击者篡改网站、插入敌对内容、实施钓鱼攻击；CSRF 不经允许使合法用户执行命令。

（8）数据库应用的脆弱性

目前数据库基本都是关系型数据库，如 Microsoft SQL、Oracle、IBM DB2 等都是通过设定端口地址进行连接，如 SQL 的 1434、Oracle 1521、IBM DB 2523、Mysql 3306 等，这样容易使数据库遭受蠕虫攻击。各种数据库的默认用户和弱口令都易被攻击者利用。

（9）P2P 文件共享应用

P2P 文件共享应用容易被非法利用进行文件复制、机密数据泄露、占用网络资源、拒绝服务攻击等。

（10）即时消息

IM 是目前网上广泛应用的通信工具，也是病毒、蠕虫、木马等恶意软件传播的渠道，容易造成信息泄露和拒绝服务攻击。

（11）媒体播放

媒体播放器已被发现多个漏洞，允许恶意网页或媒体文件在用户不知情下泄露系统信息或是在用户机器上安装间谍软件、按键记录软件等恶意软件。

（12）DNS 服务器和备份软件

DNS 服务器漏洞可造成中间件劫持，使访问指向假冒网站或是泄露信息。

目前已发现一些备份软件漏洞，极易导致备份服务器或备份客户端数据泄露，如比较有名的备份软件包：Symantic Veritas NetBackup/BackupExec、Computer Associates BrightStor ARCServe、EMC Legato Networker 等。

（13）安全技术应用和网络及其他设备

一些安全技术应用，如病毒防护、垃圾邮件过滤、目录管理服务、补丁升级服务等，在监控同时也存在安全漏洞，不仅仅是泄露数据，而且更易成为攻击者的平台。这些安全应用系统中都涉及用户账户密码信息，一旦被攻击者利用，更易通过病毒防护和补丁升级服务向分布终端发送垃圾邮件和病毒。网络设备如路由器、交换机、网络打印机、传真机的默认配置中的默认账户、密钥、非加密协议和一些不必要的服务，都潜在地为攻击者提供了漏洞,使其进行监听、登录、管理或破坏更加容易。

（14）VoIP 应用

VoIP 技术应用在快速发展的同时,漏洞也不断被发现,通过 VoIP 服务器和电话,攻击者可以进行钓鱼、侦听、欺骗和拒绝服务攻击,甚至可能利用 IP 网络漏洞控制传统公共电话网络(PSTN)信号,造成服务冲突。

（15）零日攻击

零日攻击(Day-zero)是经验丰富的黑客利用软件开发商尚未发现的漏洞对系统所发动的袭击。由于这些软件漏洞尚不为世人所知,因此一旦发生零日攻击,人们将措手不及,对系统造成的破坏也将十分巨大。目前主流的操作系统和应用软件中都存在零日漏洞,也无法依赖某种技术来解决,只能在日常操作中遵守安全策略,减少零日攻击的可能性。

3) 管理方面的脆弱性

管理方面的脆弱性可能来自组织结构不健全、资源分配不足、人员素质低下、内部管理职责不分、权限过大、安全策略不健全、安全策略执行和监管不力、缺乏安全技能和意识教育培训、用户知识的匮乏等。

信息系统在环境、技术和管理 3 个方面的脆弱性如表 3.4 所示。

表 3.4　信息系统的脆弱性分类

类　型	识别对象	识别内容
环境脆弱性	自然环境	从洪水、地震、飓风、陨石、闪电、滑坡、雪崩、坍塌等自然灾难方面,识别办公楼所处地址、灾后恢复方面识别脆弱性
	物理环境	从机房场地、防火、防静电、供电、接地、防雷、防电磁辐射,通信线路保护、机房区域防护、监控等方面进行脆弱性识别
	网络结构	从网络结构设计、边界保护、网络信息流控制、网络监测、访问控制等方面进行识别
技术脆弱性	系统软件	从系统补丁、账号和口令、访问控制、系统加固、系统审计等方面进行识别
	数据库软件	从补丁安装、用户管理、访问控制、备份恢复、数据库审计等方面识别
	应用中间件	从协议安全、交易完整性、数据完整性等方面识别
	应用系统	从用户鉴别、访问控制、审计、密码保护、维护等方面进行识别
管理脆弱性	技术管理	从物理环境安全、通信和操作管理、访问控制策略、系统开发维护、业务连续性等方面识别
	组织管理	从组织结构、人员安全、资产分类与控制和法律规章符合性方面进行识别

2. 信息系统资源脆弱性的构成因素

信息系统资源的脆弱性因素包括以下几个部分。

（1）数据输入部分:数据通过输入设备输入系统进行处理,数据易被篡改或输入假数据。

（2）编程部分：用语言写成机器能处理的程序，这种程序可能会被篡改或盗窃。

（3）软件部分：计算机系统离开软件就是一堆废铁，一旦软件被修改或破坏，就会损害系统功能，以至整个系统瘫痪。

（4）数据库部分：数据库存有大量的各种数据，有的数据资料价值连城，如果遭到破坏，损失是难以估价的。

（5）操作系统：操作系统是操纵系统运行、保证数据安全、协调处理业务和联机运行的关键部分，如被破坏就等于破坏了系统功能。

（6）输出部分：经处理后的数据要在这里译成人能阅读的文件，并通过各种输出设备输出，信息有可能被泄露或被截取。

（7）网络通信部分：信息或数据要通过它在计算机之间或主机与终端及网络之间传送，通信线路一般是电话线、专线、微波、光缆，前3种线路上的信息易被截取。

（8）计算机硬件部分：即除软件以外的所有硬设备，这些电子设备最容易被破坏或盗窃。

（9）电磁波辐射：计算机设备本身就有电磁辐射问题，也怕外界电磁波的辐射和干扰，特别是自身辐射带有信息，容易被别人接收，造成信息泄露。

（10）来自其他方面的脆弱性，比如：

① 辅助保障系统：水、电、空调中断或不正常会影响系统运行。

② 自然因素：火、电、水、静电、灰尘、有害气体、地震、雷电、强磁场和电磁脉冲等危害。这些危害有的会损害系统设备，有的则会破坏数据，甚至毁掉整个系统和数据。

③ 人为因素：安全管理水平低、人员技术素质差、操作失误或错误、违法犯罪行为等。

以上表述说明，信息系统自身存在诸多脆弱性，是一个不十分可靠的系统。现在，信息系统已经广泛应用到民航、铁路、电力、银行和其他经济管理、政府办公、军事指挥控制等重大要害部门，对信息系统的脆弱性应引起高度重视，否则，一旦某个关键业务或部件出现问题，不但系统内可能产生灾难性的"多米诺"连锁反应，而且会造成严重的政治、经济损失，甚至危及人民生命财产的安全，其后果不堪设想。

3.4　信息系统的不确定性

3.4.1　不确定性的含义

不确定性至今还没有形成公认的统一定义，在不同的领域有着不同的含义。

在经济领域，不确定性是指经济行为者在事先不能准确地知道某种决策所带来的结果。或者说，只要经济行为者的一种决策的可能结果不止一种，就会产生不确定性。

在量子力学中，不确定性是指量子运动的不确定性。由于观测对某些量的干扰，使得与它关联的量（共轭量）不准确，这是不确定性的起源。

在风险管理领域，不确定性是指经济主体对于未来经济状况（尤其是收益和损失）的分布范围和状态不能事先确知。

从上述的描述可见：不确定性是对精确预测系统预期目标的实现所带来的一种结果。不确定性具有客观不确定性和主观不确定性之分。客观不确定性反映的是不确定性的客观本质。美国学者贝卡特认为，不确定性是指确定性地知道研究和开发项目的准确结果的一种不可能性。美国匹兹堡大学的达格佛斯和怀特则认为，不确定性是指研究项目的准确信息的不存在性。贝卡特的定义以及达格佛斯和怀特的定义，都较合理地反映了不确定性的客观性本质；主观不确定性来自于决策主体对客观信息的获取能力、识别能力和处理能力的不足。主观不确定性和客观不确定性合称为广义的不确定性。本文所研究的信息系统不确定性则是指广义的不确定性。然而，对于系统科学研究的不确定性来说，指的是客观不确定性，也就是狭义的不确定性。客观的不确定性因素是不可避免的，只能弱化或降低。而主观的不确定性因素，随着科学技术和人们认识的不断提高是可以避免的。

从系统论观点来看，系统是由相互作用和相互依存的多个要素所组成，它们互相作用从而构成一个完整的整体，而且这个整体总是和一定的环境发生联系。首先，系统中各个元素本身存在一定的不确定性，这在前面章节的内容中已经进行了说明。其次，信息系统中各个要素之间相互作用，相互依存的关系也是在很大程度上存在不确定性的。再次，作为一个整体的系统还要受到环境的影响，环境对系统的作用也呈现出一定的不确定性。由此可见，系统具有不确定性的特征。

3.4.2　信息系统的不确定性因素分析

信息系统作为一个特殊的系统，一定也具有许多不确定因素。下面以信息系统项目的建设为例，分析和讨论信息系统的不确定性因素。

信息系统项目的不确定性，即达到信息系统预期建设目标的不确定性。在信息系统的不确定性因素中，既包括客观的不确定性，又包括主观的不确定性。首先，人们不能确切地知道项目建设的最终结果，这是客观存在的不确定性。其次，人们在信息系统建设中的获取能力、识别能力、处理能力不足，这是主观的不确定性。

（1）从系统的观点来看，信息系统建设必然存在不确定性。

信息系统本身也是一个系统，因此它具有一般系统的所有特征。而前面已经论证了系统客观上具有不确定性，因此信息系统建设本身必然存在不确定性。

（2）从信息系统建设的组成要素来看，信息系统也存在不确定性。

信息系统项目的建设包括人的要素、技术要素、组织管理要素以及环境要素等。技术的因素主要包括计算机科学技术，其中包括软硬件技术，以及数学科学中的运筹学、控制论、概率与数理统计学、模糊数学、模型和模拟技术，还涉及工程学、网络传输学等许多方面的科学技术。组织管理要素包括组织行为学、人际关系学以及计划、组织、领导、控制、协调、沟通等因素。环境因素主要包括国家决策、经济政策、管理体制、法律以及面临的观念和挑战等因素。技术是需要不断完善的，而且信息技术本身也存在着多样性，因此技术本身具有不确定性（客观不确定性），而我们选取技术也存在不确定性（主观不确定性)。组织管理更存在大量的人为因素,这决定了组织管理存在着很大的不确定性。而对于环境来说,环境是不断变化的,因此,由于环境变化引起的不确定性也是很大的(客观不确定性)。可见,信息系统的建设存在不确定性。

(3) 从信息系统自身的特点来看,信息系统项目同样存在不确定性。

首先,知识工作存在很大不确定性。信息系统项目建设中要牵扯到很多知识工作,对知识工作所基于的理论、方法的运用等存在着很大的不确定性。知识在不断地发展更新,信息系统建设人员的素质也存在很大的不确定性,用户的使用也存在很大的不确定性。其次,用户需求存在很大的不确定性。用户的需求多种多样,层次区别很大,难以准确界定,并且需求不断地改变,随时可能变更。再次,环境存在很大的不确定性。信息系统建设所面临的国家政策会改变,企业组织的政策、管理体制也会改变,信息系统建设的观念随时发生改变,而且会面临很多不同的挑战。

(4) 从信息系统建设的结果来看,信息系统项目也必然存在不确定性。

据报道,在众多的信息系统建设中,国外有 1/3 的系统仅仅能运行,但投入/产出相抵;有 1/3 的系统彻底失败。根据一些统计资料,美国企业建设的信息系统,在时间上、应用范围上和应用效果上都达到当初规划目标的只占 25%;有 31% 的信息系统开发项目在完成之前夭折;有 1/5 的信息系统开发成本高于预算达 2～3 倍。这充分说明信息系统的建设存在着不确定性。

(5) 信息系统的不确定性体现在信息系统建设生命周期的各个阶段。

例如,在系统规划阶段有信息系统建设目标、步骤与本单位自身发展水平的匹配性;信息系统规划的目标是否清晰准确等。在系统开发阶段有系统分析员的水平以及对新系统需求的理解程度;管理者的协调沟通能力;系统开发方式和方法的选择等。在系统实施阶段有测试和转换的方案是否科学;操作员业务素质是否已经达到新系统实施的要求等。在系统运行及维护阶段有系统评价的全面性;操作员的责任心等。

在众多的不确定性因素中,有些不确定性因素是贯穿于整个信息系统建设全过程中的,我们将其称为综合不确定性因素。信息系统建设的综合不确定性因素主要原因有以下几个。

① 缺乏共识。缺乏共识可以分为两个层面。第一个层面是企业内部缺乏共识。高层领导和信息部门之间缺乏共识,信息部门与业务部门之间缺乏共识,员工对企业进行管理信息系统开发有抵触情绪。第二个层面是企业和咨询机构缺乏共识。实施伙伴与企业无法达成一致认识,贻误开发时机。

② 盲从心理。对项目的需求不清晰,没有真正明确到底项目要达到何种目的,目前市场上信息系统建设有很多种,如 ERP、CRM、SCM、KM 等,到底要进行何种信息系统建设,企业必须根据自身具体实际来选择最适合的信息系统建设项目,不能盲目跟随大众。

③ 信息不对称。在合作伙伴的选择和监控过程中,由于自身能力的限制,存在信息不对称不确定性。

④ 财务风险。项目预算不到位,实施过程中超出财务预算,导致资金短缺,严重时甚至导致项目的中途中断。

⑤ 人力资源风险。在实施过程中,企业内部缺乏相应的技术人员,要聘请外部技术

人员,费用会上升;在实施过程中,培养了一些掌握关键技术的人员,他们拥有了核心技术后,可能会存在技术流失的不确定性。

⑥ 业务中断。由于方案设计缺陷或其他项目原因而导致项目实施妨碍业务正常进行;严重时会造成项目的暂时中断。

⑦ 面临的环境,以及各种理念的挑战。

由此可见,信息系统存在着许多不确定因素,这是产生风险的重要来源之一。

3.5 信息系统项目建设的风险分布

3.5.1 信息系统项目建设的生命周期

任何事物都有产生、发展、成熟、消亡(更新)的过程,信息系统也不例外。信息系统必须经历立项、开发、运行以及在使用过程中随着其生存环境的变化,要不断维护、修改,当它不再适应的时候就要被淘汰,由新系统代替老系统,这种周期循环称为信息系统的生命周期。当信息系统的业务目标和需求或技术和管理环境发生变化时,需要再次进入上述几个阶段,形成新的一次循环。

图 3.3 表示信息系统的生命周期以及各阶段相应的工作流。

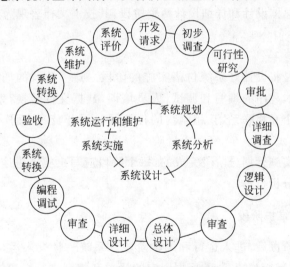

图 3.3 信息系统的生命周期

由图 3.3 可见,信息系统建设的生命周期可以分为系统规划、系统分析、系统设计、系统实施、系统运行和维护等 5 个阶段,各阶段的主要工作如下。

1. 系统规划阶段

系统规划阶段的任务是对企业的环境、目标、现行系统的状况进行初步调查,根据企业目标和发展战略,确定信息系统的发展战略,对建设新系统的需求做出分析和预测,同时考虑建设新系统所受的各种约束,研究建设新系统的必要性和可能性。根据需要与可能,给出拟建系统的备选方案。对这些方案进行可行性分析,写出可行性分析报告。可行性分析报告审议通过后,将新系统建设方案及实施计划编写成系统设计任务书。

2．系统分析阶段

系统分析阶段的任务是根据系统设计任务书所确定的范围,对现行系统进行详细调查,描述现行系统的业务流程,指出现行系统的局限性和不足之处,确定新系统的基本目标和逻辑功能要求,即提出新系统的逻辑模型。这个阶段又称为逻辑设计阶段。

系统分析阶段的工作成果体现在系统说明书中,这是系统建设的必备文件。它既是给用户看的,也是下一阶段的工作依据。因此,系统说明书既要通俗,又要准确。用户通过系统说明书可以了解未来系统的功能,判断是不是其所要求的系统;系统说明书一旦讨论通过,就是系统设计的依据,也是将来验收系统的依据。

3．系统设计阶段

如果说系统分析阶段的主要任务是回答系统"做什么"的问题,则系统设计阶段要回答的问题是"怎么做"。该阶段的任务是根据系统说明书中规定的功能要求,考虑设计实现逻辑模型的技术方案,也即设计新系统的物理模型。这个阶段又称为物理设计阶段。该阶段又可以分为总体设计和详细设计两个阶段,其技术文档表现为系统设计说明书。

4．系统实施阶段

系统实施阶段是将设计好系统付诸实施的阶段。这一阶段的任务包括计算机等设备购置、安装和调试,程序的编写和调试,人员培训,数据文件转换,系统调试与转换等。此阶段的特点是几个互相联系、互相制约的任务同时展开,涉及面广、工作任务繁重,必须精心安排、合理组织。

系统实施是按实施计划分阶段完成的,每个阶段应写出实施进度报告。系统测试之后要写出系统测试分析报告。

5．系统运行和维护阶段

系统经过实施阶段后,进入运行和维护阶段。系统一旦投入运行,需要经常进行维护和评价,记录系统运行的情况,并根据一定的要求和规则进行必要的完善,以评价系统的工作质量和经济效益等。

3.5.2　信息系统项目建设的风险分布

信息系统项目建设涉及许多环节,风险贯穿于信息系统生命周期的各个阶段,每一阶段都有各自的风险点。下面从不确定性理论出发,以信息系统开发为切入点,讨论信息系统项目建设的风险。

信息系统开发项目需要有效的管理,由于项目实施中有相当多的不确定因素和人为因素,使得这一过程的管理变得异常困难。如果管理不当,就会造成许多后果,如投资严重超过预算,工期大大地超出了计划,技术缺陷导致得不到预期的效果等。信息系统项目开发中存在许多不确定性因素,大体来自于以下 3 个方面。

1. 项目需求的不确定性

信息系统项目开发通常都以一个或多个真实需求为背景,这里所依据的客观需求称为问题域。由于通过问题域建立系统时许多因素必须抽象和简化,因此问题域中的不确定性常常隐含于或者不再出现于系统中,这样就与可能系统的假设或者前提发生了矛盾。如果项目还涉及现实的硬件或机械部件,则这些客观现实也是产生不确定性的来源。

需求分析包括对问题域和问题的研究,问题域的研究产生企业的信息系统战略规划,问题的研究产生信息系统项目的需求规格说明。由于只有变化是不变的,所以信息系统规划阶段面临未来投资和收益的多方面不确定性。

(1) 用户需求难以确定。不仅不同的用户对同一信息可能有不同的理解和解释,从而会产生不同的需求,有时同一用户也会因时间、地点的不同而提出不同的要求;从而使得用户需求的定义难以准确地确定。

(2) 工作量难以确定。用户需求不确定是引起工作量难以确定的原因之一,更重要的原因是迄今为止仍然缺少有效的技术与方法事先估算系统分析与系统设计所需要的时间。在理论研究与教学中只是分析了一些比较简单的小系统,大系统的估算仍然缺少方法。实践经验也难以借鉴,因为信息技术发展很快,许多大型甚至小型系统也都是"首次开发",并且没有先期经验可供借鉴。估算的计划往往与实际相差很大,不准确的计划会直接影响到实施过程的控制,导致时间的拖期、预算的突破,甚至系统的失败。

2. 项目设计实施的不确定性

项目实施过程中存在诸多不确定性,这在前面已有描述。如果系统实施过程管理不善,信息系统开发的各个阶段都有可能出现风险。表 3.5 列出了一些信息系统开发过程中典型的风险因素。

表 3.5　信息系统开发过程中典型的风险因素

1. 分析阶段	没有为研究存在的问题分配足够的时间、经费、人力等资源,因而问题仍然不能很好地定义,项目实施的目标含混不清,效益也无法衡量
	初步规划过于草率,对项目所需时间与经费的估计缺乏标准
	项目组组织不当。没有足够的专职人员,系统的最终用户在项目组里也没有代表
	一些开发组成员向用户承诺了一些不可能完成的任务
	用户需求来自于原系统不完善的文档和不完备的系统分析活动
	用户拒绝向项目组提供必要的信息
	项目分析人员缺乏与别人交流的能力与技巧,不能与用户恰当地交谈,不会对用户提出适当的问题,不能与用户进行深入的交流

续表

2. 设计阶段	用户没有参与设计,设计方案完全是由计算机专业人员完成的。受这些人员个人偏好的影响,设计方案与组织原有的结构、活动、文化吻合得不好
	设计只考虑了当前的需要而没有能够顾及组织未来的需要
	业务流程及人员必须要做重大改变的设计中,缺乏对这些改变可能对组织产生哪些影响的考虑与分析
	工程设计的说明书不完善
3. 编程阶段	对软件开发所需要的时间与费用的预算被低估
	对程序员提供的说明书不完备
	大量时间花在编写程序代码上,用于研究程序之间逻辑的时间不足
	程序员没有充分利用结构化和面向对象的编程方法的优点,他们编写的程序难于修改和维护
	程序缺少完整的文档
	机时等必要的资源没有做出计划
4. 测试阶段	正常的测试所需要的时间与费用被低估
	项目组没有制定有组织的测试计划
	用户没有充分地参与测试。他们不愿提供测试用的数据样本,不愿意检验测试的结果,不愿意为测试耗费时间
	项目组没有为高层管理人员提供验收测试的办法,管理人员不能审核和签署测试的结果
5. 转换阶段	转换所需要的时间与经费估计不足,特别是数据的转换
	转换开始以前用户从未接触过新系统,到系统要安装的时候才开始对用户进行培训
	为了补偿开发工作的超支与超时,系统还没有完全就绪就急于投入运行
	系统和用户文档不完整
	绩效评估没有进行,没有建立评价的标准,也没有把系统运行的结果同之前的目标相比较
	对系统维护工作的预见性不足

1）技术风险

信息系统项目的现实性要求绝对严格地反映客观世界,而抽象性又使得各阶段的转换没有可以遵循的规范,至今信息系统项目开发还不能像传统建筑项目那样将设计和施工完全分离,人们很难确定需求规格说明对后续设计是否是完整和充分的。

一旦设计上存在缺陷,系统不能满足用户的基本需求。例如,响应速度慢,达不到用户要求;提供的信息不明确,不便于理解和使用;系统不能提高组织的运转效率,无法改进管理的质量。另外,用户接口设计不良也是常见的技术问题,如有些用户界面设计得过于复杂,屏幕排列混乱,容易误操作;菜单嵌套层次太深,排列不合理,操作顺序繁琐,造成用户不便于使用,甚至不愿意使用。数据库设计不良是更为严重的技术问题,存在有害的数据冗余,缺少数据完整性控制,代码设计不周全等都会成为系统潜在的威胁。

2）进度风险

在信息系统实施过程中进行项目管理、控制项目进度、确保整个实施过程能够按照预计的时间表进行,对项目的成败至关重要。系统不能按期交付是引起用户抱怨的最常见的原因之一。大多数系统不能如期交付,或者留有"尾巴",常常许诺用户"未完成的功能将在下一版中完成"。实施工作不能按计划完成的原因有两个方面:计划制定得不合理;实施中遇到了意外,但是又无法有效地"赶工",以弥补延误的工期。

系统实施的计划工期常常定得偏短,这可能是迫于用户的压力,因为用户一般很难接受过长的开发周期;也可能是由于计划制定者的盲目乐观,现代信息系统的技术在快速地更新,规模也越来越大。网络的普及又增加了复杂性,这些都使得计划的制定存在不确定性。

与许多工程项目的实施不同,信息系统项目的实施一旦发生延误,就很难以弥补。对于工作量一定的工程项目(一般用"人·月"表示),通常只要增加实施过程的人员,就可以有效地缩短工期进行赶工。但是在信息系统项目中靠增加人力来缩短工期效果十分有限。因为所有参加开发的人员之间总是需要经常地大量地进行沟通,这种沟通所耗费的资源,随人数的增多会按指数关系上升,有时增加人数以后反而会产生更多的混乱与返工,最后造成更大的工期延迟,除非对这些新增加的人进行过长期的很好的培训。

3) 成本风险

系统的实施成本通常包括:硬件费用、软件使用许可费用和软件培训费用、实施咨询费用及维护费用等。在实施过程中,如何合理分配实施费用,结合项目进度和时间安排,将实施成本控制在计划之内,是每一个信息系统实施的企业需要认真对待的问题。不少企业由于不能按照项目时间进度计划开展实施,造成时间的延误和实施成本上升,即使最终系统上线,也不能符合时间和预算的要求,客观上造成项目实施的损失。

3. 其他不确定性因素

管理和组织理论认为,信息系统是组织的密不可分的一个组成部分,它与组织中的其他要素,如结构、任务、目标、人员、文化等都有着内在的紧密的联系,应该完全相容。当组织中的信息系统发生变化时,必然会影响到组织的结构、任务、人员、文化等发生相应的变化,系统建立的过程就是一个组织再设计的过程。如果新的信息系统不能与组织中的其他要素相容,将会产生紧张、不安、抵触和冲突。

信息系统开发项目的每一个阶段都离不开人的参与,人的行为是难于控制和难于预测的,所以人自始至终都是最大的不确定性来源。

(1) 高层领导难以及时地了解问题。坏消息向上传递速度较慢,报喜不报忧几乎是所有组织中都存在的通病。实施中各阶段发生的问题往往会被中层过滤,不能及时反映到管理和决策的高层中去。这使出现的一些错误得不到及时纠正,继续发展扩大直至积累到难以纠正时,才报告给高层领导。

(2) 用户的感受和态度容易被忽视。尽早地对用户进行系统功能与开发方法的讲解、培训和说明,让他们深入地理解系统所有潜在的功能和可能产生的组织结构、岗位、职责的变化,鼓励他们支持并参与系统的开发,会有力地保证项目的成功这一点常常被忽视。由于重视不够和缺少足够的经费与资源,而使得培训工作做得不充分和完全,没有做到位的情况时有发生,在项目开始阶段缺少培训更是常见。

（3）管理观念的转变。信息系统的实施是一个管理项目,而非仅仅是一个 IT 项目。不少企业高层管理人员尚未认识到这一点:在实施系统时仅由技术部门负责,缺少管理人员和业务人员的积极参与;项目经理由技术部门的领导担任,高级管理人员尤其是企业的一把手未能亲自关心、负责系统实施。管理观念的转变还体现在信息系统实施过程对企业原有管理思想的调整上。信息系统带来的不仅仅是一套软件,更重要的是带来了整套先进的管理思想。只有深刻理解、全面消化吸收了新的管理思想,并结合企业实际情况加以运用,才能充分发挥系统带来的效益。

（4）组织架构的调整。为适应信息系统带来的改变,企业必须在组织架构和部门职责上进行相应的调整。因此,实施信息系统往往需要同时进行企业流程重组和改善的工作。在流程改组过程中,会涉及部门职能的重新划分、岗位职责的调整、业务流程的改变、权力利益的重新分配等复杂因素,如果企业不能妥当地处理好这些问题,将会给企业的正常生产带来不稳定因素。

3.6　信息系统资源使用中的风险分布

3.6.1　信息系统资源类型

对信息系统资源的研究始于 20 世纪 90 年代中期,近年来,随着信息系统资源在组织发展中的重要性越来越大,其受关注的程度也越来越高,但对信息系统资源的分类则并不统一。

1994 年,Day 提出了一种划分信息系统资源的方法,他认为,公司的能力隐藏在 3 种资源中:由内而外（Inside-out）的资源、由外而内（Outside-in）的资源和跨范围的资源（spanning）。其中,①由内而外的资源,主要表现为公司对外部关系的管理,对市场机会的把握等相关信息;②由外而内的资源,则是由外部驱动的,主要表现为对市场需求的预测、客户关系的维持和了解、竞争者的动态等相关信息;③跨范围的资源,则包括对公司内部和外部的有关信息的分析和资源的集成。

20 世纪 90 年代,Ravichandran 和 Lertwongsatien 等人则将信息系统资源分成信息系统人力资源、信息系统基础设施与信息系统关系资源 3 类。其中,①信息系统人力资源,主要是指信息系统相关人员的业务技能、管理技能与技术技能等;②信息系统基础设施,是指支持当前和未来业务应用系统运行的诸多技术资源的组合,主要包括信息系统的平台（硬件和软件）、网络和通信技术、中间件、数据库和核心（业务）软件应用系统等;③信息系统关系资源,是对信息系统的实施部门与业务部门、外部技术服务商、供应商等关系的统称,如图 3.4 所示。

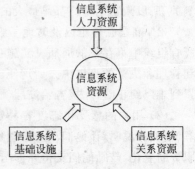

图 3.4　信息系统关系资源

国内有学者将信息系统资源分成人力资源、关系资源、技术资源与使能流程(即信息系统的作用对象-业务流程)资源4个方面。从资源流角度来看,该分类中的信息系统关系资源和使能流程资源,可看做是 Ravichandran 和 Lertwongsatien 等人所提的信息系统关系资源的细化。

无论对信息系统资源怎么划分,有一点是无疑的,即:信息系统资源是公司资源的一部分,信息系统资源的有效利用与否对公司竞争力、公司业绩起着很大的作用,因此,对每一类信息系统资源都应该引起公司高层管理者的高度重视。

3.6.2　信息系统资源使用中的风险分布

从信息资源的使用角度来看,信息系统的风险通常包括对信息资源的访问所面临的风险以及信息系统运行环境所面临的风险两种。而对信息资源的访问通常又有两种情况,一种是基于逻辑访问方式;另外一种是基于物理访问方式。

逻辑访问是指用户通过对计算机信息系统的访问,可以利用什么样的信息、运行什么样的程序、修改什么样的信息或数据等。这些数据可以是操作系统中的和业务应用系统中的,也可以是数据库,甚至是网络设备中的参数设置、操作系统等。

物理访问方式是指用户利用一定的途径进出物理敏感区域,如机房设备区、存储介质区域、数据中心、单位的办公业务区等。而对某个具体的单位而言,一般情况下,物理访问方式表现为信息资源的接收方网络边界、接收方局域网系统、信息使用方终端等几个部分。

下面对信息资源的访问所面临的风险进行具体分析。

1. 基于逻辑访问方式的风险

逻辑访问方式的风险主要体现在暴露风险和计算机犯罪上,它们都可以有意或无意地利用信息系统的漏洞,对信息资源和信息系统造成损害。

常见的风险列举如下。

1) 特洛伊木马

特洛伊木马是指将一些带有恶意的、欺诈性的软件代码隐藏于已授权的计算机程序中,当程序被启动时同时也启动了这些隐藏的代码。典型的特洛伊木马例子是当用户浏览某些恶意网站时,木马程序就被种植到访问者的计算机上。木马可以自动嗅探用户的口令,也能使远程的入侵者控制用户的计算机,从而获得用户计算机中的信息,并可能以此为跳板发起对其他计算机的攻击。特洛伊木马是一种危害性极大的网络攻击手段。

2) 去尾法

在一个计算机处理的交易中,将交易发生后计算出来的数字中小数点后的数字删去一部分并转入某个特定的程序中,这种行为被称为去尾法。例如,在银行交易中,将某用户在银行账户中存款(或利息)中的小数点后的余额(如角或分等)删去一部分并转入某未经授权的账户。

3）色拉米技术

色拉米技术是一种类似于去尾法的舞弊行为。与去尾法的差异在于：去尾法只是去掉小数点后数字的一部分,而色拉米技术是将尾数去除或进位。如某用户在银行的存款额是 12 345.38 元,如果是采用去尾法后的用户在银行的存款则可能是 12 345.33 元,而如果是采用色拉米技术后的该用户在银行的存款则是 12 345.30 元。无论是去尾法还是色拉米技术,其方法都是由不法分子通过编写计算机程序来实现的。

4）计算机病毒

计算机病毒在《中华人民共和国计算机信息系统安全保护条例》中被明确定义,其含义是"编制或者在计算机程序中插入的破坏计算机功能或者破坏数据,影响计算机使用并且能够自我复制的一组计算机指令或者程序代码"。而在一般教科书及通用资料中,计算机病毒被定义为：破坏计算机数据,影响计算机正常工作的一组指令集或程序代码。

计算机病毒具有如下特点。

（1）寄生性。计算机病毒寄生在其他程序之中,当执行这个程序时,病毒就起破坏作用,而在未启动这个程序之前,它是不易被人发觉的。

（2）传染性。计算机病毒不但本身具有破坏性,更有害的是具有传染性,一旦病毒被复制或产生变种,其速度之快令人难以预防。

（3）潜伏性。有些病毒像定时炸弹一样,让它什么时间发作是预先设计好的。

（4）隐蔽性。计算机病毒具有很强的隐蔽性,有的可以通过病毒软件检查出来,有的根本就查不出来,有的时隐时现、变化无常,这类病毒处理起来通常很困难。

（5）破坏性。计算机中毒后,可能会导致正常的程序无法运行,把计算机内的文件删除或受到不同程度的损坏。

（6）计算机病毒的可触发性。病毒因某个事件或数值的出现,诱使病毒实施感染或进行攻击的特性称为可触发性。

5）蠕虫

蠕虫主要利用系统中的漏洞进行传播,是一种破坏性较大的程序。蠕虫发作时可以破坏大量的计算机内部数据或使用大量的网络通信资源。早期的蠕虫不像计算机病毒那样能进行自我复制,但现在有很多学者将蠕虫也归并到计算机病毒中。

6）逻辑炸弹

逻辑炸弹是在满足特定的逻辑条件时按照事先设置好的方式运行,对目标系统实施破坏的计算机程序。正常条件下,逻辑炸弹很难通过技术手段被发现的,在其发作之前也不容易被发现,但在特定的逻辑条件出现时,炸弹程序将被启动,从而破坏计算机中的数据。与计算机病毒不同的是,逻辑炸弹体现在对目标信息系统的破坏上,而非传播其破坏作用。逻辑炸弹比较类似于计算机舞弊,对信息系统可能造成直接或间接的损失比较大。

7）陷阱门

陷阱门是将未经过授权的非法出口置入操作系统或应用系统的程序,以允许执行特殊的指令。陷阱门的存在是因为程序员在编写程序过程时,为方便对系统的调试和维护,插入一段特殊的、可以允许他们绕过系统安全控制的代码,通常情况下,应该在软件系统开发工作正式结束前将此段代码删除。如果程序员忘记删除此代码或有意为之，以便于今后自己对该信息系统的访问，这段程序代码将一直保留在系统中，给该信息系统留下隐患。

8）数据泄露

敏感信息从计算机或网络环境中泄露出去的现象被称为数据泄露。如打印到纸张上的信息、计算机磁盘、磁带被窃或被非法复制导致数据（信息）的泄露，对计算机网络的使用不当（如敏感网络采用不加防护的无线网，则可能通过电磁泄露）造成的数据（信息）泄露等。通常情况下，数据（信息）的泄露比较隐蔽，往往不留痕迹，因此很难被单位察觉。

9）搭线窃听

在计算机的通信线路上，搭上一个侦听设备，从而获得线路上传输的机密信息。

10）尾随法

尾随法是指尾随合法的用户进入到敏感区域，或通过一定的技术手段，非法利用合法的通信方式连接到用户计算机系统，以截取或修改信息系统中的数据。

11）拒绝服务攻击

攻击者在远程操纵大量被控制的计算机，在某个时间内对目标服务器同时发出大量的服务请求，以消耗网络带宽或系统资源，导致网络或系统不堪负载，不能向正常的用户提供网络服务。拒绝服务攻击方式简单易行，具有相当大的危害性，严重的会使用户的信息系统造成瘫痪。

12）计算机中断

利用系统中的漏洞或采用非法手段，通过直接连接或远程连接到用户计算机的系统，对用户计算机进行关闭，从而造成用户业务系统的中断。

13）电子邮件复制

在传送给别人的电子邮件中插入一些控制信息，以达到得到接收者的文件复制件等目的。

14）口令猜测

通过猜测口令而非法进入到网络系统中，以获取或修改信息系统中的数据。

15）流量分析

通过观察通信线路上的信息流量，得到信息的源点和终点、发送频率、报文长度等，从而推断出信息的某些重要特性，以截取或修改信息系统中的数据。

16）计算机犯罪

计算机犯罪是指犯罪分子通过盗窃计算机硬件设备、软件或公司机密信息或对用户计算机系统和数据进行有目的地恶意篡改，以达到破坏用户信息系统的目的的行为。也有可能是不法分子通过非法的手段获得对某公司机密数据的访问权限，或者对该组织的信息系统有能力进行破坏，从而对该组织提出威胁并勒索的行为。

可能的犯罪者包括：黑客，单位内部的工作人员，前雇员，单位的兼职或临时人员，意外情况造成的破坏，工业间谍，有组织的犯罪活动，以国家为主体的犯罪活动等。

2．基于物理访问方式的风险

基于物理访问方式的风险其原因可能来自单位对安全规定有意或无意的破坏，也可能来自单位安全规定的不健全等。这些风险主要包括：未经授权进入敏感的信息处理场所所带来的风险。

一般情况下，单位的敏感信息处理场所包括：计算机编程区域，机房（包括重要的计算机、服务器、网络通信设备等的存放区），单位的信息系统操作控制区，磁带库、磁盘及其他重要的信息存储介质存放区，设备与材料的存储区，通信室，配电房，重要技术文档（包括：合同、软件开发资料等）的存放区等。

常见的物理访问方式所导致的风险如下。

（1）由于进入敏感信息处理场所进出的门太多而疏于管理。

（2）安全控制防范措施的不严密。

（3）有利害关系的外部人员（如竞争对手、小偷、犯罪集团等）强制进入。

（4）单位内部员工有意和无意的工作疏忽。

（5）敏感信息处理场所门钥匙的遗失。

（6）非法浏览。进入敏感信息处理场所后，通过观察信息处理中心内部的情况或机器中的某些公用文件（如 HELP 文件）而获得有价值的信息。

（7）窥视。进入敏感信息处理场所后，站在终端操作员的身后，观察其操作过程而获得有价值的信息。

（8）从当作废物的打印纸中寻找有用的信息。

（9）目力监视。通过从机房的窗口上看计算机屏幕中的内容，从而获得有价值的信息。

（10）敏感信息场所的租借等，都有可能带来物理访问方式的风险。

3．信息系统运行环境所面临的风险

信息系统运行环境风险是指信息系统在运行过程中由于所依托的环境遭遇的突发性事故等因素而导致的风险。

通常，信息系统运行环境风险主要来源于自然灾害。常见的自然灾害有：雷电、地震、火山爆发、暴雨、台风、洪水等。环境风险还可能来自电力故障、设备故障、静电、接地、火灾、恐怖袭击等。

运行环境中任何一个环节（方面）都可能导致信息系统风险的产生。如火灾、水灾、暴雨等都会对计算机硬件造成损坏，严重的造成系统故障乃至崩溃；雷电发生时，如果弱电线路（网线或是电话线）没有进行避雷处理，则有可能在雷电打下来的瞬时电流通过网线传递到网卡然后再传递到计算机的主板上面，轻则会烧掉网卡的芯片等，严重的将损坏整个计算机主板等。

下面以电力故障为例，说明运行环境对信息系统可能造成的风险。

电力系统是信息系统运行的支撑和前提条件，电力故障对信息系统的运行造成相当大的影响。电力故障通常分为以下几种情况。

1）电力完全中断

范围从几个楼群到整个地区，如果电力完全中断持续时间长，此时，所有的信息系统将无法工作。

2）电压不足

电力公司提供的电压由于这样或那样的原因达不到标准的电压范围。电压不足将引起信息设备工作的异常，甚至损坏。

3）电压不稳

电力公司提供的电压由于这样或那样的原因不能稳定在标准的电压范围，表现为时而电压快速降低，时而电压快速升高。电压不稳可能导致信息系统数据的丢失与破坏，使网络传输出现失误，严重的甚至损坏硬件设备（如计算机、计算机硬盘、计算机内存条等）。

4）电磁干扰

由于使用电子设备（如手机、收音机等），其噪音对周围信息设备工作造成的异常，甚至损坏。

第4章
信息系统项目的风险管理与控制

任何事物都有产生、发展、成熟、消亡(更新)的过程,信息系统也不例外。从生命周期的角度看,项目建设是信息系统应用的前提,项目建设成功与否对信息系统功能与目标的实现将产生重大的影响,因此,对信息系统项目加强风险的管理与控制,不仅必要而且具有重要的现实意义。

本章介绍信息系统项目建设的内涵,对信息系统项目建设的风险进行阐述,分析来自项目建设监理方的风险,讨论信息系统项目建设中的关键风险点,最后,从信息系统项目建设的内部控制以及第三方控制等方面,对信息系统项目风险提出具体的管理与控制措施。

4.1 信息系统项目建设的内涵

4.1.1 项目的含义及特征

有关"项目"的概念和特征的认识,目前国内外尚未形成统一、权威的定义。美国专家约翰·宾认为:"项目就是要在一定时间内、在一定的预算范围内,达到预定质量水平的一项一次性任务";美国具有代表性的著作《管理手册》的作者 Tehcwgaesnad Pual 称:"项目是有明确的目标、时间规划和预算约束的复杂活动";美国项目管理协会在其《项目管理知识体系》文献中指出:"项目是可以按照明确的起点和目标进行监督的任务,现实中多数项目目标的完成都有明确的资源约束"。

综上所述,我们可以将"项目"的概念定义如下:项目是指一系列独特的、复杂的并相互关联的活动,这些活动是在一定约束条件下完成的,并具有明确目标的一次性任务。

项目的概念包含3层含义:第一,项目是一项有明确目标的任务,且有特定的环境与要求;第二,在一定的组织机构内,利用有限资源(人力、物力、财力等)在规定的时间内完成任务;第三,任务要满足一定性能、质量、数量、技术指标等要求。

从管理学角度看,项目作为被管理的对象,具有以下特征。

1. 任务的一次性

任务的一次性,也称为单件性,这是项目最基本的特征。由于目标、环境、条件、组织和过程等方面的特殊性,不存在两个完全相同的项目,即项目不可能重复。认识项目任务的一次性,是进行有效、科学的项目决策与管理的前提。

2. 项目的整体性

一个项目往往有许多分(子)项目或任务组成,但这些分(子)项目或任务往往围绕着某既定的、统一的目标,相互之间有着明确的组织关系,从而呈现出整体性。

3. 目标的明确性

每个项目的实施必须符合组织或单位的信息化发展战略,因此,在项目实施前就必须进行周密筹划,规定总的工作量和工作标准,规定明确的时间期限,明确的空间界限和各种资源的消费限额。这些目标往往是具体的、可检查的,实现各目标的措施也是明确的、可操作的,项目实施过程中各项工作的开展都是为保证预定目标的实现而进行的。

4. 资源成本的约束性

由项目的定义可知,任何项目都是在一定的资源限制条件下进行的,这些限制条件包括资源条件的约束(如人力、财力和物力等)和人为条件的约束(如政策、法规、环境等)等,其中,质量(工作标准)、进度、成本或费用是项目普遍存在的 3 个常见的也是主要的约束条件。

5. 时效性

任何项目都有其明确的起始时间和终止时间,它是在一段有限的时间内存在的。认识项目的时效性,是对项目风险进行有效控制的必要条件。

6. 结果的不可逆转性

不论项目建设的最终结果如何,一旦项目结束了,结果也就确定了,具有不可逆转性。

4.1.2　工程项目的含义及特征

"工程项目"是项目的一种,通常是在投资建设领域中进行的,即为某种特定目的而进行投资建设并含有一定安装、集成的项目。或将"工程项目"描述为:为达到预期目标,投入一定量的资本,在一定的约束条件下,经过决策与实施的必要程序从而形成固定资产的一定性任务。如企业建设一定生产能力的流水线;建设一定制造能力的工厂或车间;建设一定长度和等级的公路;建设一定规模的医院、文化娱乐设施;建设一定规模的住宅小区等。

"工程项目"是最常见、最为典型的项目类型,它通常涉及大量的人力、物力和财力,同时又有时间、质量和成本的要求。工程项目作为项目的一种类型,必定具备项目的所有特征,即有质量、工期和投资条件等的约束。但由于工程项目的特殊性,使工程项目还具有下列特点。

1. 一次性特征明显

就其建设成果来说,工程项目的投资额往往特别大而且在一定期限内完成,所以在工程项目建设过程中,如达不到预期的目标和要求,将产生重大的不利影响,甚至关系国民经济的发展。工程项目的一次性特征还表现为建设地点一次性固定,设计的单一性,施工的单件性等。

2. 建设周期很长

一个工程项目从最开始的可行性研究,到后来的项目融资、勘察、工程设计、施工、试运行、投入生产及最后的投资效益评价需要经过一个相当漫长的过程,决定了一个工程项目的建设周期比其他类型的项目要长。

3. 项目的整体性更强

工程项目的每个单项工程及建设的每个阶段,都有自己的独特之处,它们之间更有着不可分割的联系。一些项目还有许多配套的子工程,这样就要求整个工程建设工作具有连续性,一旦开工,就不能中断,否则会造成极大的损失。

对一个工程项目范围的认定,是具有一个总体设计或初步设计。凡属于一个总体设计或初步设计的项目,不论是主体工程还是相应的附属配套工程,不论是由一个还是由几个施工单位施工,不论是同期建设还是分期建设,都视为一个工程项目。

4. 协作要求高

工程项目往往比一般的工业产品大得多,涉及的环节比较多,对通力协作的要求很高,协调控制难度也大,这给参与建设的各单位之间的沟通、协调造成许多困难,也是工程实施中易出现事故和质量问题的地方。

5. 工程项目受众多约束条件的影响

主要的约束条件有:①时间约束,即一项工程要有合理的建设工期时限;②资源约束,即一项工程要在一定的投资额度、物力、人力条件下来完成建设任务;③质量约束,即一项工程要有预期的生产能力、技术水平、产品质量或工程使用效益的要求。

4.1.3 信息系统项目建设的含义及特征

信息系统是一种涉及多学科的计算机应用系统,我们经常提及的管理信息系统、地理信息系统、指挥信息系统、决策支持系统、办公信息系统、科学信息系统、情报检索系统、医学信息系统、银行信息系统、民航订票系统……都属于信息系统这个范畴。

信息系统项目建设是指为了完成某特定的信息化目标而进行的一项投资建设活动。

信息系统项目建设往往以工程项目的形式出现,因此,后面章节如果不做特别说明,就将信息系统项目建设和信息系统项目的概念不加区分。

信息系统项目是一种特殊的工程项目,与一般的工程项目相比,信息系统项目具有其独特性,具体表现如下。

(1)信息系统项目不同于一般产品的制造,整个过程都是安装及设计过程,而没有传统的生产和制造过程。

(2)信息系统项目成功的主要标志是业务应用系统(软件)投入使用,并能有良好的运行状态,将会给单位带来效益。

(3)信息系统项目的管理更具有复杂性。主要表现在:信息系统项目涉及的单位多,各单位之间协调的难度和工作量大;项目中所涉及的技术复杂性更高,并会大量使用新材料和新工艺;社会、政治和经济环境对项目的影响,特别是对一些跨地区、跨行业的大型信息系统项目的影响,越来越大。

(4)信息系统维护所占的工作量极大。与其他工程项目相比,信息系统用在维护上面的资金、工作量和时间都是绝无仅有的。信息系统项目是折旧最快的项目之一,一个基建项目的实际折旧时间可能会有50年,而一个信息系统项目的实际折旧时间短则3年,长则5、6年,如何在实施信息系统项目时妥善处理好技术的先进性、经济性之间的关系则显得十分重要。如果一味强调技术先进性,强调"一步到位"和"大而全",就会成倍地加大投资;反之如果一味强调经济性,就有可能弃选主流技术,缩短信息系统的使用寿命,造成更大损失。

(5)信息系统项目具有极大的模糊性。与基建工程项目中盖一幢大厦不同,信息系统项目本身具有极大的不确定性,前者的用户需求很早也很容易确定,而在信息系统项目建设中,特别是在国内的信息系统项目建设中,"计划赶不上变化"的情况司空见惯,因为企业管理和系统应用需求本身是动态的,用户的需求经常发生变化,具体陈述难度较大。此外,还有众多的人为因素、政策因素等,这导致信息系统项目具有极大的不确定性。

4.2　信息系统项目建设的风险概述

4.2.1　信息系统项目的不确定性

由于信息系统项目大多投资大,涉及的工种多,技术要求高,工期长,不可预见性因素多,因此,在信息系统项目建设过程中存在诸多不确定性,这种不确定性体现在以下几个方面。

1. 项目描述或结构的不确定性

这是指人们由于认识不足,不太能清楚地描述和说明项目的目的、内容、范围、组成以及项目同目标之间的关系。

2. 计量不确定性

项目参数是指对项目成本、工期、功能、安全和环境等指标值的描述。计量不确定性体现在确定信息系统项目参数值的大小和范围、需求分析的细化时时常缺少必要的信息、准则，人员的不配合等方面。

3. 环境的不确定性

任何一个信息系统的建设都不能与国家的相关政策、法律法规相违背。在现实生活中，由于社会经济的发展，某些行业在信息系统建设时大量采用先进的技术，但由于国家相关法律法规的滞后，使这些信息系统建设和将来的应用存在太多的环境不确定性。例如，电子签名法实施前的网上报税信息系统应用就是一个典型的例子。

4. 后果的不确定性

由于信息技术是十分专业的领域，发展又非常迅猛，新的概念和技术层出不穷，单位的领导和广大的用户难于把握。用户往往是站在自己工作的角度，提出模糊的信息系统开发需求。另外一方面，由于信息系统是一个整体，各部门之间、与合作单位之间必然有大量的信息需要交换和共享，因此，一个单位要根据自身的业务具体需求，提出完整的框架，并在此完整的框架下，解决具体的问题。如果双方不能对此达成共识，参与的部门存在很多不同看法，信息系统就很难建设，这往往是导致信息系统项目后果不确定性的一个重要表现。

4.2.2　信息系统项目风险的分类

信息系统项目首先是一种工程项目，信息系统项目的风险也是工程项目风险的一种。为简单起见，对信息系统项目风险的分类参照工程项目的风险分类进行。

对于工程项目风险的来源，不同学者站在不同的角度对工程项目的风险源进行了不同的分类，比较传统的分类方法有以下几种。

1. 从承包商的角度进行分类

余志峰将工程项目风险源分为技术性风险及非技术性风险两大类，其中技术性风险包括设计风险、施工风险、生产工艺风险及其他风险等，非技术性风险包括自然及环境风险、政治法律风险、经济风险、组织协调风险、合同风险、人员风险、材料风险、设备风险、资金风险等。雷胜强等从国际工程承包的角度将工程项目风险源分为：国别风险（政治风险、经济风险、商务风险、社会风险）、人为风险、自然风险、技术风险、特殊风险。

2. 从业主和代表业主的咨询方的角度

Ali Jaafari 等将工程项目风险源分为国别（政治、法律）风险、市场风险、技术风险、财务风险、设计风险、采购风险、施工风险、试运行风险、运营风险、自然力风险、项目组织风险、项目集成风险。陆慧民等认为工程项目风险源包括政治风险、经济风险、自然风险、技术风险、商务风险、信用风险、其他风险等。

3. 从工程项目管理的角度

PMI 将项目风险源分为范围风险、质量风险、计划风险和费用风险。英国的 J. H. M. Tah 教授等人将项目风险分为内部风险及外部风险,每个风险源又可以进行层次分解,如图 4.1 所示。

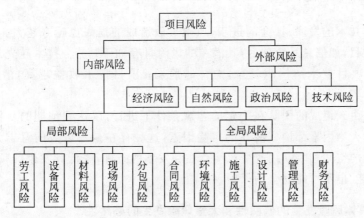

图 4.1 项目风险的层次分解

4. 从项目全生命期不同阶段的角度来划分

邱菀华教授将项目风险分为概念阶段的项目风险,开发阶段的项目风险,实施阶段的项目风险,收尾阶段的项目风险。王要武教授将项目风险分为建议书阶段、调研阶段、设计阶段、准备阶段、实施阶段、竣工阶段和使用阶段的项目风险。

为了便于本文研究的需要,根据工程项目的具体特征,从项目全生命期的角度,采用分阶段进行分解的方法来进行风险源的二维划分,风险源的分解结构如图 4.2 所示。

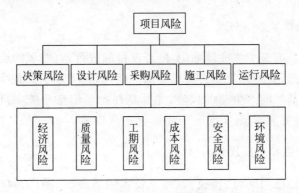

图 4.2 项目风险源的分解结构

图 4.2 仅表示了一级风险源的划分,事实上在项目的不同阶段,二级风险源应是有区别的。一个阶段的风险源在另一个阶段往往不构成风险源,同一风险源在项目的不同阶段对目标的影响也是有差别的,因此图 4.2 所表示的风险源的划分是一种一般意义上的划分,不能理解为项目全生命期所有阶段风险源的构成都是一样的,而应以动态的观点去识别项目各阶段风险源的构成。

4.2.3　信息系统项目风险的特征

1. 客观性和普遍性

随着科学技术的发展、社会的进步,风险事故造成的损失也越来越大。对于新技术含量很高的项目,如信息系统项目,其潜在的风险具有如下特点:技术越先进,风险造成的损失越大;项目技术结构越复杂,总体越脆弱;项目技术收益越高,潜在的风险就越大。

项目都是由人组成的团队在一定的客观条件下进行,以达到预期的目标,这些客观的物质因素和人为因素都构成潜在的风险因素,这种存在是不以人的意志为转移的,人们可以在有限的空间和时间内改变风险存在和发生的条件,降低其发生的频率和减轻损失程度,而不能、也不可能完全消灭项目风险。

2. 任一具体风险发生的偶然性和大量风险发生的必然性

信息系统项目风险是客观存在的,但对于某些具体风险的发生来说,并不是必然的,它具有随机性。风险何时发生,以及发生的后果都无法准确预测。这意味着风险的发生在时间上具有突发性,在后果上具有灾难性。

虽然个别项目风险的发生是偶然的、无序的、杂乱无章的,然而对大量风险事故资料进行观察和统计分析,就可以发现大量风险呈现出明显的规律。如对计算机病毒的防护,就某种病毒而言,其发作带有一定的随机性,但总体而言,计算机病毒的发作还是呈现出明显的规律。这种具体风险发生的偶然性和大量风险发生的必然性特征,帮助人们为项目风险管理提供了理论基础。

3. 风险的可变性

在信息系统项目的整个生命周期中,随着项目的进行,有些风险会得到控制,有些风险会发生并得到处理,有些风险则会变得更加危险,以至于影响到整个项目的成败,同时在项目的每一阶段都可能产生新的风险,尤其是在大型信息系统项目中,由于风险因素众多,风险的可变性更加明显。

4. 风险的多样性和多层次性

信息系统项目往往周期长、规模大、涉及技术领域多、范围广、风险因素数量多且种类繁杂,致使大型项目在全寿命周期内面临的风险多种多样;而且大量风险因素之间的内在关系错综复杂,各风险因素之间与外界因素交叉影响又使风险显示出多层次性。

4.3 来自项目建设监理方的风险

在 20 世纪 80 年代,我国信息化建设处于起步阶段,无论是一个单位还是一个行业,信息化建设的总体投入不大,人们也未认真考虑信息化建设的风险管理。但随着计算机技术,特别是因特网技术的发展,再加上世界经济一体化的突现以及国际竞争的日趋激烈,人们逐渐开始重视信息化建设的作用和风险,信息化建设的主管部门以及决策者们也在思考信息化建设中的管理、控制与优化问题,在此背景下,来自独立的第三方项目管理机制——信息系统工程监理应运而生。

由于信息系统在项目建设过程中引入第三方管理机制,从而对信息系统项目建设的质量起到很好的控制作用。但从可靠性理论可知,由于信息系统工程监理的介入,同时也增加了信息系统项目建设的环节,因此,在信息系统项目建设中也必然存在由于项目建设监理方所导致的风险。本节将对此进行专门分析。

4.3.1 信息系统工程监理基础

1. 信息系统工程监理概念

信息系统工程监理到目前为止还没有统一的概念,有的文献将信息系统工程监理描述为:在政府工商部门注册的并且具有信息系统工程监理资质的单位,受建设单位的委托,依据国家有关法律、法规、技术标准和信息系统工程监理合同,对信息系统工程项目实施的监督管理行为。也有的认为:信息系统工程监理是信息系统工程领域的一种社会治理结构,是独立第三方机构为信息系统工程提供的规划与组织、协调与沟通、控制与管理、监督与评价方面的服务,其目的是支持与保证信息系统工程的成功。无论是上述哪种定义,都说明了以下几点。

(1) 信息系统工程监理是信息系统工程领域的一种社会治理结构,蕴含了监理所具有的政府推动与支持方面的政策性,以及对信息系统项目建设所具有的制衡与监督作用。

(2) 信息系统工程监理是由独立的第三方机构所承担,为信息系统项目建设提供规划与组织、协调与沟通、控制与管理、监督与评价方面的服务,这是信息系统工程监理的角色与任务。

(3) 信息系统工程监理的目的是支持与保证信息系统项目建设的成功,这是信息系统工程监理的目标。

从事信息系统工程监理业务的人员被称为信息系统工程监理人员。信息系统工程监理资格证书是信息系统工程监理人员从业的必要条件。当前,信息系统工程监理资格证书主要有 3 种:高级监理工程师、监理工程师、监理员。

通常情况下,信息系统工程监理是对信息化建设中的新建、升级、改造工程,如软件工程、网络工程、综合布线系统工程、电子商务、企业信息化、智能建筑、智能交通、机房工程、电子政务、数字地球和"3S"技术、数字化工程(数字城市、数字医院、数字图书馆等)、电信工程、监控系统、多媒体系统、信息安全等,以及属于信息技术范畴的新建、升级、改造工程,受业主单位的委托,帮助业主单位进行质量管理。

2. 信息系统工程监理的范围

1) 信息产业部的规定

原国家信息产业部在 2002 年制定了《信息系统工程监理暂行规定》(信产部[2002] 570 号文),文件要求下列信息系统工程应当实施监理。

(1) 国家、省部级、地市级信息系统工程。

(2) 使用国家政策性银行或国有商业银行贷款的信息系统工程。

(3) 使用国家财政性资金的信息系统工程。

(4) 涉及国家安全、生产安全的信息系统工程。

(5) 国家法律、法规规定应当实施监理的其他信息系统工程。

2) 国务院信息办的要求

2002 年,国务院信息化办公室会同有关部门制定了《振兴软件产业行动纲要》(简称为《纲要》)。《纲要》中明确要求"国家重大信息化工程实行招标制、工程监理制"。国务院办公室国办发[2002]47 号文件指出:该《纲要》"已经国务院同意",要求"各省、自治区、直辖市人民政府,国务院各部委、各直属机构,结合实际情况认真贯彻执行"。

3. 信息系统工程监理的内容

信息系统监理的内容可以概括为"四控,三管,一协调",描述如下。

(1) 质量控制。质量控制是项目建设的核心,是决定整个信息系统工程建设成败的关键,质量控制是进度控制、投资控制和变更控制的基础和前提,质量控制要贯穿在项目建设从可行性研究、设计、建设准备、实施、竣工、启用到维护的全过程。主要包括组织设计方案评比,进行设计方案磋商及图纸审核,控制设计变更;在施工前通过审查承建单位资质等;在施工中通过多种控制手段检查监督标准、规范的贯彻;以及通过阶段验收和竣工验收把好质量关等。

(2) 进度控制。进度控制是保障信息系统工程项目按期完成的基本措施,进度控制是对工程项目的各建设阶段的工作程序和持续时间进行规划、实施、检查、调整等一系列活动的总称,进度控制首先要在建设前期通过周密分析研究确定合理的工期目标,并在实施前将工期要求纳入承包合同;在建设实施期审查、修改实施组织设计和进度计划,比较实际状态和计划之间的差异,并做出必要的调整,做好协调与监督,使分阶段目标工期逐步实现,最终保证项目建设总工期的实现。

(3) 投资控制。信息系统工程的投资控制主要是在批准的预算条件下确保项目保质按期完成,主要是在建设前期进行可行性研究,协助建设单位正确地进行投资估算;在设计阶段对设计方案、设计标准、总预算进行审查;在建设准备阶段协助建设单位确定标底和合同价;在实施阶段审核设计变更,核实已完成的工程量,进行工程进度款签证和索赔控制;在工程竣工阶段审核工程结算。

(4) 变更控制。由于信息系统采用的技术发展和更新速度较快,建设单位提出的需求根据时代的变化也在发生变化,承建单位根据建设单位的要求,适当调整技术方案,因此使信息系统工程在建设过程中变更频繁,监理对可能发生的变更要保持预控能力,对变更申请要快速响应,任何变更要得到三方确认,明确界定项目变更的目标,加强变更风险以及变更效果评估,及时公布变更信息,选择冲击性最小的方案,进行变更实施的监理。

(5) 合同管理。信息系统工程的建设过程实际上就是合同的执行过程,合同管理是进行投资控制、工期控制和质量控制的手段。合同管理的主要内容是拟定信息系统工程合同管理制度,协助建设单位拟定信息系统工程合同的各类条款,参与建设单位和承建单位的谈判活动,特别应注重知识产权的保护,及时分析合同的执行情况,并进行跟踪管理,协调建设单位与承建单位的有关索赔及合同纠纷事宜。

(6) 信息管理。在信息系统工程建设过程中,能及时、准确、完善地掌握与信息系统工程有关的大量信息,处理和管理好各类工程的建设信息,是信息系统工程项目管理的重要工作内容,监理单位进行信息管理的目的是促使承建单位通过有效的工程建设信息规划其组织管理活动,使参与建设各方能及时、准确地获得工程建设信息,以便为项目建设全过程或各个建设阶段提供决策所需要的可靠信息,同时也作为确定索赔的内容、金额和反索赔提供确凿的事实依据。信息是信息系统工程监理不可缺少的资源,是监理人员实施控制的基础,是进行项目决策的依据,是监理工程师协调建设单位和承建单位之间关系的纽带。

(7) 信息安全管理。信息安全涵盖了人工和自动信息处理的安全,是确保以电磁信号为主要形式的,在信息网络中进行通信、处理和使用的信息内容,在各个物理位置、逻辑区域、存储和传输介质中,处于动态或静态过程中的保密性、完整性和可用性,以及与人、网络、环境有关的技术安全、结构安全和管理安全等。监理在信息系统管理中的作用是,保证信息系统的安全在可用性、保密性、完整性与信息系统工程的可维护性技术环节上没有冲突,在成本控制的前提下,确保信息系统安全设计上没有漏洞,督促信息系统应用人员严格执行安全操作和管理,建立安全意识,监督承建单位按照技术标准和建设方案施工,检查承建单位是否存在设计过程中的非安全隐患行为。

(8) 协调。协调贯穿在整个信息系统工程从设计到实施再到验收的全过程,主要采用现场和会议等方式进行协调。

4.3.2 信息系统工程监理与建筑工程监理

1. 建筑工程监理

建筑工程监理是对土建工程建设项目监理的简称。建筑工程监理不同于一般性的监督管理,而是一项目标性很明确的具体行为,是一个以严密的制度为显著特征的综合管理行为。建筑工程监理主要是对土建工程项目参与人的行为加以约束(监督),对其行为和责、权、利进行协调(管理)。具体地说,是对土建工程项目建设中的项目设计、设备采购、工程施工、运行维护等活动(都是人的活动)进行监督和管理。

建筑工程监理的含义可用公式表达如下:

$$工程监理 = 业主授权 + 项目管理 + 专业知识 + 法律知识 \qquad (4\text{-}1)$$

式(4-1)中,建筑工程项目建设单位(业主)的委托和授权是第一位的,是必要条件。业主的委托和授权是指建设单位(业主)与监理机构双方通过签订监理服务合同来确定各自的权利和义务,即业主把对工程项目发挥约束作用的监督权和发挥协调作用的管理权交给了监理方,监理方有责任、有权力对工程实施过程中各个环节参与者的行为进行监督和管理,以保证工程项目按规定的质量、工期和投资达到规定的要求。

为了做好建筑工程项目监理工作,每一位监理人员都必须掌握项目管理、专业技术和法律知识,并在监理工作中加以充分运用,才能真正在工程实施过程中起到核心作用,确保工程项目的顺利进展。这些专业知识包括两方面,一是相关专业技术,二是土建工程项目本身所涉及的有关行业规范、技术标准等。法律知识指的是国家和地方相关的法律、法规,特别是土建工程建设中常用的一些法律法规。

2. 信息系统工程监理与建筑工程监理的比较

信息系统工程监理与建筑工程监理都是工程监理,因此,它们之间有共同点,但由于监理的对象不一,它们在具体工作中又表现出一定的差异性。

1) 信息系统工程监理和建筑工程监理的相同点

(1) 任务相同

工程监理都是对工程建设项目的目标进行有效地协调控制。具体来说,就是对经过科学的规划所确定的工程或项目的三控制(质量控制、进度控制和投资控制)、两管理(合同管理和信息管理)和一协调(全面组织协调)。

(2) 目的相同

工程监理都是"力求"实现工程建设项目目标。这是因为监理单位及其监理工程师并不能直接实现工程项目目标。在预定的投资、工期和质量目标内实现建设项目是参与工程建设项目各方的共同目标。

(3) 在监理过程中工作的依据总体相同

工程监理都是根据国家批准的工程项目建设文件、有关工程建设的法律、法规和建设工程监理合同,以及其他工程建设合同。

(4) 监理单位的人员素质要求大体相同

建设单位(业主)委托的不同种监理必须是掌握和从事本专业的技术人员。但不论是哪种工程监理单位都必须具有相应专业的人员,其资格、专业技能以及专业人员的配置和数量合理,具备组织管理能力、质量管理体系及其有效性、一定的注册资金,最后还要有以往做过同类工程项目监理的业绩。

2) 信息系统工程监理和建筑工程监理的不同点

(1) 监理单位的介入时间和结束时间不同

通俗地讲,建筑工程监理和信息系统工程监理二者之间有明确的分界线,即建筑工程监理负责土建施工,土建施工完毕后,由信息系统工程监理负责信息系统工程项目的建设工作。

建筑工程有时也需要前期的可行性论证,但这些传统建设项目的监理公司往往是在项目的施工设计完成后才介入监理工作的。因此,建筑工程项目往往是在对施工单位进行招标之后再进行工程监理公司的招标。而信息系统工程项目大多数是在项目一启动就需要监理机构的介入,并由该机构协助业主组织对施工、开发单位的招标工作。有时,在工程项目验收之后,业主还要求监理单位继续协助制定信息化设施的运行管理制度。因此,信息系统工程监理的范畴,远远超出了建筑工程监理的范畴,覆盖了信息工程项目从"可行性研究",甚至从立项开始到运行和验收的全过程。

（2）工程实施中的监理内容不同

在工程实施中,信息系统监理的内容包含 3 个部分的施工与开发的监理（即综合布线、网络系统集成及应用软件开发）,工程后期的监理内容主要为试运行及验收的监理。与建筑工程相比,信息系统工程多了"软件开发"这一部分的内容,它的监理也是信息系统工程监理的最大难点,它涉及对无形产品设计、开发过程的监理,这是传统建筑工程监理中绝对没有的,也是信息工程监理与传统建设工程监理最本质的区别。

（3）归口管理部门不同

目前,建设部承担建筑物综合布线工程的管理职责,颁布了设计与施工单位资格认定办法并由各省政府的建设厅亲自进行操作。这种状况也是必然的,因为信息工程与土木建筑工程在综合布线的领域上重合,其归口管理部门自然而然从土木建筑的管理部门延伸过来。但是除了综合布线之外,信息工程与土木建筑工程不重合的地方太多了,信息工程咨询监理业究竟是由建设管理部门还是由信息化管理部门归口管理应当慎重选择。深圳市信息化在全国处于领先地位,该市的信息工程咨询监理业就是归口由信息化领导小组及其办事机构管理的,其经验可供各地借鉴。

（4）在工程项目方面的区别

尽管建筑工程监理和信息系统工程监理的对象都是工程项目,但两者在工程项目方面的监理还是有区别的,具体表现在以下几个方面。

① 技术含量上。建筑工程监理属于劳动密集型;而信息系统工程监理则属于技术密集型。

② 可视性方面。建筑工程项目的可视性、可检查性强;而信息系统工程项目的可视性差,而且在度量和检查方面难度比较大。

③ 设计的独立性方面。建筑工程的设计往往由专门的设计单位来承担,施工单位则根据设计单位提供的设计图纸和说明书进行施工,而信息系统工程的设计和实施通常是由同一个系统集成单位来完成。

④ 变更性。建筑工程一旦施工开始,则业主单位一般不会再对该建筑的功能需求、设计要求等提出变更,施工单位只需要严格根据设计单位提供的设计图纸和说明书进行施工一直到完成;而信息系统工程则不然,承建单位在工程项目的实施过程中,由于这样或那样的原因,不断进行变更。

⑤ 投资规模。建筑工程项目与信息系统工程项目的投资规模不在同一个数量级上,通常情况下,信息系统工程项目的投资规模与建筑工程项目的投资规模相比要小很多。

4.3.3　信息系统工程监理产生的风险

信息化工程监理是现代项目管理的一种重要表现形式。实行项目监理制有助于项目风险控制,但由于监理人员的参与,使得信息系统项目建设的风险增加了许多可变因素,这些可变因素也将对信息系统项目的建设带来不可忽视的影响。

从信息系统项目建设的过程看,没有引入信息系统工程监理前,一个典型的信息系统项目表现为三元结构,如图4.3所示。通常,项目投资者(业主单位)委托政府采购部门发布招标信息,并组织招标;确定中标单位(项目承建者)后,在政府采购部门监督下完成合同签订;项目投资者(业主单位)直接负责对信息系统项目建设的质量控制。

由于信息系统工程监理的引入,信息系统工程监理成了信息化项目建设的主要参与主体之一,从而使信息化建设由原来没有监理参与的三元结构变成有监理参与的四元结构,如图4.4所示。

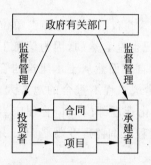

图4.3　没有监理参与时业主和承建方的关系

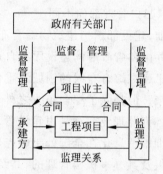

图4.4　有监理参与时业主和承建方的关系

在图4.4中,信息系统工程监理的工作范围由项目投资者(业主单位)与监理单位协商而定,一般情况下,项目投资者(业主单位)至少应该让监理单位在项目合同签订后介入到项目中来。如图4.4所示,由于信息系统项目建设环节的增多,在信息系统项目建设中除了本章前面部分所介绍的风险以外,必然导致新的不确定因素,从而对信息系统项目产生新的风险。这些风险归纳起来,主要来源于4个方面:项目投资者(业主单位)与监理方、承建方与监理方、监理方自身以及外部环境变化所导致的风险,如图4.5所示。

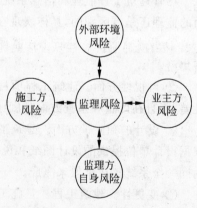

图4.5　由于引入信息系统工程监理所产生的项目风险

(1)来自项目投资者(业主单位)与监理方之间常见的风险有:不履约风险;建设方(业主)对监理工作进行盲目干预或不配合所带来的项目建设进度延迟、成本高出预算风险等;由于信息不对称使监理帮助建设方(业主)制定工期目标不合理所带来的风险等。

（2）来自承建方与监理方之间常见的风险有：施工方不服从监理方工作人员的管理、不配合监理人员工作使施工进度缓慢所造成的风险；施工方人员素质太差，弄虚作假，对工程质量极不负责等对监理工程师带来的责任风险等。

（3）来自监理方自身常见的风险有：对信息系统工程而言，由于涉及的学科太多，要求监理方具有多方面的专门技术人才，如果监理方不具备这个条件，由此则可能对项目投资者（业主单位）的信息系统项目建设造成相应的技术风险；现场监理方工作人员的行为不当、责任心不强等，对信息系统项目建设所带来的质量控制不到位等风险；由于监理方单位内部管理不善所带来的责任风险等。

（4）来自外部环境变化所导致的风险有：监理法律法规的制定方面不够完善和规范；监理依据的信息技术标准严重滞后于信息技术的发展；信息系统工程监理行业的取费偏低，使监理工程师存在后顾之忧，严重制约了监理公司的正常发展。这些宏观层面的因素，都会对项目投资者（业主单位）的信息系统项目建设造成直接或间接的风险。

4.4 项目建设中的风险管理

4.4.1 项目管理与项目风险管理

1. 项目管理

项目管理是第二次世界大战后期发展起来的重大管理技术之一，最早起源于美国。在 20 世纪 50 年代，由华罗庚教授引进国内。经过多年的发展，项目管理已是"管理科学与工程"学科的一个分支，成为介于自然科学和社会科学之间的一门边缘学科。

项目管理是基于被接受的管理原则的一套技术或方法，这些技术或方法用于计划、评估、控制项目的各阶段活动，以按时、依据规范在既定的预算范围内达到既定的效果。

从管理学角度看，项目管理是以建设工程项目为管理对象，以项目经理负责制和成本核算制为基础，以管理层和作业层相分离为特征，按照工程项目的内在规律，进行有效的组织、协调、控制的一种施工管理制度。

1）项目管理的属性
项目管理具有以下属性。
（1）一次性
一次性是项目与其他重复性运行或操作工作最大的区别。项目有明确的起点和终点，没有可以完全照搬的先例，也不会有完全相同的复制。项目的其他属性也是从这一主要的特征衍生出来的。

（2）独特性
每个项目都是独特的。或者其提供的产品或服务有自身的特点；或者其提供的产品或服务与其他项目类似，然而其时间和地点，内部和外部的环境，自然和社会条件有别于其他项目,因此项目的过程总是独一无二的。

(3) 目标的确定性

项目必须有确定的目标,包括:①时间性目标,如在规定的时段内或规定的时点之前完成;②成果性目标,如提供某种规定的产品或服务;③约束性目标,如不超过规定的资源限制;④其他需满足的要求,包括必须满足的要求和尽量满足的要求。

目标的确定性允许有一个变动的幅度,也就是在一定范围内对目标进行修改。不过一旦项目目标发生实质性变化,它就不再是原来的项目了,而将产生一个新的项目。

(4) 活动的整体性

项目中的一切活动都是相关联的,这些相互联系的活动构成一个整体。多余的活动是不必要的,但是,缺少某些活动必将损害项目目标的实现。

(5) 组织的临时性和开放性

项目的组织机构在项目的全过程中,其人数、成员、职责等是在不断变化的。某些项目组的成员是借调来的,项目终结时项目组要解散。参与项目的组织往往有多个甚至几十个或更多。他们通过协议或合同以及其他的利益关系组织到一起,在项目的不同时段不同程度地介入项目活动。可以说,项目组织没有严格的边界,是临时性的、开放性的。这一点与一般企、事业单位和政府机构组织很不一样。

(6) 成果的不可挽回性

项目的一次性属性决定了项目不同于其他事情可以试做,做坏了可以重来;也不同于生产批量产品,合格率达 99.99% 是很好的了。项目在一定条件下启动,一旦失败就永远失去了重新进行原项目的机会。项目相对于运作有较大的不确定性和风险。

2) 项目管理的重要性

项目管理在工程项目中的重要性不言而喻,在信息系统的项目建设中其重要性尤为突出,主要原因有以下几个。

(1) 信息系统项目往往事关国家的经济,小到决定某单位的兴衰成败。

(2) 信息系统项目往往在没有完全搞清楚需求的情况下就付诸实施,并经常在实施过程中进行修改。

(3) 由于这样或那样的原因,信息系统项目往往不能按照预定的进度执行。

(4) 信息系统项目的投资往往超过预算。

(5) 信息系统项目的实施过程往往可视性差。

(6) 由于人的意识单薄,信息系统的项目管理往往不被重视。

上述的这些特性,决定了项目管理在信息系统项目实施中的重要性和迫切性。

2. 项目风险管理

项目风险管理是指在项目建设过程中,通过风险识别、风险估计和风险评价去认识项目的风险,并以此为基础,通过合理地使用各种风险应对措施、管理方法、技术和手段对项目的风险实行有效的控制,妥善处理风险事件造成的不利后果,以最少的成本保证项目总体目标实现的管理工作。

项目风险管理是项目管理的一个部分,如图 4.6 所示。项目管理风险就是在项目管理活动或事件中消极后果发生的潜在可能性。每一个工程项目都必然伴随着一定的风险,不仅工程风险包括在整个建设工程项目施工的全过程中,自然灾害和各种意外事故的发生而造成的人身伤亡和财产损失的不确定性,以及技术性、管理性问题引起的经济损失的不确定性也包括在内。只有通过对项目风险的识别,将其定量化,进行分析和评价,选择风险管理措施,以避免大风险发生,或在风险发生后,使得损失量降到最低程度,从而实现项目的总体目标。因此,风险管理是项目管理不可缺少的一个部分。

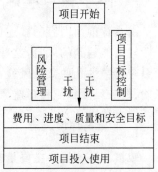

图 4.6　项目管理与项目风险
管理关系图

3. 项目风险管理的特点

1) 项目风险具有特殊性

项目风险管理尽管有一些通用的方法,如概率分析方法、模拟方法、专家咨询法等,但要研究具体项目的风险,则必须与该项目的特点相联系,例如:

(1) 该项目复杂性、系统性、规模、新颖性、工艺的成熟程度。

(2) 项目的类型,项目所在的领域。不同领域的项目有不同的风险,有不同风险的规律性、行业性特点。例如计算机开发项目与建筑工程项目就有截然不同的风险。

(3) 项目所处的地域,如国度、环境条件。

2) 要全面有效地进行工程项目风险管理必须充分了解情况

要对项目系统以及系统的环境有十分深入的了解,并要进行预测,所以不熟悉情况是不可能进行有效的风险管理的。

3) 风险管理很大程度依赖于管理者的经验

虽然人们通过全面风险管理,在很大程度上将过去凭直觉、凭经验的管理上升到理性的全过程的管理,但风险管理在很大程度上仍依赖于管理者的经验及管理者过去的经历,对环境的了解程度和对项目本身的熟悉程度。在整个风险管理过程中,人的因素影响很大,如人的认识程度、人的精神、创造力。所以,风险管理中要注意专家经验和教训的调查分析,这不仅包括他们对风险范围、规律的认识,而且包括对风险的处理方法、工作程序和思维方式,并在此基础上进行系统化、信息化、知识化,用于对新项目的决策支持。

4) 风险管理在项目管理中是一种高层次的综合性管理工作

风险管理涉及企业管理和项目管理的各个阶段和各个方面,涉及项目管理的各个子系统,所以它必须与合同管理、成本管理、工期管理、质量管理等连成一体,形成一种综合性的管理方式。

5) 风险因素不可能被全面消除

风险管理的目的,并不是也不可能消除风险。在工程项目中大多数风险是不可能由项目管理者消灭或排除的,而是在于有准备地、理性地进行项目实施,以减少风险的损失。

4.4.2　项目建设中常见的风险源

由本章前面内容的叙述可知,信息系统项目风险是指信息系统项目在建设过程中各个阶段可能遇到的风险,这些风险源可以被分为许多种类。本节将探讨存在于信息系统项目建设中的几种常见风险:政策与环境风险、管理风险、项目进度风险、成本风险、技术风险、财务风险和流程再造风险等。

1. 政策与环境风险

政策与环境风险主要是来自外界的,诸如国家政策、法规、自然环境、经济水平等给项目带来的风险,这一类风险源是客观存在的、不可控的,而且一旦风险发生,所造成的损失将是巨大的,有时甚至会导致整个项目的终止。对信息系统项目建设而言,受自然环境影响相对要少些,主要是来自国家政策、法规、技术标准更改的风险。

2. 管理风险

管理风险主要来源于项目,项目管理过程中出现的风险,如管理层决策失误、战略调整、工作制度、管理水平等管理方面的因素。具体说来,它包括:①高层战略风险,如指导方针、战略思想有误等;②环境调查预测,如对环境调查不正确、不全面等;③决策风险,如错误的投标决策、投资决策等;④项目规划计划,如管理规划和计划考虑不周等;⑤实施控制,如实施控制不力等;⑥项目管理人员以及项目参与人员的变更,所造成的项目衔接不上的情况等。

在信息系统项目建设中,还有一种风险,即由于人员协调不畅而导致的管理风险需要引起关注。人员协调风险是指信息系统项目建设中由于项目参与人的消极、不合作或重视不够等因素所造成的风险。其表现形式有:单位员工对信息系统项目建设的认识不足;麻木不仁,不能贡献自己所拥有的对解决问题的知识,不配合承建方技术开发人员的工作等。对项目承建方而言,不主动与用户单位搞好人际关系;一味以经济利益为重,工作墨守成规,不能有效地组织用户单位进行多次的反馈交流等。

3. 项目进度风险

进度风险是项目完成的时间延误所造成的风险,这种时间上的延误往往还伴随成本的增加。这种风险在信息系统项目建设中极为普遍。影响进度风险的因素主要有:承建方技术人员的熟练程度、突发事件、工作能力和效率、项目计划的调整;项目投资方(业主)与监理单位、承建方之间的扯皮、矛盾等。

4. 成本风险

成本风险是指超出项目预算的风险,这类风险受多种因素制约,如预算不科学、调研不充分、项目建设过程中频繁变更设计等。

5. 技术风险

技术风险是指由于技术方面的原因所造成的风险,具体说来,它是指在项目全生命过程中由于技术上的不足或缺陷等给项目所带来的危害或危险,表现为成本的增加或进度的拖延。信息技术风险可能来源于物理设施、设备、程序、操作流程、管理制度、人为因素等多个方面。

6. 财务风险

财务风险是指项目在实施过程中的资金融通、资金调度、资金周转、利息等不确定性因素,而影响项目预期收益的可能性。

7. 流程再造风险

流程再造风险是指由于信息系统项目建设使原有的组织结构、运作模式及业务行为方式等随之发生变革所带来的风险。

由于一个新的信息系统项目的建设,必将打破单位原来的业务运作模式,这势必导致原有组织结构的变化,对业务流程进行重新设计。单位如果不能很快建立与此相适应的、新的有效机制,必然对业务运行产生重大的负面影响。其次,新的信息系统项目的建设会使单位部分员工的工作角色发生变化,这种角色的改变一旦牵涉到员工自身的职权和切身利益时,就容易产生抵触情绪。第三,新的信息系统项目的建设其结果可能迫使单位的部分或全体员工改变过去长期养成的工作习惯,从而产生不满情绪,会给单位的业务运作带来新的风险。

4.4.3 项目建设中的关键风险点

信息化建设包含有大量的信息网络系统、资源系统以及与这些系统相关的新建、升级、改造工程等内容,涵盖了计算机工程、网络工程、通信工程、"一卡通"工程、结构化布线工程、软件工程、系统集成以及其他校园信息化建设的诸多领域,具有投资大、专业性强、涉及面广、建设周期长等特点。在这样复杂的背景与环境下,对风险的把握不准或麻木无知,将对单位或组织产生重大的负面影响甚至灭顶之灾。

对任何单位或组织而言,内部控制的核心是对所属单位和人员的行为进行制约和规范,对所拥有的资金和财产进行维护和有效利用,以规避或降低可能出现的各种风险。信息系统项目建设中的关键风险点对所有行业的信息化建设而言有其共性的一面,下面以高校信息化项目建设为例,以项目生命周期为线索,从项目的立项、资金的调配环节、招投标、项目的实施与管理以及项目的竣工验收等环节,分析信息系统项目建设中的关键风险点。

1. 项目立项阶段

信息系统项目的立项是信息化建设的起点。立项阶段所形成的诸多报告是项目决策和进行初步设计的重要依据,关系到单位对所拥有的资金和财产能否进行有效利用以及对项目的投资控制等方面起着重要的参考作用。在这个环节中往往存在如下风险,如工作人员不能切实结合本单位的财力、物力状况,不按要求对即将立项的项目在符合相关规定的基础上进行充分论证,进而编制科学合理的投资估算;不深入一线主动去对项目需求、是否已有功能相似的资源以及已有的资源能否合理共享等进行了解,工作中缺乏积极参与的意识和热情,存在一种被动坐等的思想,一味地抱着"用户怎么提要求我就怎么办"的老思路;对项目所涉及的技术与设备,不进行仔细的信息搜寻、整理,不了解技术的成熟性与可靠性,一味追求"大而全";对需采购的设备,不调研设备的型号、规格、基本配置、历史价格、当前的市场价格等相关信息,从而导致信息完整性的缺失;此外,在立项阶段最容易被忽视也是当前普遍存在的现象,就是不评估项目建设后的使用绩效,更不考虑建立项目绩效考核的问责制等。上述种种将导致高校信息化建设中"高配低用"、"路宽车少"、重复投资以及项目实施的绩效不高等令人痛心的现象,从而毫无意义地浪费大量有限的资金。

2. 资金的调配环节

资金融通、调度、周转等是信息化建设预期目标实现的基本保障。近几年来,随着高校招生规模的扩大,许多高校进行了新校区建设而占用了银行大量的资金,部分高校已或多或少都出现了资金周转困难等情况。在这个背景下搞信息化建设,需要充分考虑财务风险,还需考虑由于财务状况差所导致的法律风险等。

对高校信息资源整合而言,财务风险的另一个重要表现形式是成本风险,即超出项目预算的风险,这在信息系统项目中经常出现。影响成本风险的因素主要有:有关职能部门的工作人员责任心不强,预算论证不充分;项目前期调研不充分,致使项目实施过程中出现的大量变更;项目承建方一味从自身利益出发,经常变更设计或软硬件设备等。

3. 招投标环节

招投标环节是一项严肃的法律活动,也是高校信息化过程中体现规范性的重要组成部分。在这个环节的风险点主要表现为参与人的行为和活动,对这个环节的控制不力将直接导致商业贿赂和腐败行为的发生。在此环节,要防止出现如有的将应该公开招标的项目变为邀请招标,将应当邀请招标的变直接发包;有的不依法公开发布招标信息,采取控制投标人资质等"量体裁衣"的手法设置限制性条件,影响潜在的投标人;有的工作人员为了自己的私利,有意拖延项目的前期准备时间,在招标时以领导要求紧、时间来不及为由,来达到逃避公开招标的目的;有的甚至钻法律法规的空子,将完全可以整包的项目通过分包、拆包的方式,照顾方方面面的关系,以谋取个人或小团体利益的目的等现象。在制定招标文件环节,防止由于工作人员的业务不精或责任心不强,对工程项目的实施范围、商务要求、评标办法特别是评分标准以及合同的主要条款等信息的不完整、准确,这将为招标工作的顺利实施,中标方在后续施工过程中工程量的变更、售后服务的范围和质量等埋下隐患;在评标文件环节,要防止校方人员将自己的意见强加或影响参与评标的专家成员等。所有这一切都与高校内部控制的"合规性"精神相违背的。

4．项目实施与管理环节

项目的实施环节直接反映信息化建设工程的内在结构和质量,这个环节的风险点主要体现在对工程项目的监督与管理方面,如对项目管理人员的任用风险。因为项目管理人员的管理和创新能力,直接影响和决定着工程的质量、安全等,如果项目管理人员缺乏基本的业务和管理素质,就难以对施工中出现的偷工减料、设备的以次充好等问题及时发现和纠正,造成学校财产的损失、浪费,甚至出现腐败;再如,对项目施工的管理风险。由于信息化建设项目的技术难度大、专业分工多,要求项目管理人员在管理上统筹兼顾,对项目实施中的工程量、设备增补等变更严格把关。正常的变更应由监理工程师、业主使用方、建设方工程师按现场的实际需要进行变更签字认可,如果项目管理人员在此环节监督不力,大笔一挥,就可能多出几万、几十万,甚至几百上千万元。由此可见,项目的实施与管理环节是高校信息化建设的一个重要风险点,在学校对所拥有的资金和财产能否进行有效维护和利用方面起决定性的因素。

5．项目的竣工验收环节

项目建设竣工验收是指由建设单位组织勘察设计单位、施工单位、工程监理单位和建设行政主管部门等单位组成项目验收组,以项目批准的设计任务书和设计文件,以及国家或部门颁发的施工验收规范和质量检验标准为依据,按照一定的程序和手续,在项目建成并试生产合格后(工业生产性项目),对工程项目的总体进行检验和认证、综合评价和鉴定的活动。在项目的竣工验收环节可能存在的风险点,如工程决算没有经过严格的审批程序;工程项目的成本失控,可能造成单位的经营管理效益低下;固定资产转移的原始依据不完整、不充分、不合规;工程项目的确认、计量和报告等,不符合国家会计准则制度的规定要求;工程项目会计处理和相关信息不合法、真实、完整,可能导致企业资产账实不符或资产损失等方面的风险等。

4.4.4　项目建设风险管理的内容

项目建设风险管理的内容涉及风险管理的规划、风险管理的组织、风险识别、风险度量、风险评价、风险应对方案决策、风险控制、风险监测和风险管理报告等几个方面。

1．风险管理的规划

风险管理的规划是项目风险管理过程的第一个阶段,其目的是在项目整个生命周期内启动和计划一个项目的完整风险管理活动。

风险管理规划过程的活动包括以下几个。

(1) 了解用户项目主要特征方面的信息。

这些信息包括项目的一般环境;投资人或有利益关系的合作方;用户的动机,概念设计;项目计划,项目分解结构,可以利用的人、财、物等资源;进度、估计的工期和成本、目标的优先顺序;其他与当前项目有关的资料。

（2）获取用户对风险管理需求方面的基本信息。

通过与参与项目管理过程的投资方及有利益关系的各方用户面谈，掌握他们希望获得的利益情况，以及项目过程中的其他动机、期望的项目范围，可以利用的时间范围（至少包括计划和评估阶段），分配的项目预算，以及过程目标的优先顺序。

（3）根据掌握的信息定义风险管理的组织及成员。如果项目进展顺利，只需要一个很小的团队去实施项目风险管理，此时可以任命一名风险经理来管理这个团队。

（4）整理和总结现有的项目信息，收集与项目基础假设、关键参数有关的资料，如项目收入、运行成本、投入市场的时间等，根据风险管理团队的能力，进行对比分析，提出项目可能发生的变化，形成正式的项目文档，必要时收集一些附加的信息，如类似的内部或外部项目的历史信息等，供决策作用。

（5）对照项目目标，比较收集的信息与目标的一致性，决定项目是进展顺利还是需要进一步的严密考虑，建立一种保证项目成功的监控和测量方法。

（6）分析风险管理过程的可行性，在项目计划阶段，用类似的方式编制风险管理计划。

风险管理过程的可行性分析要负责重新审查投资人及相关利益方的信息及其希望从风险管理过程获得的利益；整理和汇总投资人的风险承受力、组织的风险管理政策以及现有的风险管理程序方面的信息；分析项目固有的内在和外在风险，确定哪些风险可以在项目范围内部处理，哪些需要由外部来处理；定义不同过程的目标（采用的方法和技术以及必要的资源，剩余过程的工期、成本，目标优先顺序）；利用成本/利润分析决定是否有必要进行重新评估，风险管理过程是放弃还是继续。

（7）建立和形成项目风险管理过程计划文档。

检查任务定义以及与项目任务如何关联；定义人员及责任、可以接受的风险阈值；详细定义风险管理过程的范围，这决定于该领域的先决条件（如可以得到和利用的软件），范围不仅包括技术和工具，而且包括准则及其他使用这些技术和工具所要求的必要的数据，也包括风险分类的方式及可以接受的风险阈值或风险评分方法的定义，以及其他文档，估计成本；定义过程的工作进度，并与项目进度整合；获得正式的风险过程结果（风险登记表和其他文档），决定这些结果应该通知哪些人员和组织以及沟通的方式。

2. 风险管理的组织

评估风险管理过程的可行性及建立风险管理过程计划之后，下一个阶段就是建立风险管理的组织。建立风险管理组织的目的是处理风险管理过程后续阶段的任务，其活动包括以下几个。

（1）识别风险管理过程中的关键角色。

包括风险管理过程的组织者，以及为风险管理过程提供信息的其他人员（设计师，使用者，维修人员等）。

（2）明确风险管理过程的岗位和责任。

可以把风险管理计划的活动分配给适当的项目职能部门，或者专设风险管理部门来管理活动,有时也需要请外部的风险管理咨询专家来协助管理风险,无论如何,项目经理应该是风险管理活动的直接负责人,风险管理的最终决策权属于项目经理。

(3)与风险管理规划阶段的结果协调,确保前后一致,识别必要的外部资源,挑选和建立有关团队,签订外部资源的购买合同,设计岗位和责任。

(4)了解和决定已建立团队成员的培训及知识整合的需求等。

常用的风险管理组织形式为矩阵式的结构,如图4.7所示。

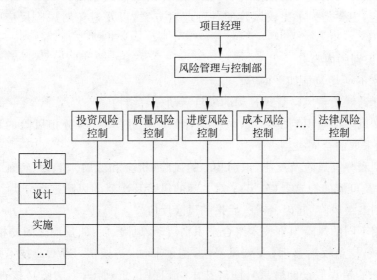

图 4.7　风险管理的矩阵式组织结构

矩阵式组织结构的优点是:工程项目风险管理部门单独对项目经理负责,按照风险管理的活动内容与项目管理组织的其他职能部门共同组建专门的风险控制小组,风险控制小组的成员受风险管理部门领导和各职能部门的双重领导,便于信息的沟通和各职能部门之间的协调和集合各专业职能部门的优势,同时可以削减风险管理人员的成本支出,节省项目管理费用。

该结构自身存在的缺点为:风险控制小组人员身兼两职,容易顾此失彼,不易发现和控制项目中的风险事件,因此需要一个经验丰富的项目风险经理来领导和指挥各控制小组的活动,此外,工程项目风险管理部门实质上是一个联合组建的临时性组织,对成员的控制能力较弱,对上也仅限于给决策层提供咨询意见,易陷入有名无实,无职无权的尴尬境地。

风险管理组织结构形式的选择,决定于项目的复杂程度、项目经理的知识和能力、项目管理组的专业和知识结构。对于简单的项目可以由项目经理负责组建矩阵式的项目风险管理组织,而对于复杂的项目则需要建立其他的风险管理组织结构。

3. 风险识别

项目风险识别是风险管理过程中的一个重要的环节,其目的是通过采取某种方式或几种方式,尽可能全面地辨识出影响项目目标实现的风险,并对风险进行分类。

风险识别不仅要识别风险(机会和威胁),而且还包括增加和利用机会应对威胁的潜在反应。只有将所有的风险因素和风险反应全部识别出来,人们才能对风险有一个全面的把握,如果风险识别比较全面,有时即使不用定量分析,也可以使项目管理者或决策者做出正确的应对措施,减少项目的不确定性。相反,如果很重要的风险因素没有识别出来,即使使用非常复杂精确的数学分析,也只能得出虚假的结论。风险识别之所以包括识别风险反应,主要是为了比较风险的各种应对方案,以及避免对风险反应引起的二级风险的忽略。

1) 风险识别的内容

风险识别的活动包括如下内容。

(1) 建立针对项目风险管理过程的项目活动分解结构。

(2) 定义风险反应识别的环境,包括现存的风险分担政策,分担风险的利益方的识别,以及可能采取的合同类型。

(3) 识别和分类风险及反应,识别基本的风险(机会和威胁)、起因、特征、后果、预警信号(征兆),及可能的拥有者(分担);对关键的风险及次要的风险进行分类。

(4) 识别二级风险、起因、特征、后果和风险反应。

(5) 使用不同的风险识别技术组合来识别活动、风险、后果、反应之间的相互关系,如项目文档审核,信息收集整理(头脑风暴法,德尔菲法,访谈法,SWOT 技术),假设分析(假设的稳定性,错误假设的后果),图解技术(流程图、鱼刺图、影响图),核查表,工作分解结构等技术。

(6) 审查项目目标的优先顺序及转换准则,项目设计以及项目计划的逻辑关系以利于风险识别。

(7) 分析项目可行性研究及计划阶段的假设条件,修正当前项目在计划中的位置,对比项目目标和计划中的目标。

(8) 与风险管理团队之外的利益方一起重复之前结果的对比分析,识别没有预见到的及隐藏的风险(可以采用访谈法、德尔菲法、头脑风暴法、小组座谈会法)。

(9) 对识别阶段使用及形成的信息可靠性进行分析。

(10) 经过初步的风险和反应的排序分析之后,建立工作记录,形成风险登记表和后续阶段可以使用的文档。

2) 风险识别的步骤

风险识别的步骤如图 4.8 所示。

风险识别过程将确认哪些风险影响到项目并且记录这些风险的特征。参与风险识别的人员应包括:项目经理、项目团队成员、风险管理团队(如果有)、风险管理领域的专家、客户、最终用户等。在风险管理过程中,鼓励所有的项目成员来进行风险识别。

风险识别是一个重复的过程,这是因为新的风险会在项目进行过程中出现。重复的频率以及人员的参与程度是根据不同的项目规模来确定的。风险识别的过程将影响后续的风险定性分析和定量分析。

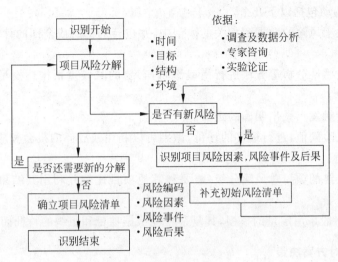

图 4.8　风险识别的步骤

4．风险度量

在识别工程项目面临的各种风险之后，需要建立各种结构模型，来对各种风险进行度量，其目的是对风险源引起的事件（事故）发生的后果和严重性进行度量，对发生的频率和次数进行度量，以确定各种风险的相对重要程度及概率分布。

风险度量的活动包括以下几个。

（1）对识别的风险问题进行总结，澄清本阶段的目标和约束。

（2）确定解决风险问题需要采取的模型，哪些风险可以由模型来处理，哪些风险需要建立另外的模型，模型的结构可以很简单，如仅仅设计一张表格，也可以是非常复杂，具有很多功能的模型，如系统动力学模型，过程模拟模型等，对于信息足够充分的项目，可以使用标准模型（蒙特卡罗模拟、控制区间记忆模型、PERT 模型等），特殊的项目还需要建立专门的模型来进行风险分析。

（3）澄清项目活动之间的关系，活动与基本风险，基本风险与反应，基本反应与二级风险，二级风险与反应，反应与其后果之间的关系，以及风险之间、反应之间的关系。

（4）获得满意的模型定义之后，请风险管理团队之外的有关利益方一起对模型进行反复对比分析，找出其中的不足以利于改进。

（5）运用历史资料统计法或者逻辑推理及定性分析的方法来确定度量风险的概率分布。

5．风险评价

风险评价是所有风险管理过程中都应有的阶段，只不过表现形式不同而已，有的出现在风险分析阶段，有的包括在风险应对和控制中，其目的是将上一阶段风险估计的结果引入到先前定义的模型中，来对项目的风险进行综合和评价，从而有助于业主对决策和判断的评估。

风险评价活动包括以下几个。

（1）输入关于风险的数据到相关的模型中，并进行局部的或全部的计算，输出风险评价结果。

（2）利用敏感性分析等方法进行模型诊断，必要的时候重新构造模型，修改计划，或调整先前的估计。

（3）对风险触发点做出明确的定义。

（4）定义风险阈值，进行最终的评价，识别可以利用或放弃的机会和应该进行应对或可以接受的威胁。

（5）得出最终的项目总风险分级（需要和其他项目比较并利用其结果来辅助项目选择时）。

风险评价一般采用定量的模型，其复杂程度依据项目和组织的特征而定。

6. 风险应对方案决策

风险应对方案决策的目的是对风险应对措施的比较和选择，以确定最优的风险应对策略或组合。风险应对措施方案一般包括风险控制、风险自留及风险转移。风险应对方案的选择主要考虑决策者对待风险的态度、工程项目有关利益方对待风险的态度，以及最大损益准则、最大可能准则和期望值准则，与此对应风险应对方案决策的方法有多目标决策方法，效用函数法，期望值法等。

风险应对方案决策的活动包括以下几个。

（1）明确所要决策的问题。这些问题包括：项目的决策人是谁，可供选择的方案有哪些，项目决策准则是否明确，采用什么决策方法等。

（2）明确各种风险应对方案适用的前提条件。如回避风险意味着采取别的高成本的技术方案，应急措施意味着更大的实际风险开支，风险自留的前提是风险评价表明该风险发生的概率非常小，或风险发生造成的损失较小，在业主的项目承受力范围之内。

（3）进行后果分析。分析各种应对措施方案实施后所付出的代价或带来的收益，或者两者都加以分析，注意度量指标的一致性。

（4）结合风险评价阶段的结论，尽可能考虑风险应对方案的不确定性，比较各方案的可靠性，以方便决策者根据偏好做出决策。

（5）对各种应对方案，按照决策准则进行综合评价，推荐备选方案。

7. 风险控制

项目风险控制是风险管理的一个重要环节，其目的就是在风险监测的基础上，实施风险管理规划和风险应对计划，并在项目情况发生变化的情况下，重新修正风险管理规划或风险应对措施。该项工作与风险监测在制定风险计划后几乎同步进行，并贯穿整个项目过程，最后随项目的结束而结束，两者是相辅相成，前后交替进行的，风险监测给风险控制提供实施风险应对措施的时间，风险控制则给风险监测提供监视内容。

项目风险控制的主要活动包括以下几个。

（1）按照风险管理计划和风险应对计划，在风险事件发生后实施风险应对措施。

（2）在风险的严重程度超出预期水平或者出现新的关键风险事件时,制定措施进行应对、实施修正后的风险应对措施。

（3）对关键风险集合进行更新。包括原来一般风险是否变成关键风险,原来没有识别出来或新出现的风险是否构成关键风险,原来的关键风险是否不再是关键风险,具体可以通过分析风险因素和风险事件的变化及发展趋势而得到。

（4）对监测过程中识别的残余风险和以前未识别的新风险进行评价和制定应对措施并实施风险控制。

8. 风险监测

风险监测就是在实施风险应对措施的过程中对风险和风险因素的发展变化的观察和把握,其目的是跟踪已识别的风险,监视残余风险和识别新的风险,并在实施风险应对计划后评估风险应对措施对减轻风险的效果。

风险监测主要依据风险管理计划、风险应对计划、附加的风险识别和分析及项目变更,采用的方法和工具包括项目风险应对审计核对表、项目风险定期审核、净值分析、技术绩效测量、附加风险应对计划和独立风险分析（风险管理咨询机构分析）等,得出应变措施、纠正措施、项目变更申请、风险应对计划更新、风险数据库、风险登记表更新等成果。

风险监测的活动包括以下几个。

（1）对项目整体目标的实现可能性及应对措施进行分析。

（2）定期检查分析风险应对措施是否达到预期效果,是否需要选择新的风险应对措施。

（3）监视关键风险。通过控制图等方式,对每一个关键风险制定风险指标定期检查和评价,确定风险状态。

（4）检查项目计划的假设是否依然成立,项目计划阶段的政策或程序是否得到了遵循。

（5）检查风险预警信号是否出现,不管风险是否在预料之中。

（6）组建应急小组,对产生的危机进行分析,选择事先计划好的正确方案。

（7）检查是否出现了新的风险因素及事件,并预测其发展的趋势。

（8）对风险登记表进行更新。

（9）根据本阶段获得的信息和经验,确定应返回到之前的哪一个阶段。

9. 风险管理报告

项目风险管理报告是对项目风险管理实施活动的总结、项目资料的完善和项目风险管理策略有效性的评估。通过风险管理报告的经验总结,改善未来的项目管理活动,增加公司的项目管理知识体系。一份完整的风险管理报告体现了项目组织的管理能力、对成本、质量及变更的控制能力、对风险的应变和处理能力,不管项目是否获得成功,本阶段的任务都要实施。

项目风险管理报告阶段的活动包括以下几个。

（1）定义本阶段的范围和计划。

（2）汇集与本项目风险管理活动有关的最终剩余数据；增加风险登记表中正在实施的栏目内容。

（3）处理和分析最终的数据；包括项目目标实现情况与期望的和实际风险情况的对比。

（4）依据风险管理过程实施情况的分析和估计，对项目团队做出评价，对公司或企业的资料进行相应的更新。

（5）形成正式的风险管理报告，作为项目正式报告的一部分。

4.4.5　项目建设风险管理的流程

风险管理是一项综合性的管理工作，它是根据项目建设风险环境和设定的目标，对项目风险因素分析和评估，然后进行决策的过程，包括项目的风险识别，项目风险估计，项目风险评价和项目风险控制等活动。最后出具风险管理总结报告。项目建设风险管理的流程如图 4.9 所示。

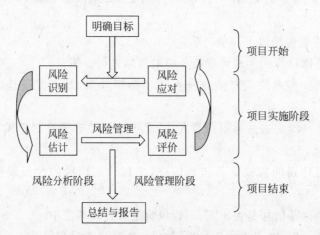

图 4.9　项目建设风险管理的流程

风险管理也是一个重复的过程，这是因为新的风险会在项目进行过程中出现。重复的频率以及人员的参与程度由项目规模来确定。风险识别的过程将影响后续的风险定性分析和定量分析。

4.5　信息系统项目建设中的内部控制

一个典型的信息系统项目建设过程如图 4.10 所示。下面将以图 4.10 中的内容为依据，针对信息系统项目建设不同的阶段，从内部控制理论讨论信息系统项目建设的内部风险控制。

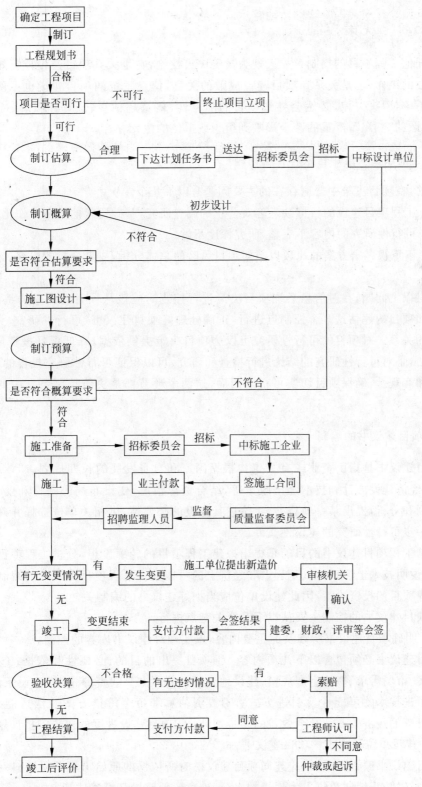

图 4.10 信息系统项目建设的过程

4.5.1　决策控制

对任何工程项目的控制首先表现为投资决策控制,它是关系项目建设投资效益的一项极重要的工作,也是关系到项目建设成败的关键,信息系统的项目建设也不例外。如果控制不牢,源头失控,必然会导致项目的随意性,概算超估算、预算超概算、决算超预算,即所谓的"三超",严重的甚至影响到组织或单位的生死存亡。

1. 当前项目决策中普遍存在的问题

目前,在项目决策中普遍存在的主要问题有以下几个。

(1) 工程项目建设的目标缺乏客观公正的调查研究,基础资料的收集工作比较薄弱。

(2) 可行性研究的内容不完整,研究深度不够。

(3) 不重视多家方案的比较以及对项目风险的总体分析,或者分析的内容、深度严重不足。

针对以上问题,在对信息系统项目决策进行控制时应该从项目建议书的编制、可行性研究和项目的评估这 3 个控制点进行,正确处理好项目建议书、可行性研究、评估这 3 个阶段的关系。对项目的可行性研究可以为项目决策提供依据,降低项目投资风险;项目的评估,是对可行性研究的结论进行检查和研究,可以保证可行性研究报告的可靠性、真实性和客观性,确保项目切实可行。因而,这两个环节都是决策控制系统中的关键控制点。

2. 项目建议书的编制

项目建议书是指由企业或有关机构根据国家和自身发展的长期规划、产业政策、地区规划、经济建设方针和技术经济政策等,结合资源情况,建设布局等条件和要求,经过调查预测和分析,提出某一项目,着重论述其建设的必要性,供相关单位选择并确定是否进行下一步可行性研究的建议性文件。

编制工程项目建议书的目的是提出拟建工程项目的轮廓设想,分析工程项目建设的必要性,说明技术上、市场上、工程上和经济上的可能性。工程项目建议书的编制直接关系到工程项目的投资决策,因此建设单位应当把好建议书的编制关。

对项目建议书的控制主要从以下几个关键点进行。

(1) 明确项目建议书所涉及的主要内容,以实现对建议书内容的控制。

项目建议书必须包含以下几项内容:①项目提出的目的、必要性和依据;②项目的产品方案、市场需求、拟建生产规模、建设地点的初步设想;③资源情况、建设条件、协作关系和引进技术的可能性及引进方式;④投资估算和资金筹措方案及偿还能力预计;⑤项目投资的经济效益和社会效益的初步估计;⑥项目建设进度的初步安排计划。

(2) 建设单位认真审核项目建议书。

项目建议书编制完成后,应连同项目建议书时所依据的原始市场调研资料一并转交建设单位,以防止编制单位人为地掺加水分,刻意压低或抬高投资估算。

建设单位在收到编制完成的项目建议书后,应该组织会计、技术、工程等部门的相关专业技术人员对项目建议书进行技术、经济分析和论证,并且建设单位的会计机构或人员应当对项目建议书中财务分析和预测结论的可靠性发表具体的书面意见。以此保证建议书的客观真实性,且投资项目与本单位的战略目标相一致。

(3) 项目建议书应经国家相关部门的审批,并获得相应的批件,以防止工程项目的盲目上马,重复建设,给社会造成损失。

为实现工程项目建设的总体协调统一,我国项目建议书实行分级审批制度。项目建议书编制完成后,应按照国家的有关规定,根据建设总规模和限额划分权限进行严格审批。

3. 项目的可行性研究

可行性研究是一种系统的投资决策分析研究方法,是项目投资决策前,对拟建项目的所有方面(工程、技术、经济、财务、生产、销售、环境、法律等)进行全面的、综合的调查研究,对备选方案从技术的先进性、生产的可行性、建设的可能性、经济的合理性等方面进行比较评价,从中选出最佳方案的研究方法。可行性研究是项目建设前期工作的重要组成部分,它不仅是项目投资决策的依据,还是筹集资金和向银行申请贷款的依据,同时它还是项目建设的重要基础资料。

为确保可行性研究报告的真实性和科学性,建设单位应当做好以下几个方面的控制。

(1) 委托具有相关资质的设计单位或咨询单位编制项目的可行性研究报告。

当前社会上存在大量资质不符的单位承接项目的可行性研究的现象,致使研究的内容和深度及预算指标均达不到标准要求,进而影响到整个工程项目的进展甚至直接导致企业的兴衰存亡。因此,建设单位应严格审核设计单位的资质状况,以保证可行性研究报告的科学准确,为以下环节的施工建设奠定基础。

(2) 加强对可行性研究报告内容的控制。

根据研究对象的性质、规模和复杂性,可行性研究报告的编写格式不尽相同,而且研究内容根据项目的不同特点有所侧重,致使报告内容的随意性较大。为防止设计单位的可行性研究报告流于形式,内容粗糙,忽略部分关键内容,建设单位应与设计单位签订有关合同,明确研究的具体内容,如建设的意图、进度与质量要求,主要的技术经济指标等,切实加强对可行性研究内容的控制。

4. 对项目论证的综合评估

项目评估与可行性研究都要对投资项目进行技术和经济方面的论证,包括项目建设是否必要,技术上是否可行,经济上是否合理,两者采用相同的分析方法和指标体系。但项目评估绝不是可行性研究的简单重复,而是深入的再研究和再论证,是在可行性研究的基础上进行的,对可行性研究的结论进行检查和研究,以判断可行性研究的准确度,对拟建项目的可行与否做出最后决策。两者在编制单位、编制时间、立足点、侧重点以及作用等方面均有所不同。

为防止可行性研究报告出现水分大、质量低、科学性差等问题，上述工程项目建议书和可行性研究报告必须提交企业最高决策机构，由他们聘请专家或委托有资格的咨询公司进行评估。项目评估重点评价拟建项目是否符合企业的战略；在技术上是否可行；经济效益是否良好。未经这一评估程序的项目不得立项，更不能付诸招标。

企业在进行项目评估时，应顾全局、抓重点。要将宏观效益分析与微观效益分析相结合，定量分析与定性分析相结合，动态分析与静态分析相结合，主体工程建设分析与配套工程分析相结合，然后在此基础上提出评估意见。

为保证工程项目评估的客观性与科学性，防止评估内容的随意性，建设单位应向评估实施者明确所要包含的主要内容。具体评估需涉及的内容如下。

（1）项目投资的必要性，论证项目对企业发展的必要性。

（2）建设规模和产品方案。研究市场分析和预测的方法和结果是否科学、准确；项目建设规模是否经济合理；产品质量、性能、规格、价格、产量在一定市场内是否有竞争力。不得将项目计划过于理想化，如基本按期开工，按期竣工投产、达产、满负荷运转、产品全部合格、全部高价格出售、无滞销和库存现象的假设。在现实操作中这种理想化的状态很难，甚至几乎不可能实现，一旦计划与当前实际市场情况不符，将会导致整个计划不能按计划进行，丧失了计划所本应发挥的效力。

（3）工艺、技术、设备，要符合国家的技术政策和产业政策。衡量技术水平的技术指标一般应包括劳动生产率、单位产品的原材料消耗及能耗、产品质量指标等。

（4）项目投资概算及资金渠道。主要指投资概预算方法、过程是否合理；有无蓄意扩大规模、提高建设标准、抬价、压价和漏项；是否有贷款协议之类的资金供应保障，资金供应是落实了的还是意向性的。

（5）财务评价。这是从项目自身出发，采用国家现行财税政策与制度、现行各种价格对项目投入产出、项目融资能力等进行核算论证，以核对工程项目的经济效益。

（6）风险性分析，通常采用盈亏平衡分析、敏感性分析乃至概率分析方法来进行不确定性分析，评估项目在财务上、经济上的抗风险能力。为了保证工程项目实施的科学性、保障项目投资的安全性，进行风险性分析是至关重要的，并且不该只是象征性地点到为止，无实质性的、与市场情况相符的调研分析，否则会给项目留下无法弥补的风险隐患。

此外，对项目进行评价时，要综合考虑社会效益、经济效益、环境效益等多种因素，在众多的因素中找出能科学、客观、综合地反映该项目整体情况的指标体系及影响这些指标的因素。

4.5.2 设计与概预算控制

设计环节是工程管理的龙头，是工程质量的基础，是施工的依据，对工程质量、功能、造价有着重大影响。现实生活中，有部分建设单位为节约成本，加快工程上马速度，致使勘察设计的深度不够，流于形式，设计的内容不科学，存在严重问题，甚至根本就不进行设计，导致工程的施工无依据可循，增加了工程施工的随意性，最终，给整个工程带来巨大损失。因此，建设单位应当重视工程项目勘察设计与概预算控制。

工程项目设计与概预算控制包括现场勘察、初步设计与概算、施工图设计与预算 3 个环节，其主要环节如图 4.11 所示。

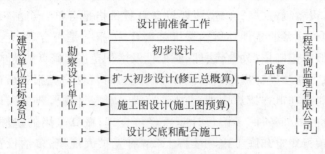

图 4.11　设计与概预算控制流程

针对目前工程项目勘察设计与概预算中所暴露出来的主要问题，建设单位对工程项目设计与概预算实施控制时主要应该从设计单位资格审查控制、工程项目勘察的内容控制、工程项目设计控制等 3 个关键控制点着手。

1. 对设计单位的资格审查

国家根据设计单位的设计能力、技术和管理水平、专业配套、设计经验等条件，分级颁发勘察设计证书，明确规定其业务范围。如甲级资质单位可在全国范围内承担大、中、小型项目的工程勘察、设计和项目的总承包任务；乙级单位可在全国范围内承担中、小型项目的工程设计和项目的总承包任务。由于信息系统的专业性特别强，为了保证工程项目设计的科学性、规范性，建设单位应当建立相应的设计单位选择程序和标准，严格审查设计单位证书的等级，择优选取具有相应资质的设计单位，并签订合同。

2. 工程设计与概预算审查

当前一些低素质的建设方为节省设计费往往忽略设计工作，由此导致的恶性重大工程事故屡有发生。项目设计的好坏直接影响工程项目的质量和投资效益，设计中的不足和隐患，在工程施工的时候很难得到纠正和弥补。如果设计成果不符合相关标准，科学性较差，如工艺设备的选择不先进、合理、经济，建筑物的设计不符合安全、适用、美观的原则等，将会导致工程项目的经济、适用、安全、协调等各方面存在严重问题。

建设单位对工程设计与概预算的控制主要通过审查方式实现，其中概预算的审查是为了控制建设项目的投资，设计的审查是为了控制设计项目的质量。工程项目的设计与概预算分两步进行，下文就各环节的控制内容分别进行探讨。

1) 初步设计与概算的审查

(1) 概算的审查

审查设计概算，有利于合理分配投资资金，加强投资计划管理，促进概预算编制单位严格执行国家有关概算的编制规定和费用标准，防止任意扩大投资规模或出现漏项，从而减少投资缺口，打足投资，避免故意压低概算投资，搞钓鱼项目，最后导致实际造价大幅度地突破概算的现象。

建设单位应当建立合理的概算审核制度,实现对工程项目造价的源头控制。概算审核的主要内容包括:外部投资是否节约,外部条件设计是否经济,方案比较是否全面,经济评价是否合理,设备投资是否合理,主要设备订货价格是否符合当前市场价格,能否用国产设备,订购国外设备的条件和运输费用是否合理,报关是否合理,有无替代途径。审查时重点应注意概算编制依据的合法性、时效性及适用范围;概算的构成是否存在漏列、错列、多列的现象。初步设计提出的总概算不得超过可行性研究报告所确定的总投资估算的规定比例。对于在审查概算中遇到的一些新问题、新情况,要深入现场进行调查研究,弄清工程建设的内外条件,了解设计是否经济合理,概算采用的定额、指标、价格、费用标准是否符合现行规定和施工现场实际,了解有无扩大规模、多估投资或预留缺口等情况。

(2) 初步设计图纸的审查

对初步设计图纸的审查,重点是审查总平面布置、工艺流程等。总平面布置图要方便生产,获得最佳的工作效率,同时要满足环境保护、安全生产、防震抗灾、生活环境等的要求;总平面布置要充分考虑方向、风向、采光、通风等要素。工艺设备,各种管线和道路的关系,不要相互矛盾。

2) 施工图设计与预算的审查

(1) 审查施工预算和总投资预算

围绕施工预算和总投资预算,建设单位应该就预算编制是否符合预算编制要求,工程量计算是否正确,定额标准是否合理,各项收费是否符合规定,汇率计算、银行贷款利息、通货膨胀等各项因素是否齐全,总预算是否在总概算控制范围之内等进行审查。

(2) 图纸审查

图纸审查的重点是:施工图是否符合现行规范、规程、标准、规定的要求;图纸是否符合现场和施工的实际条件;深度是否达到施工和安装的要求,是否达到工程质量的标准;对选型、选材、造型、尺寸、关系、节点等图纸自身的质量要求的审查。

为了进一步提高质量,使施工单位熟悉图纸、了解工程特点和设计意图、关键部位的质量要求,发现图纸错误进行改正,有必要进行施工图的设计交底和图纸会审。具体程序是:建设单位组织施工单位和设计单位进行图纸会审,先由设计单位向施工单位进行技术交底,即由设计单位介绍工程概况、特点、设计意图、施工要求、技术措施等有关注意事项,然后由施工单位提出图纸中存在的问题和需要解决的技术难题,通过三方协商,拟订解决方案,写出会议纪要。

4.5.3　招投标与合同控制

工程项目设计完成后,建设单位就开始选择施工单位,进入施工和安装工程的招标环节。

招标是个择优的过程,是一种市场竞争行为,也是一个很严肃的法律活动。招标过程可粗略地划分为以下3个阶段。

(1) 招标准备阶段,从办理申请招标开始,到发出招标广告或招标邀请函为止。

（2）招标阶段也是投标单位的投标阶段，从发布招标广告之日起，到投标截止日期之日止。

（3）招标成交阶段，从开标之日起，到与中标单位签订承包合同为止。

招投标工作流程如图 4.12 所示。

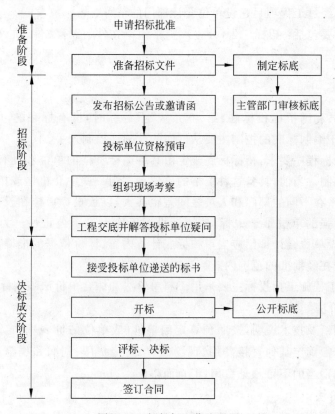

图 4.12　招投标工作流程图

为有效防范信息化建设工程在招投标与合同签订环节中存在的风险，建设单位应该从编制招标文件、编制标底、对投标人的资格审查、评标、合同控制等关键控制点进行控制。

1. 编制招标文件

招标文件的编制是招标准备工作中最为重要的一环。在招标文件中详细说明了业主对本项目进行招标的基本条件和要求，是投标人编制投标文件的基础和依据。根据国际竞争性招标的规定，招标文件除"投标者须知"以外的绝大多数内容，都将构成今后合同文件的主要内容。由于合同文件是在工程实施过程中若干年间合同双方都应该严格遵守的准则，也是发生纠纷时进行判断、裁决的标准，所以，招标文件不但决定了业主在招标期间能否选择一个优秀的承包商，而且关系到工程能否顺利实施，它更涉及业主和承包商双方巨大的经济利益。

建设单位的招标申请一旦经行政主管部门或其授权机构批准之后，即应组织人员根据工程项目建设的特点和需要，自行或委托相关机构编制招标文件，明确招标工程项目的技术要求、对投标人资格审查的标准、投标报价要求和评标标准等所有实质性要求和条件以及拟签订合同的主要条款。招标文件的内容必须完整，其内容及有关要求不得违背我国招标投标的有关规定。招标文件中关于审查投标人资格的财务标准和投标报价要求等内容必须经过工程项目建设单位会计部门的认可。

招标文件主要包括：招标广告（公告）、资格预审文件、招标文件、协议书以及评标方法等。

2．编制标底

《中华人民共和国招标投标法》第 40 条规定（评标时）设有标底的，应当参考标底。通常情况下，对于编制标底的控制主要从标底的准确性控制入手。

按照招标投标程序要求，招标标底规定由具备编标资格的单位和具有工程概预算编审资格的人员编制。当前，具备这种资格的单位大多为一些中介机构或招标投标管理部门，而其编标水平在不同的部门和人员之间差距甚大，以致投标单位在投标时无所适从，投标报价准确性强的单位难于中标，使招标投标工作失去了公正性。为了解决这个问题，工程项目建设单位会计部门应当审核标底计价内容、计价依据的准确性和合理性，以及标底价格是否在经批准的范围内。

当前，我国工程施工招投标主要采用工料单价法和综合单价法编制标底。

1）工料单价法

根据施工图纸及技术说明，按照预算定额单价（或单位估价表）确定直接费用，然后按规定的费用定额确定其他直接费用、现场经费、间接费用、利润和税金，还要加上材料价格调整费用和适当的不可预见费用，汇总而得。

2）综合单价法

综合单价法编制标底，其各分部分项工程的单价应该包括直接费用、其他直接费用、现场经费、间接费用、利润和税金、材料价格调整、不可预见费用等全部费用，综合单价确定后，再与各分部分项工程量相乘汇总，即可得到标底价格。

这两种方法各有利弊，互有长短。工料单价法比较直观，价格的总体构成脉络比较清晰，但是不利于进行单价的核定与调整，也很难反映工程实际的具体质量要求和投标企业的真实技术水平。而采用综合单价法有利于对报价进行拆分，在施工过程中发生工程变更时便于进行费用索赔的计算。建设单位可根据自己的需要选择一种方法来认真细致地编制标底。

3．对投标人资格的审查

按照项目建设与项目管理要求，参与投标的投标人应具备与项目的建设规模和项目性质要求相一致的资质和级别。一般情况下，对于招标投标项目来说，招标人会在招标文件中明确对投标人的资质和级别要求。对于那些达不到要求的投标人而言，为了能够有资格参与投标，可能会采取借用其他单位资质或以某有资质的单位名义进行投标，这种情况的出现,会给工程建设的质量留下极大的隐患。

为保证投标人具有相应的资质,工程项目建设单位应当就潜在投标单位信息的真实性与是否符合招标要求进行审查,并由此建立资格预审的内容控制与资格预审的评审控制,具体内容如下。

1) 资格预审的内容控制

资格预审是对投标申请单位整体资格的综合评定,因此应包括以下几方面的内容:①独立法人地位。审查企业的资质等级、批准的营业范围、机构及组织等是否与招标工程相适应。若为联营体投标对合伙人也要审查。②机构与管理。主要审查企业的机构设置与企业管理模式是否符合招标工程的要求。③财务能力。财务不可靠或缺少一定能力的施工企业不可能顺利地履行合同,审查财务能力的目的一方面是防止其中标后将建设单位支付的预付款用于非工程所需的方面,另外通过财务审查也可以看出该企业的经营和管理水平的高低。财务审查除了要关注投标人的注册资本、总资产之外,重点应放在近 3 年经过审计的报表中所反映出的实有资金、流动资产、总负债和流动负债,以及正在实施而尚未完成工程的总投资额、平均完成投资额等。④技术能力。这方面的评审主要是评价投标人实施工程项目的潜在技术水平,包括人员能力和设备能力两方面。⑤施工经验。这方面不仅要看投标人最近几年已完成工程的数量、规模,重点应放在与招标项目相类似的工程施工经验,因此在资格预审须知中往往规定有强制性合格标准。⑥商业信誉。主要审查:在建设承包活动中都完成过哪些工程项目;资信如何;是否发生过严重违约行为;施工质量达到建设单位满意的程度;得过多少施工荣誉证书等。⑦用户评价。走访用户,获得用户对工程质量和后期服务等方面的评价。

2) 资格预审的评审控制

资格预审的评审必须考虑到评判的标准,一般凡属评标时考虑的因素,在资格预审评审环节可不必考虑。反过来,也不应该把资格预审中已包括的标准再列入评标的标准。资格预审的评审方法可以采用评分法,将预审应该考虑的因素分类,并确定其在评审中应占的比分。

4. 评标

业主在定标成交阶段最核心的工作是评标,它是审查确定中标人的必经程序,是一项关键和十分细致的工作,它直接关系到招标人能否招到最有利的投标单位,是保证招标成功的关键环节。为保证评标的公正合法,建设单位对评标工作的控制主要从评标委员会的建立与评标的程序两方面进行控制。

1) 评标委员会的建立

为保证评标的科学公正性,评标委员会的组成必须具有相应的代表性。一般来说,评标委员会应由工程项目建设单位的授权人、建设单位的上级主管部门、其他相关领域的技术经济专家等组成。而且评标时建设单位应保证评标委员会独立、秘密进行评标。

当然建设单位也可以委托具有相应资质的咨询公司进行评标,但必须注意对其进行资质的审查。

2)评标程序的控制

评标委员会应当按照招标文件确定的标准和方法,对投标文件进行评审和比较,并择优选择中标人。为保证评标的规范性,评标的过程需要经历投标文件的符合性鉴定、技术评估、商务评估、价格分析、综合评价与比较、编写评标报告等几个步骤,具体内容如下。

(1)初评(投标文件的符合性鉴定)

为了从所有的标书内筛选出符合最低要求标准的合格标书,淘汰那些基本不合格的标书,以免在详评阶段浪费时间和精力。首先应对投标文件进行符合性鉴定,检查投标文件是否实质上响应招标文件的要求,即投标文件是否与招标文件的所有条款、条件规定相符,无显著差异。评审合格标书的主要条件是:投标文件的有效性、完整性、投标文件与招标文件的一致性及报价计算的正确性鉴定。

(2)详评

① 技术评估。建设单位应当对施工管理的组织机构模式、管理人员和技术人员的能力、施工方案的可行性、施工进度计划的可靠性、工程材料和机器设备的技术性能、质量保证措施、分包商的技术能力和施工经验、技术建议和替代方案等内容进行技术评估,以确认和比较投标人完成本工程的技术能力,以及他们的施工方案的可靠性。尤其需要就承包商实施本项工程的具体组织机构和施工管理的保障措施进行重点评估。

② 商务评估。商务评估在整个评标工作中通常占有重要地位,它可以帮助企业从工程成本、财务和经验分析等方面评审投标报价的准确性、合理性、经济效益和风险等,比较授标给不同的投标人产生的不同后果。招标单位商务评估的主要内容包括:审查全部报价数据计算的正确性;分析报价构成的合理性;对建议方案的商务评估;审查商务优惠条件的实用价值;审查投标保证金。

③ 价格分析。建设单位不仅要对各标书进行报价数额的比较,还要对主要工作内容、主要工程质量的单价进行分析,并对价格各组成部分比例的合理性进行评价,以此鉴定各投标价的合理性,并找出报价高与低的主要原因。

④ 综合评价与比较。在以上工作基础上,评标委员会根据事先拟定好的评标原则、评价指标和评标办法,对筛选出来的若干个具有实质性响应的投标文件综合评价与比较,最后选出中标人。

(3)编写评标报告

评标委员会完成评标后,应当向招标人提出书面评标报告,推荐合格的中标候选人。招标人根据评标委员会提出的评标报告和推荐的中标候选人确定中标人,招标人也可以授权评标委员会直接确定中标人。最后,评标报告应报有关行政监督部门备案审查。

5. 合同控制

工程项目建设单位应当依据《中华人民共和国合同法》的规定,分别与勘察设计单位、监理单位、施工单位及材料设备供应商订立书面合同,明确当事人各方的权利和义务。当前,由于我国信息化建设市场不甚规范,在合同签订过程中普遍存在合同内容不完整,合同条款不合规、合同签订手续不完善等问题,为此,建设单位有必要对合同进行严格控制。

对合同的控制主要从合同内容的规范与合同履行过程的控制两个关键控制点进行。

1) 合同内容的规范性控制

签订合同本身是招标投标工作的最后一道程序,建设单位必须严格履行招标投标程序,注意招标文件的规范性,招标投标程序的适当性,本着公平合理、客观公正的原则确定双方的责、权、利,使合同签订具备充分的条件。工程项目建设单位会计部门应当参与合同的签订,审核合同的金额、支付条件、结算方式、支付时间等内容。书面合同应留存于会计部门一份,以便监督执行。

为明确合同双方的权利义务,防止日后出现纠纷,工程施工合同应当具备的主要条款如下。

(1) 施工范围。合同应明确哪些内容属于承包方的施工范围,哪些内容由发包方另行发包。

(2) 工期。发承包双方在确定工期的时候,应当以国家工期定额为基础,根据发承包双方的具体情况,并结合工程的具体特点,确定合理的工期。工期是指自开工日期至竣工日期的期限,双方应对开工日期及竣工日期进行精确的定义。

(3) 合同价款(工程造价)。

(4) 技术资料交付时间。发包人应当在合同约定的时间内向承包人按时提供与本工程项目有关的全部技术资料,由此造成的工期损失或者工程变更应由发包人负责。

(5) 材料和设备供应责任。发承包双方需明确约定哪些材料和设备由发包方供应,以及在材料和设备的供应方面双方各自的义务和责任。

(6) 付款和结算。发包人一般应在工程开工前支付一定的备料款(预付款)。工程开工后按工程进度或按月支付工程款,工程竣工后应当及时进行结算,扣除保修金后应按约定的期限支付尚未支付的工程款。

(7) 竣工验收。竣工验收是工程合同重要条款之一,是工程建设的最后一道程序,是全面考核设计、施工质量的关键环节,合同双方还将在该阶段进行决算。竣工验收应当根据国家或有关标准中的规定执行。

(8) 质量保修范围和期限。合同当事人应当根据实际情况确定合理的质量保修范围和期限,但不得低于国家或有关标准规定的最低质量保修期限。

除了上述 8 项基本合同条款以外,当事人还可以约定其他协作条款,如施工准备、工作的分工、隐蔽工程验收、安全施工、工程变更、工程分包、合同解除、违约责任、争议解决方式等条款。

2）合同履行过程的控制

合同一旦按照法定程序签订,就具有法律效力,合同当事人都应遵守合同,无论哪一方偏离了合同,都应予以处罚,因此,在合同履行过程中实施控制的实质是纠正偏差,以维护合同的严肃性和有效性。由于项目建设本身受许多不可预见因素的影响,所以,合同的严格履行十分困难,我们必须以动态的观念对合同实施控制,监督审查合同的履行情况,运用法律的手段保证工程项目的质量、投资、工期和安全。财务部门应当审核有关合同履行情况的凭证,并以此作为支付合同价款的依据。在对方单位违约的情况下,财务部门应当拒绝支付有关款项。

为了协调各方面工作,使日常合同管理工作程序化、规范化,建设单位应制定以下工作程序。

（1）建立协商会议制度。在合同履行过程中,各建设主体之间应定期或不定期召开协商会议,就计划执行效果、已完工作和后期工作,尤其是合同条款变更及变更措施等问题进行评价、协调并形成决议,对重大问题及决议应用会议纪要的形式记录下来,纳入合同文件。

（2）建立必要的合同管理工作程序。对于经常性的合同管理工作应建立制度化的工作程序,使大家有章可循。必要的程序包括图纸审核程序,工程变更程序,设备材料及已完工工程验收程序等。

（3）建立健全文档管理系统。企业必须建立健全工程项目的文档管理系统,要明确提出数据资料的标准化、及时性、全面性、准确性等要求,责任要落实到部门乃至个人。

另外,合同管理人员还应注重合同的监督与协调工作,包括合同指导、费用监督、进度监督、质量技术监督和工作协调等内容。除此以外,还应注意发挥审计的作用,通过审计活动,把握合同签订与履行的全过程。

4.5.4　实施过程的控制

项目实施过程的主要控制工作包括工程项目进度、质量控制与施工费用控制等内容,其内容如图 4.13 所示。

对建设单位来说,项目实施过程的主要管理控制工作都通过外包的方式转移给施工单位和监理单位实施,建设单位不需要过多地介入,建设单位对施工过程的控制主要从工程变更的控制和对监理单位的监理工作的监督检查等关键控制点进行。

建设单位对监理单位监理工作的风险控制与监督检查将在第 4.6 节安排专门内容讨论。

在项目实施过程中,由于不可预见的多方面因素的影响,经常出现诸如施工条件的变化、原设计条件的变化等情况,从而发生工程变更,这些变更将影响造价控制目标,有可能使项目投资超出原预算,从而影响项目投资效益。因此,为防止工程变更后的管理失控,建设单位必须加强对工程变更与现场签证的审核。在审核工程变更时,要对影响工程造价的各个因素详加分析,对多个技术方案进行筛选,并合理控制。

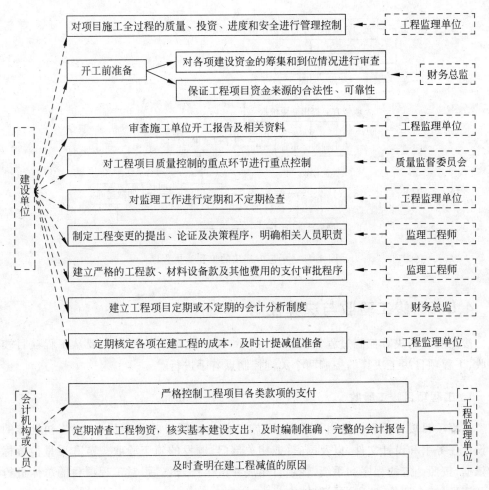

图 4.13　项目实施过程控制图

为防止工程变更失控,建设单位应当制定工程变更的提出、论证及决策程序,并明确相关人员的职责,不得通过设计变更扩大建设规模、增加建设内容、提高建设标准,需要追加投资的重大变更,必须经过会计机构或人员的审查论证,并落实资金来源。其中发包方提出的工程变更程序如图 4.14 所示,承包方提出的工程变更程序如图 4.15 所示。

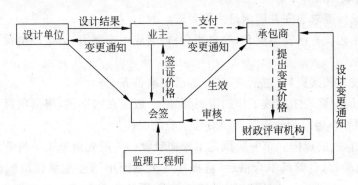

图 4.14　发包方提出的工程变更程序

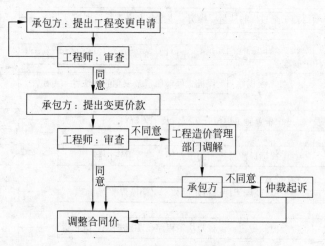

图 4.15　承包方提出的工程变更程序

4.5.5　竣工验收与决算控制

竣工验收与决算控制过程如图 4.16 所示,对于此环节的控制主要从工程项目竣工验收、工程项目竣工决算的控制两个关键控制点着手进行。

1. 工程项目竣工验收

工程项目竣工验收就是由建设单位、施工单位和项目验收委员会,以当初批准的项目设计任务书和设计文件,以及国家(或相关部门)颁发的施工验收规范和质量检验标准为依据,按照一定的程序和手续,在项目建成并试生产合格后,对工程项目的总体进行检验和认证(综合评价,鉴定)的活动。

为保证竣工验收的有效进行,必须明确竣工验收的标准、加强竣工验收的工作组织和规范验收的程序,具体内容如下。

(1) 明确竣工验收标准,竣工验收准备工作全部完成以后,即可按竣工验收标准和合同规定正式办理竣工验收手续。

常见的验收标准如下。

① 已按设计要求建完并能满足生产要求。

② 主要工艺设备已安装配套,经自测合格,形成生产能力,已生产出符合设计文件中所规定的产品。

③ 工程技术档案资料(包括竣工图)等已经准备齐全。

(2) 单位应加强竣工验收工作的组织领导,一般应在竣工前,根据项目性质、大小,成立竣工验收领导小组或验收委员会负责竣工验收工作。

(3) 竣工验收的程序。第一阶段是工程初验收。一般先由施工单位负责自验、自改,再由设计单位验收,自验基本合格后,应提前 3 天书面申请业主单位组织验收。第二阶段为全部验收。全部验收也称终验,是整个建设项目已符合竣工验收标准时,即应按规

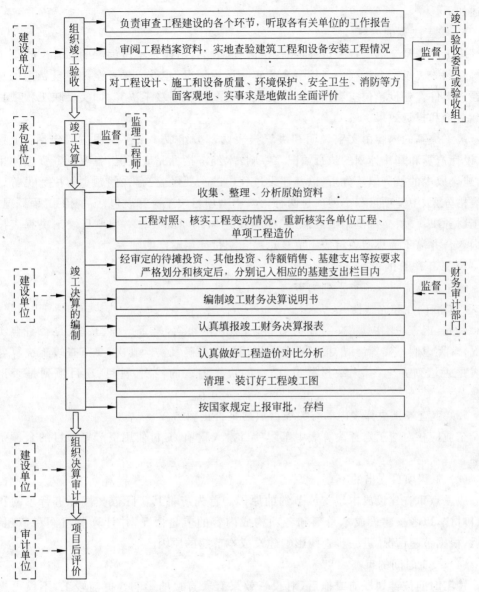

图 4.16 竣工验收与决算控制流程图

定进行全部验收。一般情况下，业主单位在接到书面的验收申请后，应及时组织人员与施工单位、监理单位等一起参加对项目的验收，查出缺陷后，以书面形式通知施工单位及时做好整改。在整个项目进行全部验收时，需要对所有已验收过的工程项目办理验收手续。

2. 工程项目竣工决算的控制

为保证竣工决算的准确及时有效，建设单位必须对工程项目的竣工决算环节实施有效控制，本文认为主要应从竣工决算的内容、竣工决算的审查两个关键控制点进行，具体描述如下。

1) 竣工决算的内容

竣工决算是全部工程完成并经有关部门验收后,由建设单位编制的综合反映该工程从筹建到竣工投产全过程中各项资金的实际运用情况、建设成果及全部建设费用的总结性经济文件。建设单位应当按照国家有关规定及时编制竣工决算,如实反映工程项目的实际造价和投资效果。

竣工决算的内容由文字说明和决算报表两部分组成。文字说明主要包括:工程概况、设计概算和基建计划的执行情况,各项技术经济指标完成情况,各项投资资金使用情况,建设成本的投资效益分析,以及建设过程中的主要经验、存在问题和解决意见等。决算表格分大、中型项目和小型项目两种,大、中型项目竣工决算表包括:竣工工程概况表、竣工财务决算表、交付使用财产总表、交付使用财产明细表。小型项目竣工决算表按上述内容合并简化为小型项目竣工决算总表和交付使用财产明细表。

2) 竣工决算的审查

竣工决算应重点审查下列内容。

(1) 准确性和完整性

首先,审查竣工决算"文字说明书"和所叙述的事实,是否全面、系统、是否符合实际情况,有无虚假不实等情况,报表中各项指标是否准确真实。其次,要审查竣工决算各种报表是否填列齐全,有无缺报漏报,已报的决算各表的栏次、科目、项目填列是否正确完整。

(2) 审查竣工决算表内的有关项目填列是否正确

企业应核对竣工财务决算表中工程项目投入款项、交付使用资产等项目的余额是否正确。

(3) 工程项目支出的审查

应重点审查建设成本超支或节约的原因。首先应将其实际数与概算进行总的和分项目对比,以考核建设成本总额和各项构成内容的节超情况,并计算节超额和节超率。然后,根据节超情况,进一步查找影响建设成本节超的原因。

(4) 竣工时间的审查

竣工时间按计划提前或拖后,对投资效果有着直接的影响。提前竣工,不仅可提前交付使用,提前投产,还可以减少建设过程的费用支出;相反,竣工时间拖后,上述各项经济效果就要变成经济损失,造成极大浪费。

4.5.6　交付后的风险控制

工程项目交付后对用户单位而言就进入了信息系统的全面应用阶段。为了防止由于流程再造以及信息系统效能发挥的不充分等而给业主单位带来的新风险,需要采取有效的风险防范与控制措施。

首先,单位领导要高度重视。因为,信息系统的建设动作大、历时长,是一个引入新思想、新技术、新方法、新观念的改革过程,一定会涉及本单位多个部门、人员,甚至需要合作单位的共同参与,是一项全局性的系统工作。只有单位高层领导的高度重视,才能合理地调配资源,确定与信息系统应用相匹配的业务流程,改革与信息系统建设目标不相适应的体制等,避免由于员工对信息系统的排斥而产生的风险。

其次,要做好必要的宣传工作,使单位各部门、每个职工能充分认识到信息系统建设潜在的效益以及对本单位业务发展的重要性,加强对员工新业务、新知识的培训力度,使他们能够在很短的时间内尽快熟悉使用新的信息系统,使信息系统的效能得到充分发挥。

第三,信息系统在全面运行阶段,时刻关注系统运行的状态,以便及时发现和解决系统在调试和试运行阶段所不能发现的缺陷、漏洞等问题,以保证项目按设计要求的各项技术经济指标正常使用。

第四,通过信息系统的全面运行,关注和研究工程项目的遗留问题,提出解决问题的办法和措施,从而使项目尽快投入使用,发挥效益。此外,在信息系统全面运行阶段,还要采取适当的控制措施,加强对信息系统固有风险的防范。

4.6 信息系统项目建设风险的第三方控制

在信息系统项目建设中,引入独立的第三方信息系统工程监理可以有效防范风险,但由于信息系统工程监理自身也会给信息系统项目建设带来风险,因此,在对信息系统项目建设实施质量控制时,也必须对信息系统工程监理自身所产生的风险进行控制。

4.6.1 对第三方自身风险的控制

1. 增强风险意识

作为监理单位来讲,从事的工作是为业主方规避风险,从而可能忽视自身存在的风险,所以增强风险意识要作为监理企业进行风险控制的起点。通过在企业高层确定风险管理的基调,以具有风险规避意识的组织流程和举措为保障,以针对性培训为手段,在明确辨识风险因素的基础上,强化监理工作人员及公司管理人员的风险控制意识。

2. 制定完善的管理制度

针对管理风险的控制对策具体如下:监理企业内部组织结构设置必须合理,要制定完善科学的规章制度并严格执行,以此来管理企业,有效约束员工。在职责明晰、奖惩明确的制度下,体现公平竞争,保持员工工作的积极性,创造一个适于组织及员工稳步发展和安心工作的内部环境。此外,还需加强对监理人员的控制力度和对在外进行监理工作人员的监管和控制力度,防止因监理企业内部对监理人员监管不力而造成的风险。第三,提高管理者的素质,使监理人员每人都能掌握一定的管理技术。第四,严格做好组织管理、人事管理、财务管理、设备管理、生产经营管理以及档案管理等。

3. 全面提升监理企业各项能力

针对资质风险的控制对策如下：信息化工程监理企业在具备主要专业人才配备的基础上，可以短期或长期聘用一些专家；或者就某项监理业务的需要，临时聘用一些必要的监理人员；或者与其他监理单位订立合作监理协议。加强监理企业技术装备和硬件建设，多参加行业年会，向其他同行企业学习，交流经验，互通有无。

4. 加强对监理派出机构和人员相关风险的控制

1) 进行合理的职能及权责设计

针对机构权责设计与职能设置风险的控制对策如下：明确分工、明确监理的各项工作对应的职能，使监理人员的能力与职务相匹配。根据工作的重要性，监理人员所处岗位及其工作经验和工作能力等，授予相应权力，并明确其权力职责范围，保证权责一致。

2) 设置弹性组织形式

针对各种组织形式的优缺点，要在监理中注意不同组织形式的风险点。例如在直线制的监理组织中，要注意分散总监理工程师的决策权；在职能制的监理组织中注意明晰个人职责；在直线职能制的监理组织中要注意信息传递的及时性和准确性；在矩阵制的监理组织中要尤其注意合作者间的沟通协调。最理想的情况是能结合各形式的优点，设立弹性组织形式，扬长避短，随机应变。

3) 制定详细周密的工作计划

针对职责风险和目标风险的控制对策如下：明确监理职责，以质量控制为首要目标，同时注重投资控制、成本控制。监理人员开展工作之前必须明确目标，做出全面完整的计划。

4) 规范监理员工的行为

针对监理人员行为责任风险的控制对策如下：熟悉监理程序及技术规范并切实遵照执行。用标准化、制度化、规范化的方式从事监理工作，以避免无意过失和随意行为的出现。要熟悉合同条款，明确自己的职权范围，尽职尽责，做到不越权、不渎职。为业主方及软件供应商的实施信息及重要技术保密。

5) 坚持客观、公正的工作作风

针对监理人员道德风险的控制对策如下：作为业主与软件供应商之间的第三方，监理人员必须做到公正、自主，在信息化工程建设监理过程中排除各种干扰，注重事实，以公正的态度对待业主企业与软件供应商，并对二者的配合进行协调。

要加强员工思想道德建设，建立相应的监督机制，定期培训，宣传和灌输"诚信"、"公正"的重要性，使监理人员自觉为业主提供诚信、公正的服务。当业主企业与软件供应商发生利益冲突和矛盾时，要站在第三方的立场，以事实为依据，以法律为准绳，公正地加以解决和处理，做到不偏不倚，避免因为偏袒某一方面导致自身风险。

6）加强技术培训与知识传递、提升监理人员素质

针对技术风险和人员素质风险的控制对策如下：加强信息化监理工程师认证管理，做到一线监理人员持证上岗；鼓励监理人员在监理过程中，探索有效的监控方法；要严格做好监理日志的填报，为监理进度控制提供依据，为可能出现的纠纷提供证据；不断地与业主单位、项目施工方接触，了解他们的工作风格和习惯；此外，由于信息技术及市场需求的飞速变化，监理人员应定期接受相关培训，掌握专业最新热点及发展动向、不断积累信息化工程监理的理论知识和实践经验，包括硬件安装维修、软件开发调试、系统维护管理等。

在监理单位内部员工之间，注意挖掘其隐形知识的传递，鼓励有经验的员工将监理经验和相关知识传授给新入员工，达到监理工作中的知识共享。

从技术培训、知识共享等各个方面提升监理人员的技术素质，降低监理人员可能会给项目建设所造成风险的几率。同时，监理单位必须加强人力资源建设，加强考核、奖惩等，不断促使监理人员提高个人素质和职业道德，使监理人员具有良好的道德品质，正直廉洁，具有较强责任心。要有针对性地对监理人员进行培养，使其不仅要精通业务，而且要有较宽的知识面，在实际工作中善于协作，责任心强，善于与业主单位、项目施工方等进行沟通协调。

4.6.2　项目建设风险第三方控制的常用手段

在信息系统工程项目建设中，引入独立的第三方信息系统工程监理可以有效地防范风险。信息系统工程监理实施风险防范，进行质量控制的方式和手段有多种，比较常见的手段有评审、测试、旁站和抽查等，下面将进行重点讨论。

1. 评审

项目评审的主要目的是本着公正的原则检查项目的当前状态。如组织专家、用户、最终使用者、相关领导等对信息系统建设的总体设计进行评审，以便及时发现问题，并给出处理意见。

评审的主要依据包括：国家和行业的相关标准、技术规范及其他有关规定，有关部门关于本项目文件批示，已经确定的有关本方案的承前性文件，以及监理工程师搜集的监理信息等。一般来说，一个信息工程建设项目需要采用专家会审的环节有以下几个：建设单位（业主方）的用户需求和招标方案，承建单位（施工方）的质量控制体系和质量保证计划，承建单位的总体技术方案、工程实施方案及系统集成方案，承建单位有关软件开发的重要过程文档，工程验收方案，承建单位的培训方案等。会审时，由现场监理工程师接收方案、文档等资料，进行初审，并把初审结果上报总监理工程师。总监理工程师根据方案的重要性、时间要求、初审结果判断是否进行专家会审，并确定会审时间、方式、内容、参加人员等，形成会审方案。之后，承建单位和有关方面提交会审必需的其他材料，由总监理工程师组织专家、监理工程师和其他相关人员参加会审，最终得出会审结果，并提交给建设单位和承建单位。建设单位和承建单位根据监理单位意见进行处理，处理结果由

现场监理组进行确认,并报总监理工程师签发。会审的文档作为信息系统工程项目建设的重要文档被保存。

2. 测试

测试是信息系统工程项目建设质量控制最重要的手段之一,这是由信息系统工程项目的特点所决定的,因此,只有通过实际的测试才能知道信息系统工程项目建设的质量如何。

在整个质量控制环节中,有承建单位(施工方)、监理单位、建设单位(业主方)和政府部门等第三方(如质检站等)等,都可以对工程项目进行测试,但各自所关注的重点不一样。承建单位测试的目的是为了保证工程质量和进度;监理单位测试的目的是检查和确认工程质量;建设单位测试的目的是验证信息系统能否满足自身业务以及功能需求;而政府部门等官方单位测试的目的是给工程项目一个客观的质量评价。虽然他们的工作重点不同,但目的都是为了更好地控制项目的质量。

在测试环节中,监理单位主要进行 3 个方面的工作。首先,要督促承建单位建立项目的评测体系,并成立独立的测试小组;其次,是对工程项目建设的关键风险点环节,监理单位要亲自进行测试;最后,要对所测试的结果进行评估,并将评估结果书面通知有关方面。

3. 旁站

旁站是指监理人员在施工现场,对某些工程项目的关键环节或关键工序所实施的全过程跟班式的现场监督活动。

通常情况下,旁站是在总监理工程师的指导下,由现场监理人员负责具体实施。现场旁站要求监理工程师必须具有深厚的专业知识和项目管理知识,能够纵观全局,对项目各阶段或全过程可能存在的风险有比较深刻的理解和把握,对项目的建设具有较细的观察能力和总结能力。旁站记录是监理工程师或总监理工程师依法行使有关签字权的重要依据,是对工程质量的签认资料。

专业监理工程师或总监理工程师通过对旁站记录的审阅,可以从中掌握关键过程或关键工序的有关质量情况,针对出现的问题,分析原因,制定措施,保证关键过程或关键工序质量,同时这也是监理工作的责任要求。

监理人员应对旁站记录进行定期整理,并报承建单位(施工方)和建设方(业主方)留存和审阅。一份好的旁站记录不仅可以使建设单位掌握工程动态,更重要的是使建设方(业主方)动态了解监理的工作,了解监理单位的服务宗旨与方向,树立良好的企业形象。同时,监理人员也可以从中听取建设单位的意见,及时改进监理工作,提高监理服务质量。

4. 抽查

信息系统工程项目建设过程中的抽查主要是针对计算机设备、网络设备、软件产品以及其他外围设备的到货验收抽查,以及对项目实施过程中可能发生质量问题的环节进行检查。

对于到货验收抽查,主要针对大量设备到货情况进行抽验。在抽查时,要有详细的记录,如果可能,应该随机抽查其中部分设备的配置情况,如计算机配置是否与合同要求符合、内存配置是否存在以次充好现象等。对于少量的设备到货的情况,要对设备数量及质量逐一检查。

在工程项目实施过程中的抽查,如在软件开发过程中,监理工程师可以随时抽查开发文档的编写情况,测试执行情况,对已经完成的代码抽查是否符合基本的开发约定等。

4.6.3　第三方对招投标阶段的质量控制

信息系统工程监理对招投标阶段的质量控制,主要是通过协助业主方对招投标过程的监控,选择合格的承建单位(施工方),并为工程的设计实施做好准备。

信息系统工程项目的招投标工作可以委托给政府采购中心,也可以自行组织采购。对自行组织采购的工程项目,一般需要由承建单位、监理单位、招标公司、专家、纪检或者公证部门(如政府采购中心等)等共同参加。

监理单位在招投标阶段进行的质量控制主要有以下几个方面。

(1) 协助建设单位提出工程需求方案,确定工程的整体质量目标。

(2) 参与标书的编制,并对工程的技术和质量、验收准则、投标单位资格等可能对工程质量有影响的因素明确提出要求。

(3) 协助招标公司和建设单位(业主方)制定评标的评定标准。

(4) 对项目的招标文件进行审核,协助建设单位(业主方),对招标书涉及的商务内容和技术内容进行确认。

(5) 协助建设单位(业主方),对投标单位标书中的质量控制计划进行审查,提出监理意见。

(6) 对招标过程进行监控,对招标过程存在的不公正等问题提出监理意见。

(7) 协助建设单位(业主方)与中标单位(承建单位)洽商并签订工程合同,在合同中要对工程质量目标提出明确的要求。

(8) 在招标过程中,对承建单位(施工方)以及技术人员的资质进行审核。信息系统工程监理工程师必须协助建设单位(业主方)审查承建单位以及技术人员的资质,这是质量控制的关键点。对于小型的信息工程来说,可能只有一个承建单位,而对于比较大的系统工程来说,可能会有总集成商和若干个分项系统集成商,总集成商一般通过建设单位招标产生,而分项系统集成商可能由建设单位或者总集成商通过招标或者直接委托的方式产生。无论哪种方式产生的分项系统集成商,监理单位都要对其单位的资质以及参与项目的人员资质进行审核,从而确定其是否有完成本项目的能力。

4.6.4　第三方对设计阶段的质量控制

信息系统工程设计阶段的主要任务是使工程设计的各项工作能够在预定的投资、进度、质量目标内予以完成。

在信息系统工程设计阶段涉及的主要工作有：用户需求调研分析、总体方案设计、概要设计、详细设计、阶段性测试验收计划等，这些工作内容比较复杂且制约因素多，因此，监理工程师对承建单位提供的各类设计实施方案进行审查，并采取有针对性的监理措施，是本阶段质量控制的重点。

监理工程师对项目设计阶段的质量控制主要包括以下几个方面。

（1）了解建设单位建设需求和对信息系统安全性的要求，协助建设单位制定项目质量目标规划和安全目标规划。

（2）对各种设计文件提出设计质量标准。

（3）进行设计过程跟踪，及时发现质量问题，并及时与承建单位协调解决。

（4）审查阶段性设计成果，并提出监理意见。

（5）审查承建单位提交的总体设计方案，主要审查以下内容。

① 确保总体方案中已包括了建设单位的所有需求。

② 要满足建设单位所提出的质量、工期和造价等工程目标。

③ 总体方案要符合有关规范和标准。

④ 质量保证措施的合理性、可行性。

⑤ 方案要合理可行，不仅要有明确的实施目标，还要有可操作性的实施步骤。

⑥ 对整个系统的体系结构、开发平台和开发工具的选择、网络安全方案等要进行充分论证。由于当前信息技术发展迅速，许多技术还没有达到成熟阶段就被更先进的计划所替代，而且所花费的成本可能还更低。但是，需要注意的是，在信息工程建设中采取最新的、最先进的技术，会给质量控制带来技术风险。

⑦ 对总体设计方案中有关材料和设备进行比较，在价格合理基础上确认其符合要求。

（6）审查承建单位对关键部位的测试方案，如主机网络系统软硬件测试方案、应用软件开发的功能模块测试方法等。

（7）协助承建单位建立、完善针对该信息工程建设的质量保证体系，包括完善计量及质量检测技术和手段。

（8）协助总承建单位完善现场质量管理制度，包括现场会议制度、现场质量检验制度、质量统计报表制度和质量事故报告及处理制度等。

（9）组织设计文件及设计方案交底会，熟悉项目设计、实施及开发过程，根据有关设计规范，实施验收及软件工程验收等规范、规程或标准，对相关工程部门下达质量要求标准。

设计方案经监理工程师审定后，由总监理工程师审定签发，报业主单位最终确认后可以组织施工。上述方案未经批准,建设单位的工程不得部署实施。

4.6.5 第三方对实施阶段的质量控制

项目实施阶段的质量控制是指监理工程师对项目实施、开发过程中的质量控制手段。

1. 完善实施过程中阶段性质量要求

监理工程师应该协助承建单位完善实施过程中阶段性质量要求,在监理工作中把影响工程质量的因素都纳入管理状态,如综合布线接地系统中存在两个不同的接地点时,现场监理工程师应到现场亲自测量,确认其接地电位差不大于1V。建立质量监控的关键点,如软件开发中各模块输入输出接口等,及时检查和审核承建单位提交的质量统计分析资料和质量控制图表等。

对项目实施阶段的质量控制还包括对每个阶段的项目实施条件和阶段实施结果等方面的质量控制,其内容如图4.17所示。

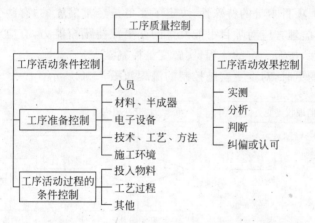

图 4.17 项目实施阶段的质量控制基本内容

1) 对项目实施条件的控制

工程实施条件是指工程项目在各阶段的工作内容要素及实施环境条件。其基本控制内容包括:人员、产品、设备、程序及方法和环境条件等。控制方法主要可以采取检查、测试、评审、跟踪监督等方法。

2) 对项目阶段性实施结果的质量控制

项目阶段性实施结果的质量控制主要反映在阶段性产品的质量特征和特征指标方面,即控制阶段性产品的质量特征和特征性指标是否达到技术要求和实施验收标准。项目阶段性实施结果的质量控制一般属于事后质量控制,其控制的基本步骤包括:测试或评审、判断、认可或纠偏等方法。

现场监理人员应详尽地分析影响阶段性工程质量的因素,分清主次,抓住关键点,自始至终地把对实施阶段的质量控制作为对工程项目全面质量控制的工作重点。

2．对工程进度、投资、变更等的控制

1）对项目进度控制

进度控制是对项目各阶段的工作程序和持续时间进行规划、实施、检查、调整等一系列活动，即对项目各阶段的工作内容、程序、持续时间和衔接关系编制计划，将该计划付诸实施，在实施过程中经常检查实际进度是否按要求进行，分析偏差产生的原因，采取措施或调整、修改原计划直至竣工、交付使用。因此，进度控制可分为：计划（Plan）、执行（Do）、检查（Check）和行动（Action）4 个步骤，简称 PDCA。

2）投资控制

投资控制主要是在批准的预算条件下确保项目按期完成。监理工程师对项目多耗费的人力资源、物质资源和费用开支进行指导、监督、调节和限制，及时纠正即将发生或已经发生的偏差，把各项费用控制在计划投资的范围之内，保证投资目标的实现。

3）项目变更控制

项目变更指在项目建设过程中，由于项目环境或者其他各种原因而对项目的部分或项目的全部功能、性能、架构、技术、指标、集成方法、投资或进度等方面做出的改变。

信息系统工程项目本身的特殊性，决定了变更是经常发生的，有些变更是积极的，有些变更是消极的，监理方应对项目可能发生的变更保持预控能力，有应对措施，确保变更的合理性和正确性，按照一定的流程，实施变更控制。

在项目发生变更时，对变更实施控制的流程如图 4.18 所示。

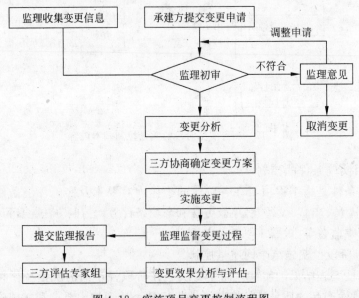

图 4.18　实施项目变更控制流程图

（1）承建单位提交变更申请：当出现有偏差情况或新的需求时，承建方应提交书面变更申请表。项目变更申请表主要包含以下内容：变更的内容及原因，变更引起投资/进度发生的变化，变更内容所处的项目开发阶段等。

（2）变更的初审：监理方根据收集的信息判断变更的合理性和必要性，对于完全无必要的变更，监理可以驳回申请并给出监理意见，对有必要的变更，可以进一步进行变更分析。

（3）变更的原因分析：把项目变化融入项目计划中一个新的项目规划过程，在进行考查变化的基础上，监理工程师可以分析出变更对项目预算、进度、资源配置等的影响与冲击，进而把握项目变化是否相当重要，最终做出合理正确的变更方案。

（4）确定变更方法：业主方、承建方和监理方共同协商，根据变更分析的结果，确定最优变更方案。

（5）监控变更方案的实施：变更后的内容作为新的计划和方案，纳入正常的监理工作范围，但项目变更是一个动态的过程，在这一过程中，监理工程师要密切注意，记录每一个变化点，充分掌握信息，及时发现变更引起的超过估计的后果，以便及时控制和处理。

（6）变更效果评估：在变更实施结束后，要对变更效果进行分析和评估，给出监理变更实施分析报告。

3．对开发、实施所需材料与设备的检查

对信息网络系统所用的软件、硬件设备及其他材料的数量、质量和规格进行认真检查。所用的产品或者材料均应有产品合格证或技术说明书，同时，还应按有关规定进行抽验。硬件设备到场后应进行检查和验收，主要设备还应开箱查验，并按所附技术说明书及装箱清单进行验收。

对工程质量有重大影响的软硬件，应审核承建单位提供的技术性能报告或者权威的第三方测试报告，凡不符合质量要求的设备及配件、系统集成成果、网络接入产品、计算机整机与配件等不能使用。

4．开工与停工的控制

监理工程师在检查工程时所需要的各种文档符合要求，可以报总监理工程师下达开工令。

监理工程师遇到工程中有不符合要求，且情况严重时，可以报总监理工程师下达停工令。在下述情况下，总监理工程师有权下达停工令。

（1）在实施、开发中出现质量异常情况，经提出后承建单位仍不采取改进措施者，或者采取的改进措施不力，还未使质量状况发生好转趋势者。

（2）隐蔽作业未经现场监理人员查验自行封闭、掩盖者。

（3）对已发生的质量事故未进行妥善处理和提出有效地改进措施仍继续施工者。

（4）擅自变更设计及开发方案自行实施、开发者。

（5）使用没有技术合格证的工程材料、没有授权证书的软件，或者擅自替换、变更工程材料及使用盗版软件者。

（6）未经技术资质审查的人员进入现场实施、开发者。

工程停工后的复工，也要严格遵照规定的管理流程进行，如图 4.19 所示。

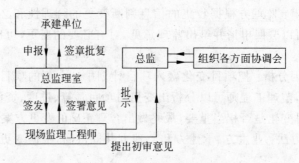

图 4.19　开工签核流程图

5. 项目实施阶段质量控制的其他方法

项目实施阶段质量控制的其他方法,如组织召开定期或不定期的项目现场会议,及时分析、通报工程质量状况,并协调有关单位之间的业务活动。

坚持质量监理日志的记录工作。专业监理工程师及质监人员应逐日记录有关实施、开发质量动态及影响因素的情况。

4.6.6　第三方对验收阶段的质量控制

工程验收是指工程竣工后,由承建单位(施工方)组织对该工程进行最终的检查验收。

工程交工是工程验收合格后,承包方与发包方双方办理项目产权转移手续和结清工程价款的活动。因此,工程验收、交工是工程实施阶段中的最终过程,其质量的优劣,将直接影响工程项目交付使用的效益和效用。

监理工程师在验收阶段的质量控制,主要通过对验收方案的审查和对验收过程的监控来完成,主要有以下几个方面的内容。

1. 验收阶段质量控制流程

验收工作组成员一般由建设单位、承建单位和监理单位共同组成,并按照如图 4.20 所示的流程进行验收。

2. 验收计划、验收方案的审查

承建单位提出验收申请后,监理单位首先要对其验收计划和验收方案进行审查,主要审查内容包括:验收目标、各方责任、验收内容、验收标准、验收方式。监理单位在接到验收申请后应给出明确的监理意见,决定是否可以进行验收工作。

3. 验收资料的审查

承建单位申请验收时,监理单位要审核以下资料是否齐全。

(1)承建单位与各方签订的信息系统工程建设合同。

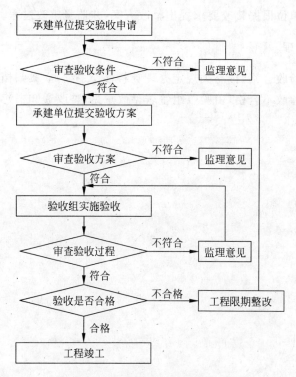

图 4.20　验收阶段质量控制流程图

（2）承建单位的设计、实施方案。

（3）承建单位的竣工报告、试运行报告、承建单位和建设单位的初验报告、承建单位对建设单位进行培训的报告。

（4）用户使用说明书、需求分析规格说明书。

（5）设计方案论证意见。

（6）设计、施工图纸。

（7）应用软件开发过程文档。

（8）系统调试报告（含调试记录）。

（9）系统试运行报告（含试运行中发现的问题及解决的方法）。

（10）系统检测报告等。

4. 对验收中出现的质量问题进行处理

（1）对工程中关键性技术指标，以及有争议的质量问题，监理机构应要求承建单位出具公正的第三方测试机构（如：政府质量监督部门等）提供的测试报告。第三方测试机构应经建设单位和监理机构双方认可才能进行相关测试。

（2）对验收中发现的质量问题要监理机构、承建单位和建设单位共同进行确认。

（3）对验收中发现的质量问题进行评估，根据质量问题的性质和影响范围，确定整改要求和整改后的验收方式，必要时应组织重新验收。

（4）督促承建单位根据整改要求提出整改方案，并监督整改过程。

5. 验收结论处理

（1）系统工程验收合格，按有关规定办理资料移交手续，立案归档。

（2）系统工程验收不合格，由验收组签署整改意见（整改通知书）交承建单位，并限期整改完成后再验收。

第5章
信息系统资源的风险管理与控制

　　信息系统建设的目的是为了人们更好的使用信息资源,帮助人们在信息采集、加工、传递、存储等方面进行高效工作。信息资源作为组织或单位的一项特殊资产,对组织或单位而言具有相当重要的价值,因此,对信息系统资源的风险进行管理与控制具有十分重要的意义。

5.1　信息系统资源的风险源

5.1.1　信息资产概念

1. 信息资产的含义

　　在 BS 7799 中,对信息资产进行了明确定义,即"信息资产是一种资产,像其他资产一样,对组织具有价值"。对某个具体的企业而言,信息资产是"企业目标实现过程需要充分使用的与信息系统相关的所有资源"。

　　BS 7799 列出的常见信息资产如下。

　　(1) 数据与文档:数据库和数据文件、系统文件、用户手册、培训材料、运行与支持程序、业务连续性计划、应急预案等。

　　(2) 书面文件:合同、指南、方针政策、企业文件、包含重要业务结果的文件等。

　　(3) 软件资产:应用软件、系统软件、开发工具和实用程序等。

　　(4) 物理资产:计算机、通信设备、存储介质(磁盘、磁带以及光盘),其他技术设备(供电设备、空调设备)、存放存储介质的家具及办公场所等。

　　(5) 人员:内部员工、客户或合作伙伴等。

　　(6) 企业形象与声誉。

　　(7) 服务:计算和通信服务,其他技术服务(供热、照明、电力、空调)。

　　信息资产作为一种经济资源参与企业的经济活动,为企业的管理控制和科学决策提供合理依据,并预期给企业带来经济利益。信息资产构成了企业信息系统应用的主体,对企业而言具有相当重要的价值。信息资产在不同的时期表现着不同的价值,其大小不仅仅是由于自身的价值,更重要的方面是其对组织目标实现的重要性和一定条件下的潜在价值。如企业的灾难恢复计划,在企业正常运营条件下,恢复计划往往被视为额外的成本支出,但是一旦出现灾难性的故障,有效的计划实施就会最大限度地减少企业的损失,其价值得到充分的体现。因此,对信息资产的保护对企业而言具有相当重要的现实意义。

2. 信息资产的特征

信息资产是企业拥有和控制的一项特殊资产,既具有一般物质资产的特征,又兼有无形资产和信息资源的双重特征。概括来说,信息资产所具有的特征主要表现在以下几个方面。

1) 信息资产的首要特征是其具有共享性

信息资产的共享性来自信息本身的非占有性。信息资产持有者不会因为传递信息而失去它们,信息资产的获得者取得信息资产也不以其持有者失去信息资产为必要前提,二者在信息使用上不存在竞争关系,因而信息资产可以被反复交换、反复使用。随着市场经济的发展和政府作用的不断增强,信息的共享性已经受到一定程度的限制,但是即使是这种受知识产权保护的信息资产在一定的范围内和一定的条件下也具有非排他性。这是因为,信息资产持有者可以通过收取使用费的方式允许他人使用而自己并不一定失去该信息资产。再者,由于社会知识产权制度只是对知识产权进行有限保护,使得信息资产不能被永远地独占使用,而在保护期结束之后的信息资产就会被全社会无偿使用,从而更加表现出其非排他性。此外,也会出现其他组织不遵守知识产权制度而窃取、仿制、传播信息资产的行为,使得信息资产在一定程度上难以被独占。

2) 信息资产具有高附加值

信息资产一旦被企业应用,就能创造出巨大的潜在价值,其所产生的经济利益将不可估量。信息资产带来经济利益的规模,通常不是受到生产规模的约束,而是受到市场规模的约束。如计算机软件,一旦研究与开发成功并投入市场,用于承载该软件的磁盘的边际成本微乎其微,生产、销售越多,其所产生的利润就越高。

3) 信息资产具有高风险性

信息资产的高风险性源自于信息资产使用的高附加值和传播的低成本性。在激烈竞争的市场环境中,信息资产的安全问题至关重要。一般来说,信息资产经常处于公共的介质中或处于流动状态,这就使信息资产的复制成本较低,从而导致企业拥有和控制的信息资产的安全性很差。没有安全保障的信息资产,谈不上资产价值。

4) 信息资产具有强烈的时效性

信息资产比其他任何资产更加具有时效性,对于一些流动性极强的信息资产来说,如市场类信息资产,如果不能在最恰当的时机加以开发利用,机会就会稍纵即逝,此后再对该信息资产进行利用,也不可能达到最好的效果,甚至可能会完全失去其效用;另一方面,即使对于流动性相对较弱的信息资产,如受到产权保护的科学技术类信息资产,其效用的发挥同样具有时效性。一般而言,科学技术类信息资产的产权保护期限都在 10 年以上,其时效性表现在,一旦过了保护期,这些信息资产不再受到保护而充分显示其共享性的特征;另外,在科学技术飞速发展的今天,技术的更新换代越来越频繁,其生命周期越来越短,即使在保护期内,信息资产也可能由于技术进步而很快被取代或者淘汰。

5.1.2　信息资产的风险源

信息资产所面临的风险源概括起来主要有 4 个,如图 5.1 所示。

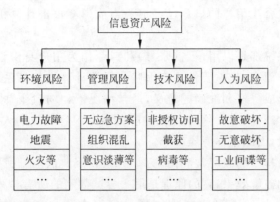

图 5.1　信息资产的主要风险源

(1) 运行环境方面的风险,例如水灾、火灾、地震、电力故障等。运行环境方面的风险不仅会给信息资产的管理带来损害,严重的将会损害信息系统本身。

(2) 管理方面的风险。如单位领导不重视,没有制定相应的安全责任制度或安全防范措施落实不到位,没有专门负责安全控制的组织机构,或组织机构太多,相互之间不协同等。

(3) 技术方面的风险。由于信息系统对信息技术的广泛依赖性,其信息的加工、储存和交换都离不开计算机以及现代通信网络技术的支持。一旦发生硬件故障或病毒入侵,则可能对信息资产造成严重的损害,给单位或组织造成巨大的经济损失。

(4) 与人相关的风险。例如由于人员的故意或无意而造成的信息资产风险,这种风险造成的损失是不可估量的。黑客的入侵窃取了信息秘密甚至有可能使整个信息链处于瘫痪;通过发送带病毒的邮件,使信息秘密处于其掌握中。另一方面,接触信息资产的工作人员如果安全意识不足或麻痹大意,又或者职业道德不高,损害信息资产谋私利,也有可能给信息资产带来损害。此外,被解雇人员和跳槽员工更是会带来潜在的风险。综合考虑各种潜在风险,作出相应的预防措施,有利于全面保护信息资产的安全。

由上述分析可见,在环境安全、技术控制、人员和管理 4 个方面实施风险控制,是保证信息资产安全的基本要求,也是信息系统资源使用中风险管理与控制的关键。

5.2　技术控制

对信息资产保护的技术控制手段有多种,例如,对信息系统弱口令的控制、病毒的防护等,其基本目的是抵御信息资产的威胁,减少信息资产的脆弱性,以降低信息系统使用过程中信息资产所面临的风险。下面将通过列举的方式进行讨论。

5.2.1　对弱口令的控制

口令认证是目前防止非法者进入和使用计算机系统最有效也是最常用的方法之一，而通过技术手段获取合法用户的口令已经成为当前黑客攻击计算机信息系统的重要手段之一。

绝大多数信息系统都是以用户名（账号）和口令作为用户身份识别的手段，因此，口令对信息资产的保护而言，其重要性不言而喻。所谓计算机信息系统的"弱口令"，到目前为止业界还没有形成严格和准确的定义，通常情况下，"弱口令"指的是仅包含简单数字或字母的口令，如"123"、"abc"等。因为这样的口令很容易被别人破解，从而使用户的计算机系统面临风险，因此被称为弱口令。

黑客对合法用户口令的破解常利用"穷举法"和"字典法"。"穷举法"对用户设置的纯数字口令有很好的破解效果，它的原理是逐一尝试数字的所有排列组合直到破解出密码或尝试完所有组合为止。而"字典法"则是由于某些用户喜欢使用英文单词、姓名拼音、生日、数字或这些字符的简单组合作为密码，黑客就可以先建立包含大量此类单词的密码字典，然后使用程序逐一尝试字典中的每个单词直到破解出密码或字典被遍历为止。

弱口令给黑客对口令的破解提供了便利。使用弱口令的计算机一旦接入网络将存在严重的安全风险。黑客利用扫描器可以探测到入网计算机所开放的端口，并尝试对弱口令进行破解，一旦破解成功，黑客可以远程控制该计算机，或将木马种植到该计算机上，严重的将导致网络系统的瘫痪。因此，对计算机系统的弱口令控制显得相当重要。

下面以农村基层信用社家庭银行应用为例，说明采用技术手段对弱口令的控制策略。

1. 家庭银行的安全需求

家庭银行有电话银行和网络银行（也称为网上银行）两种方式，电话银行是用户通过拨打电话方式进行金融交易的一种自助银行方式，因其使用简捷便利、费用低廉、交易方式灵活及无时间限制等诸多因素而深受广大储蓄用户特别是农民朋友的喜爱。网络银行是用户通过计算机中的电话拨号软件借助 Internet 技术而实现的另外一种家庭自助银行方式。

对用户而言，无论是使用电话银行还是使用网上银行，传统情况下都采用单纯的弱口令或用户名加口令的方式，这种方式下的口令由于大多数人在日常生活中怕麻烦或图省事，总是习惯于使用一个固定、易被记忆的口令，而且长期不修改它，因而这个口令就像是"固定的"或"静态的"，有时候也称这类口令为"静态口令"。

在众多的家庭银行系统中如果仍然使用"静态口令"方式，这样的安全防护方式等级很低且存在如下的缺陷。

（1）使用口令时易泄密：用户在输入口令时会被别人偷看。

（2）定义口令时易被猜测：一般人在规定自己的口令时具有一定的特征性，如出生日期、电话号码、身份证号、手机号码、家庭地址等，易被非法用户猜测和分析。

（3）连带性泄密：一般人习惯于在多种场合或者系统中使用相同的口令，而这些系统（如免费电子邮件的口令、ICQ、银行的密码等）只要有一个口令被别人猜测到，其他的口令也会很自然地被破解。

（4）口令时效性泄密：用户的口令长期不变，导致口令泄露的危险与日俱增。

从家庭银行业务的特点出发，结合银行服务对象的特殊性，同时考虑到操作的可行性和投资的成本等因素，我们总结出开展家庭银行应用对用户进行身份认证和有效管理的需求如下。

（1）安全性：将任何对信用社计算机网络系统构成威胁的因素和行为拒于合法访问网络资源之外，并同时保证终端远程登录的实时性和准确性。

（2）实用性：安全认证系统要方便普通老百姓的使用，无需额外技术培训和维护。

（3）经济性：由于大多数农村基层信用社特别是经济欠发达地区的信用社经济条件比较差，办公经费比较紧张，因此，考虑对用户身份认证建设时应尽可能考虑到"投入／产出比"，在较少的投资同时也保证安全的实际要求，以便最大限度发挥投资效益。

（4）可靠性：身份认证系统的可靠性是农村信用社计算机网络安全及用户有效管理的重要保障，为此，在方案设计时对用于身份认证的认证服务器设备选择冗余，以减少单点故障的可能性，确保身份认证系统的高效性与可靠性。

（5）可管理性：身份认证系统的可管理性要求这套系统具备与其他网络系统或者信用社的业务系统能够有高度的集成性，维护简单、管理方便。

为满足上述需求，最有效和最直接的办法是采用口令保护措施。下列方案就此有针对性地提出了基于"双因素动态口令技术"的身份认证系统，对家庭银行中用户使用传统静态口令进行有效管理，解决了静态口令容易泄密的安全隐患，很好地实现了对储蓄用户的身份进行认证和鉴别。

2．技术方案设计

1）"双因素动态口令技术"的介绍

双因素是密码学中的一个概念。从理论上讲，身份认证有 3 个要素：①用户所知道的内容，如密码和身份证号码等；②用户所拥有的内容，如一个动态口令卡、一个 IC 卡或磁卡等；③用户所拥有的特征，如指纹和瞳孔等。

普通的用户名与密码只实现了第一要素。双因素身份认证第一要素是只让使用者知道个人标识码（Personal Identified Number，PIN），第二要素是只有使用者才拥有硬件令牌卡，也称为动态口令卡。硬件令牌卡产生的令牌码在液晶显示屏显示时每分钟变化1 次，生成一个唯一的、无法预知的新密码，此密码只能被用户使用一次，重复使用就会被系统拒绝。当使用者输入口令时，需要先输入 PIN 码，再输入自己手中掌握的硬件令牌卡上生成的动态密码，这就是"双因素动态口令技术"。

双因素动态口令技术可以保证在动态口令卡上产生动态的不断变化的密码，这样即使黑客花大量时间截获了某个用户的密码也没有任何用处，因此用户可不必担心输入的密码被人窥视。利用双因素动态口令技术可以实现对使用网络、电话银行用户的身份进行鉴别,确保只有授权用户才能访问信用社内部的网络资源,而非授权用户通过非法途径所取得的口令字无效,通过这种方式有效地避免了原来使用静态口令的许多不安全因素。

2) 身份认证系统拓扑结构图及其业务流程

身份认证系统的拓扑结构如图 5.2 所示。身份认证系统的硬件由 2 个部分组成:①位于农村信用社计算机中心的"认证服务器";②位于每个家庭银行使用者手中的"动态口令卡"。认证服务器是与信用社的业务服务器协同工作并提供对用户端动态口令卡密钥进行认证的专用网络服务器,它同时也完成存储和管理用户数据的功能,认证服务器内有密钥保护卡,内含数字物理噪声器件,用来产生随机的用户密钥。使用者手中的动态口令卡用于生成用户当前登录的口令,为用户提供一个简单、方便的口令产生办法。采用这种身份认证系统既保证了用户口令无法被窃取又解决了口令频繁变换所带来的问题。

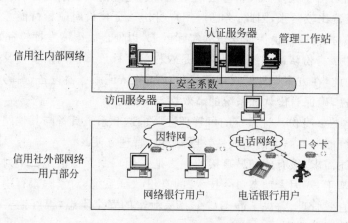

图 5.2　身份认证系统拓扑结构图

在用户端,使用者开启动态口令卡并输入正确的操作口令后,动态口令卡上便产生一个动态口令(Plogin),随即借助于网络或者电话线路传送至认证服务器进行认证。通过调用认证服务接口函数(API)来请求挂在信用社网络中心的认证服务器提供认证服务,认证服务器接收到用户信息后,根据系统信息库中的相应用户信息计算出用户当前唯一的动态口令(Pcurrent),再与用户终端传输来的动态口令卡上的动态口令(Plogin)进行比较,若 Plogin＝Pcurrent ,则认证系统认为该用户为授权用户,允许其登录并进行资源访问。动态口令身份认证的流程如图 5.3 所示。

3. 方案的特点讨论

该方案具有以下特点。

(1) 安全性高。采用动态身份认证技术,对储蓄户在家庭银行系统中的口令进行重点保护,抗破解能力强、安全性高,避免了因采用静态口令而带来的种种弊端,确保了只有合法用户才能访问网络资源,从而扩大和增强了信用社网络的各项功能,免除了后顾之忧。

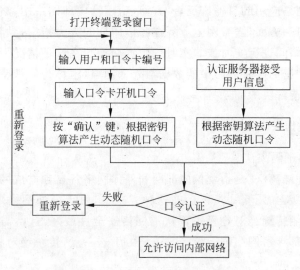

图 5.3　动态口令身份认证流程图

（2）使用方便。使用者无论是采用电话方式还是采用网络银行的方式与信用社发生交易，都不需要进行额外的技术培训，很贴近使用者原来的使用习惯，而且动态口令卡可以随身携带，用户可以在任何时候、任何场合使用而不用担心自己的口令会被别人掌握。

（3）扩展性好。本认证系统可以很好地兼容加密安全设备，包括服务器端和管理端外接或内置的加密机、加密卡，其作用主要是对重要数据提供可选择的加密保护。在服务器端和管理端可选的保护机制下，用户的数据和日志完整性通过加密设备进行保护，任何对用户数据的非法篡改都会被系统发现，因而具有很好的扩展性。

（4）通用性强。对电话银行、网络银行等方式都适用，而且不依赖具体的网上银行业务系统软件，也不依赖于农村信用社的网络拓扑结构。此外，在农村信用社将来的办公网络、数据库系统、重要的网络设备甚至数据大集中方式下的用户管理都可以使用，而且几乎不增加额外的投资也不会对信用社的网络结构做任何改动，具有很强的通用性。

（5）投资省。与使用 CA 等实现对用户的身份认证方式相比，本方案只要花费很少的投资就可以实现，既能够大幅度地提升家庭银行系统的安全性，也能够对使用者进行有效的管理。此外，这种方式在多家银行系统中已经有成功的应用案例。

（6）实施与维护简单。结合农村信用社业务系统的现有机制和技术人员的业务特点，采用本方案对用户进行管理，只要集中发行而不需要现场安装，因此，实施非常简单。相对于联机认证系统或者 CA 等认证方式而言，工作人员进行专项维护与现场维护的工作量与费用花费很少。

5.2.2　对内外网数据交换安全的控制

目前，我国各行业几乎都建成了自己的专有网络，基于网络的各类信息系统应用也日趋丰富和完善，计算机网络在各行业务开展中的作用越来越不可或缺。以农村信用社为例,由于计算机网络应用的日益广泛,一方面,信用社内部网络中都包含有大量高度机密的数据和信息,另一方面,随着网上业务在各信用社的大力推广,大量的机密数据必须在信用社内外部网络间进行实时或非实时的数据交换。在这种情况下,如何保证信用社内部网络(也称为涉密网、内部网)中的数据与外部网络(也称为非涉密网)中的数据进行安全交换便成了亟待解决的问题。

1. 内外网络数据安全交换的方式

1) 传统绝对物理隔离法

"传统绝对物理隔离法"是指单位内部网和外部网络各自独立成网,内外网络之间没有物理上的任何连接,如图 5.4 所示。在这种方式下,由于内外网络之间没有任何链路上的连接,因此,采用传统绝对物理隔离法的网络安全性最好,且不需要额外的投资,外部黑客也无法对内部涉密网络进行攻击。正是由于这一点,传统绝对物理隔离法目前还被不少单位采用。

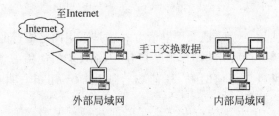

图 5.4　单位内、外网络数据交换示意图

随着网上业务应用的不断深入,基于网络的业务量将逐渐增大,对信用社而言将有越来越多传统的、重要的业务正向网上迁移,内外网络之间必须频繁进行数据交换,而采用传统绝对物理隔离法就显现出许多弊端。

(1) 因内外网络之间没有物理连接,故它们之间的数据只有借助工作人员的手工导入和导出才能进行交换。这种方式既增加了人力、物力,也给工作人员的维护增加了压力。

(2) 这种方式增加了人为操作失误的机会。

(3) 这种方式增加了计算机病毒交差感染的机会。

(4) 当数据过大或者外部数据与内部网络数据库间需要实时传递数据时,这种人工方式就难以满足实际应用需求。

(5) 数据交换无实时性。

2) 传统安全产品隔离法

"传统安全产品隔离法"是指单位内部网和外部网络之间利用防火墙、入侵检测等技术手段来实现内外网络数据的交换,防范来自外部网络的非法入侵。目前许多单位如银行、信用社等都采用这种方式实现内外网络隔离,应该说这种方式是目前最普遍、最流行的应用模式,但该模式在实现内外数据的安全交换方面存在着许多不足之处。

(1) 采用单纯的防火墙产品进行网络隔离,从单位外部网到内部业务网之间就会存在一条物理链路连接,如图 5.5 所示,这显然不符合国家保密局《涉密计算机必须物理隔离》的要求。

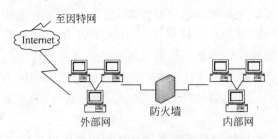

图 5.5　用防火墙隔离内外网络示意图

（2）因为内外网络之间客观上存在着一条物理链路连接,此物理链路中的设备很有可能被黑客攻破,设备中的安全漏洞就可能被黑客利用,进而威胁到单位内部网络系统、数据库等重要资源。

（3）传统安全产品如防火墙技术一般是通过过滤规则来检测进出网络的数据包是否合法,入侵检测技术通过匹配规则库判定是否有黑客入侵等,这些产品的工作原理无一例外都是基于一种条件判定逻辑,因而存在着局限性和不完整性。例如,防火墙不能检测所有数据包的具体内容,当外部黑客采用新的攻击手段对内部网络发生攻击时,防火墙不能预先了解等,这些给内部网络的安全留下了重大隐患。

因此,在内外网络之间采用传统安全产品隔离法进行网络隔离,实现数据的安全交换既不严谨也不太合适。

3）安装隔离卡法

“隔离卡”是安装在用户计算机网络接口和串行通信口上的标准计算机功能扩展板,是一种用户计算机（包括服务器）和两个网络系统中任意一个网络实现物理相连并且能够切换的设备。通过安全隔离卡控制软件,用户可以根据自己发送的切换指令来设置网络安全隔离卡的工作状态。而重新启动计算机后通过串行通信口,读取网络安全隔离卡的工作状态,可以实现工作站与指定网络系统的连接。网络拓扑结构如图 5.6 所示。

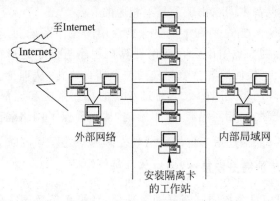

图 5.6　安全隔离卡连接示意图

通过安装隔离卡法实现内外网络数据的交换也存在着一定的风险。

（1）因为安装隔离卡一般需要通过重新启动计算机才能实现内外网络的切换连接，因此在安装安全隔离卡的计算机或服务器方面，当从一个网络（如内部网络）切换到另外一个网络（如外部网络）并重新启动计算机时，不仅给工作人员的管理带来极大的不便，而且在重启过程中不能够保证网络通信数据的一致性和完整性。

（2）只有安装安全隔离卡的计算机或服务器才能与外部网络进行数据的交换，当网络中安装安全隔离卡的计算机数量较多时，需要大的投资，而数量太少时，又没有多少实际应用价值。

（3）安装安全隔离卡的计算机或服务器在进行内外网络切换时，常常需要人工干预，使用灵活性不高。

（4）隔离卡产品的控制软件往往需要依赖目前比较流行的操作系统，如 Windows NT/98/2000/XP，Sco-UNIX，Linux 等，如果黑客或者病毒等通过对这些通用的操作系统进行攻击，导致操作系统瘫痪，此时隔离卡的控制软件也就可能无法正常地发挥作用。

现在有不少信用社在开展"银证通"、"银证转账"及"银税联网"等业务时还习惯沿用"前置机＋服务器"的应用模式，这种工作模式实际是隔离卡法的一个变种。

在"前置机＋服务器"的应用模式中，前置机上安装有双网卡，一块负责与合作单位如证券公司等进行通信，另外一块负责连接信用社内部的业务主机，前置机起到中转业务单位与信用社之间数据、实现与本地业务主机通信和交换数据的目的。但是这种模式一旦受到外部黑客的攻击，信用社内部的网络就完全暴露，这就等于攻破了信用社内部的所有机器，因此这种方式的安全隐患特别大，安装安全隔离卡不能作为信用社行业首选的实现数据安全交换的方式。

4）专有网络隔离数据交换系统（网络物理隔离器）

"专有网络隔离数据交换系统"也称为网络物理隔离器，它是一组特殊的硬件设备，包括内网主机（也称为内网关）、外网主机（也称为外网关）和物理隔离控制器（由存储介质和电子开关组成）3 部分。内网关与内部网络相连，外网关与外部网络相连，存储介质通过电子开关要么与外网相连，要么与内网相连，但是二者之间绝对不能同时相连，内网中的设备与外网中的设备之间在物理上是不相通的。

网络隔离数据交换系统的存储介质中含有专用的操作系统和通信协议。通信协议工作在链路层，因为存储介质中不含有任何计算机程序与指令的运行，在正常通信时外网关的 TCP/IP 被停止，任何黑客指令到外网关上即被终止，从理论上说，外部黑客是无法破解该系统的。内外网络之间的数据通过专用的操作系统和通信协议后才能进行交换，这样内外网络彼此独立、相互隔离、互不影响，从而确保了网络隔离的安全性，其工作原理如图 5.7 所示。

2．使用"网络隔离数据交换系统"的好处

（1）符合《计算机信息系统国际互联网管理规定》第六条及国家保密局《涉密计算机必须物理隔离》的文件规定："涉及国家秘密的计算机系统不得直接或间接地与国际互联网或其他公共信息网络相连接，必须实行物理隔离"。

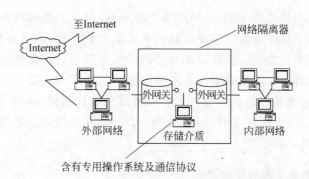

图 5.7　专有网络隔离数据交换示意图

（2）安全等级高。网络隔离数据交换系统在部门的内外网络之间创建了一个物理隔断，这意味着网络数据包不能从一个网络随意地流向另外一个网络，并且内部网络上的计算机或服务器和外部网络上的计算机之间从不会有实际的连接。

（3）使用内外网络隔离系统，可以允许内部网络中的计算机和外部不可信网络之间的数据、资源和信息进行安全交换，实时性好。

（4）网络隔离数据交换系统可以在保证内部可信网络安全的同时也允许在线式实时地访问外部不可信网络，不需要人工干预。

5.2.3　对远程数据传输的安全控制

本节通过对审计行业流动办公应用的介绍，讨论对远程数据传输的安全控制。

1. 当前常用的现场审计数据交换模式及安全特点

现场审计是指审计工作小组在远离审计机关的地点对企事业单位实施审计的一种方式。目前，现场审计人员与审计机关之间常利用以下方式进行数据交换：①原始数据交换法，即审计人员在被审计单位现场采集数据后不直接与局机关之间进行数据交换，而借助于人工方式将数据带回机关后利用计算机进行集中处理；②在现场利用电子邮件方式实现数据交换；③利用审计机关 OA 系统（如果已经开通的话）中的有关公文分发方式实现与局机关的数据交换。

方法①由于不涉及到数据在网络中的传输问题因而是安全的，但该方法不太符合网络环境下现场审计对数据传递的及时、高效的要求，随着"联网审计"应用的不断深入，这种传统的应用方式将会被逐渐淘汰。方法②、③尽管具有及时、高效、方便的特点，但这种通信方式存在比较大的安全隐患，分析如下。

首先，根据国家的有关保密规定：现场审计人员不能利用免费的私人邮箱（如：xyz@hotmail.com 等）来传递现场采集到的被审单位信息。其次，方法②、③应用的前提是先建立数据传输的"通道"，即现场审计人员与局机关网络之间必须先联网然后才能进行数据的交换。

在实际应用中，现场审计人员一般借助于公用网络（如 PSTN、ISDN、ADSL 等）与局机关网络之间建立通信链路,由于公用网络的开放性,以此为基础的数据传输存在着诸如 IP 地址伪装、电子邮件地址欺骗等威胁和安全隐患。再次,利用这种未加保护的、基于公用网络的数据传输方式可能导致来自公网的黑客对审计人员所用计算机及局机关网络造成攻击。黑客通过网络侦察等手段在不影响现场审计人员与局机关网络之间正常通信的情况下,对通信网络中传输的重要机密信息进行截获、窃取、破译等,如果需要则篡改相关的数据,改变信息流的时间、次序、流向等,从而破坏信息的完整性,因此,方法②、③是不安全的。

2. 现场审计数据交换的安全要求

通过对部分县市审计局,在掌握现场审计操作实务的基础上总结出现场审计数据交换的安全需求如下。

(1) 安全性:将任何对审计信息构成威胁的因素和行为拒于合法访问网络资源之外,保证现场审计与局机关网络之间数据交换的安全性,对发送信息者的身份进行合法性识别,此外,还要能够有效防止黑客对现场审计人员的计算机以及局机关网络之间造成攻击。

(2) 实用性:考虑到许多审计人员的计算机及网络知识比较缺乏或知之甚少,安全的信息传输(交换)要方便审计人员的使用,无需额外技术培训和维护。

(3) 经济性:充分考虑到投入/产出比,以较少的投资同时也要确保有相当的安全性,最大限度发挥投资效益,节省办公经费。

为满足上述需求,最有效和最直接的办法是采用基于防火墙的虚拟专用网(VPN)技术,它可以有效地解决现场审计中的安全问题,既能防范黑客对审计机关网络的攻击,也能确保信息在传输过程中的安全性。

3. 现场审计数据交换的安全实现

1) 防火墙与虚拟专用网技术

防火墙是指设置在不同网络(如可信的单位内部网和不可信的单位外部网络之间)或网络安全域之间的一系列部件的组合,它是不同网络或网络安全域之间信息交换的唯一"进出"口。防火墙技术能根据应用单位的安全策略要求(如允许、拒绝、监测)有效控制出入网络的信息流,已经成为当今网络和信息安全的基础设施。

作为安全控制点的防火墙能极大地提高单位内部网络的安全性,它通过过滤不安全的服务使只有经过精心选择的应用协议才能通过防火墙,从而降低了单位内部网络遭受攻击的风险,将所有经过策略认可的安全应用(如口令、加密、身份认证、审计等)配置在防火墙上,以实现对内部网络存取和访问进行监控和审计,有效防止内部信息的外泄。

虚拟专用网 VPN 技术是 Internet 技术迅速发展的产物,是人们利用公共通信网络,如分组交换网、帧中继网、ISDN、PSTN 或者互联网等的一部分来发送专有(私有)信息,形成一个临时的、安全的逻辑"专用"网络。所谓"虚拟"就是指用户无须拥有实际的数据传输线路,而是借助于互联网、公众数据网等现有的数据传输线路架构"属于"本单位(行业)的计算机网络通信链路。

一个典型的 VPN 系统如图 5.8 所示,主要由以下几个部分构成:①VPN 服务器:接收来自 VPN 客户机的连接请求;②VPN 客户机:发起对 VPN 服务器的连接请求,可以是一台普通的计算机也可以是一台路由器;③VPN 隧道:数据安全传输的通道,在隧道中传输的数据必须经过封装;④VPN 连接:数据传输的链路,在 VPN 连接中数据必须经过加密处理。

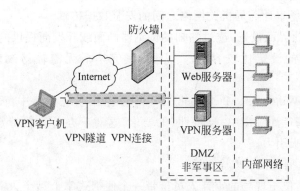

图 5.8 一个典型的 VPN 系统结构图

为了保障信息在 Internet 或公用网传输过程中的安全性,VPN 技术采用了目前比较先进和成熟的隧道技术、加解密技术、密钥管理技术和网络用户身份认证技术,实现了用户身份的认证、存取控制、机密性和数据完整性等功能,从而保证了机密信息在公用网络传输过程中不被窃听、篡改、复制。即 VPN 技术通过采用隧道技术,将需要传输的数据封装在隧道中进行传输,通信中双方首先要明确地确认对方的真实身份,进而在公用通信设施中建立一条私有的"专用"通信隧道,利用双方协商得到的通信密钥处理信息,从而实现在低成本非安全的公用网络上安全交换机密信息的目的。

防火墙与 VPN 技术的完美结合,使得审计机关能够将地域上分散的各分支机构、移动办公(如现场审计)、业务伙伴(如被审计单位)等有机地联成一个整体,不仅省去了昂贵的租用专门线路通信的费用,而且还能为信息共享、数据传输提供足够的安全保障:既解决了信息传输中的安全,又能防范不法分子对使用单位内部网络的攻击。

2) 基于硬件架构的防火墙 VPN 解决方案

在防火墙与 VPN 技术的实际应用中,有基于纯软件的解决方案和基于硬件的解决方案之分。由于 VPN 技术的加密传输机制需要消耗系统资源而影响网络性能,基于硬件的解决方案能将加密和解密功能交由专门的高速硬件来处理,从而比软件实现方式具有更好的性能,并且硬件实现方式还可以提供强大的物理和逻辑安全,更好地防止非法入侵,同时配置和操作也更为简单。但硬件解决方案由于价格高、设备体积大、不易移动等特点而影响它在现场审计中的应用。

目前,市面上出现一款便携式掌上型个人 VPN 硬件防火墙产品,该产品比较符合现场审计的安全应用需求,其功能特点如下。

(1)轻薄短小(128mm×80mm×15mm,125g),可以直接通过计算机的 USB 端口供电,很适合携带,这符合现场审计的工作需要。

(2) 提供 1 个 WAN 端口、一个 LAN 端口,提供 ICSA 认证的完整的状态侦测、黑客入侵防范、存取控制等功能。这个特点可以有效防止黑客对现场审计人员计算机的攻击。

(3) 提供 1 个 ICSA 认证的 VPN 通道,提供最高 34Mbps DES/3DES/AES 硬件加解密效能。这个功能对于移动办公的现场审计而言特别合适,一旦 VPN 通道连接成功,则可以充分保障现场审计与局机关网络之间的安全数据传输。

(4) 支持图形化界面设置,透过熟知的浏览器画面或开发商提供的安装精灵软件,使得安装及有关参数的设定比较容易。一旦设置完毕后无需轻易改动,具有很强的实用性。

(5) 能运行于 Windows、Macintosh 或 Linux 操作系统环境中,而且该产品价格便宜,能充分满足现场审计应用中"经济性"的要求,这对于办公经费特别紧张的审计单位而言具有比较大的吸引力。

3) 现场审计数据交换的安全实现

如图 5.9 所示,位于现场的审计人员携带一个便携式掌上型个人 VPN 防火墙产品,通过简单的设置后与个人笔记本相连或与被审单位的局域网相连。通常情况下现场审计人员采用电话拨号方式与局机关相连,如果局机关内部配备了拨号访问服务器,则现场审计人员通过拨号经局机关内部防火墙的身份认证后进入机关内部网络,现场审计与局机关网络建立 VPN 隧道连接;如果局机关内部未配备拨号访问服务器,则现场审计人员通过电话拨号进入所在地的 ISP,然后通过客户端软件与局机关的 VPN 服务器(局机关内部防火墙)建立 VPN 隧道连接。一旦 VPN 隧道连接成功,现场审计人员就可以安全地对局机关的文件服务器、网站、OA 服务器等进行访问,对电子邮件等进行接收,不同地点办公的审计项目组成员之间也可以按此方式进行安全的数据交换。

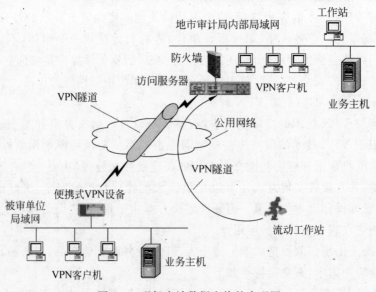

图 5.9　现场审计数据交换的实现图

4．方案的特点分析

1）安全性高

本解决方案一方面可以保证现场审计与局机关网络之间数据交换的安全实现，另一方面也有效地避免了黑客对现场审计人员计算机的攻击，确保只有合法用户才能访问网络资源，从而增强了审计网络应用的安全性。

2）实用性好

第一，本文所讨论的数据交换模式不依赖于审计部门现有的业务系统，也不依赖于审计部门已有的网络拓扑结构。第二，这种模式也很贴近审计人员原来的使用习惯，完全符合当前审计工作人员的计算机操作水平。第三，这种模式具备所有硬件防火墙与VPN技术解决方案的优点，同时也具有软件解决方案便于携带的特点。

3）投资省

与使用纯软件VPN解决方案相比，本文所讨论的模式只增加了少许的花费；与采用CA或安全电子邮件等数据交换方式相比，节省了大量的投资。此外，本解决方案采用了基于防火墙应用的VPN技术，可实现强大的安全保密功能，完全符合审计行业移动办公经济性的需求。

5.2.4　统一威胁管理技术的应用

本节通过对银行业安全需求的分析，讨论统一威胁管理技术的特点和应用模式。

随着信息技术和网络技术的不断发展，全球信息化已成为人类发展的大趋势。金融业在信息化建设上无疑是走在了时代的前列，同时也是信息技术和网络技术发展的最大受益者之一。信息技术在给金融业带来效益和便利的同时，也给信息安全带来了挑战。

1．银行计算机网络系统安全的新需求

随着我国经济体制改革的进行，各银行纷纷将竞争的焦点集中到服务手段的提升上，不断加大信息化投入，扩大计算机网络规模和应用范围，以提高银行的竞争能力。但是，电子化在给银行带来利益的同时，也给银行带来了新的安全问题，即计算机网络安全问题。

由于TCP/IP协议本身的缺陷和计算机网络具有连接形式多样性、终端分布不均匀性和网络的开放性、互联性等特征，致使网络信息技术的发展过程，实际也是一个反网络安全的过程，在此过程中出现了各种网络安全技术和产品，如防火墙、防病毒网关、IDS、VPN等技术，在一定的时期对网络安全提供了保障。

但是随着网络攻击技术的不断成熟，各类攻击逐步从网络层向应用层发展。传统单一功能的安全防护设备虽然专业性强，但是往往需要多台安全设备和系统配合组网，协调性、可维护性、投入成本往往不尽如人意，存在着较大的局限性，已无法满足银行网络系统的安全需求，银行网络系统安全需求主要呈现了以下新趋势。

1）降低投入成本

构建银行网络安全系统是一件非常复杂的过程，银行需要投入大量人力和财力，除网络信息安全涉及的技术含量高、产品昂贵的因素之外，主要原因在于大部分安全产品

如防火墙、VPN、IPS、防病毒等功能单一,购买总价高;为了集中管理、存储日志或者及时更新产品,可能还需要为各家不同的产品配置策略服务器、日志服务器或更新服务器,这些附加设备的投入会随着安全产品的引进而成倍增加,投入产出比升高,降低了银行的竞争能力。因此,用户非常迫切地希望降低在安全建设上的投入,希望能够在节省成本的情况下完成安全建设。

2) 安全防范能力的需求增强

随着互联网的发展,网络攻击技术的不断变化,网络安全呈现出很多新的问题,主要表现为:①攻击手段更加灵活,混合攻击急剧增多。当前的黑客手段和计算机病毒技术结合日渐紧密,攻击效果更显著,如 Nimda、My. Doom、Worm_Netsky、ARP 欺骗等病毒造成很大危害。②系统漏洞发现加快,攻击爆发时间变短。近年来新的计算机安全漏洞不断被发现,使网络系统管理员疲于奔命,"零日"、"零时"攻击威胁严重。③电子邮件问题严重,间谍钓鱼程序威胁安全。垃圾邮件和病毒是困扰电子邮件的两个主要问题,不仅占用网络带宽和服务器资源,还带来病毒和恶意代码。④层出不穷的即时消息和对等应用,如 MSN、QQ、BT 等也带来很多安全威胁并降低了员工的工作效率。所以传统安全解决方案,如单一的防火墙、单一的防病毒已经无法有效解决这些问题。

3) 提高安全运维效率

大部分银行网络安全系统是在原有的系统基础上增加的,在增加的安全设备与原有网络设备、安全设备之间都可能遇到兼容性问题,在部署实施中会相互冲突,安全设备越多,冲突的机会就越多,这在客观上增加了部署实施的难度。并且每个安全设备都有一套自己的配置管理方法、安全策略,用户自身配置多种安全设备策略的难度较大,安全策略不能根据实际情况及时调整。另外,在安装调试完成后,如果设备出现问题用户还需要联系不同厂商来解决,有时甚至需要协调相关的几家厂商同时到场分析解决,非常复杂。由此可见,从安全系统运行维护的角度看,在不牺牲功能、性能的前提下,用户希望安全设备越少越好。

总之,传统的基于专用设备的安全解决方案已无法满足用户的需求,只有将各种安全防护功能整合到一个平台上,融为一体,进行统一管理,才能彻底解决银行网络系统的安全问题,统一威胁管理是满足银行需求的理想解决方案。

2. 统一威胁管理技术的特点

统一威胁管理(United Threat Management,UTM)是由美国 IDC 公司在 2004 年 9月提出的,由硬件、软件组成的专用安全设备,它主要提供一项或多项安全功能。它将多种安全特性集成于一个设备里,构成一个标准的统一管理平台。

UTM 设备应该具备的基本功能包括网络防火墙、入侵检测、入侵防御、VPN、网关防病毒等功能。这几项功能并不一定要同时都得到使用,但它们应该是 UTM 设备自身固有的功能。图 5.10 表示 UTM 所具备的功能模块。

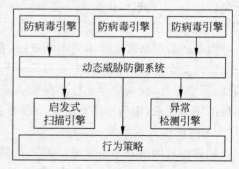

图 5.10　UTM 具备的多种功能模块

UTM 通过集成多项安全功能,实现了多项安全技术无缝集成,达到在不降低网络应用性能的情况下,提供集成的网络层和应用层的安全保护。

3. UTM 在银行网络系统中的典型应用

在金融业竞争日益激烈的今天,银行为了增强自身的发展能力和影响力,在改进服务手段、增加服务功能、完善业务品种、提高服务效率等方面做了大量的工作,以提高银行的竞争力,争取更大的经济效益。而实现这一目标必须通过实现金融信息化和电子化,利用高科技手段推动金融业的发展和进步,网络的建设为银行业的发展提供了有力的保障,并且将为银行的发展带来巨大的经济效益。

银行网络系统非常复杂,按照其作用范围分,可以将其分为:①内网,它需要和总行、省行、市(县)行相连;②办公网,用于银行内部无纸化办公;③外联网,需要和上级主管部门(如人行、银监局、外汇管理局)和合作伙伴(如银联、银行、电信、水电气等管理机构)联网;④互联网,银行需要提供网上银行业务,内部员工需要与外部信息沟通,银行网络还需要接入 Internet。

"在这样一个业务应用众多、安全要求高的复杂网络系统中,采用 UTM 技术则可为银行提供一个安全经济的解决方案。UTM 在银行网络系统中的典型应用如图 5.11 所示。"

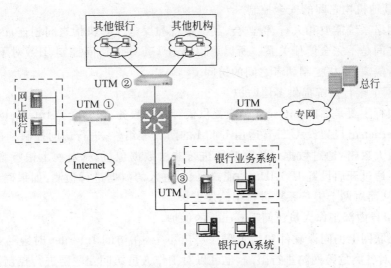

图 5.11 UTM 在银行网络系统中的典型应用

整个网络纵向由总行覆盖到省、市(县)分行,横向也有很多机构和其他银行。在此方案中,每一级网络系统中运用 4 台 UTM 设备,通过这 4 台设备既可以防范网络攻击、控制非法访问,也可以阻挡病毒入侵、免受垃圾邮件干扰。同时,总行与支行之间、银行和管理机构(合作伙伴)、移动用户与办公网络之间可以进行 VPN 加密传输,为整个系统提供了完整的混合威胁防护解决方案,让银行真正做到轻松防范各种威胁,有效保证银行网络系统高效可靠地运行,业务系统稳定安全地运转。

4. 方案的特点

1) 统一管理平台,按照需求进行配置

UTM 为用户提供了统一的管理平台,用户可以根据实际需求对防火墙、VPN、防病毒、内容过滤、反垃圾邮件、入侵检测等功能进行开启或关闭。可在管理平台上对所有功能统一配置管理,一条策略即可完成对所有安全检查的配置。可集中下发策略、集中日志收集和报告。提供统一的升级服务器,自动实时更新 IPS、反垃圾邮件、反病毒、内容过滤的特征库。

2) 对银行业务系统的防护

银行业务系统是银行核心的系统,数据的安全和系统运行需要"365 天"的稳定可靠,UTM 开启防火墙、IPS、IDS、防病毒网关功能,通过访问控制、CCI、防病毒技术、安全审计机制和告警机制对该系统和数据进行完全的防护。

3) 银行专网之间的保护,移动办公用户的控制

银行广域网之间通过 UTM 的 VPN 功能建立专网连接,数据运用加密方式传输,以确保信息的安全。移动用户,可以通过 L2TP 或 PPTP 方式拨入办公网络。同时,UTM能对 VPN 隧道内数据进行病毒查杀和内容过滤,以确保传输的数据安全可靠,没有被病毒感染。

4) 与其他机构之间的安全控制

银行网络系统需要和人行、银监会、其他银行和煤电气等机构之间相连,因为这些机构与银行之间是不完全信任关系。所以可以通过 UTM 的访问控制、IPS 对不信任的机构之间进行隔离,严格控制两者之间的访问。

5) 对网上银行系统提供多层防护

网上银行主要是面向 Internet 公众提供银行业务服务,极易受到 Internet 黑客攻击。通过在 Internet 出口架设 UTM,运用 UTM 的防火墙组件,进行访问控制和抵御 DOS/DDOS 的强大攻击,通过数据包检测功能进行非法数据包过滤,对网上银行系统进行第一层保护。通过开启设置 IPS、IDS 功能,确保对进入的数据进行检测,如果确认非法,则进行阻断,从而对网上银行系统进行第二层保护。

6) 对银行内部工作人员访问 Internet 的保护

目前互联网上的间谍软件和钓鱼程序层出不穷,在访问 Internet 时容易遭受攻击,UTM 可以对各类危险网站进行阻隔,也可以对工作人员访问互联网进行控制,从而避免遭受攻击。UTM 可以在线自动更新,将 Internet 上不良的 Web 内容、间谍和钓鱼程序的网站分类屏蔽。

7) UTM 自身的防护

要保护网络系统的安全,首先 UTM 本身要保证安全。系统供电、硬件故障等特殊情况的发生,都会使防火墙系统瘫痪,严重阻碍网络通信,UTM 使用了新一代的 ASIC芯片技术,保证了 UTM 的运行速率和高可靠性,同时可以在本方案中使用 UTM 的双机热备技术,采用 UTM 冗余备份的方案,提高 UTM 自身的抗攻击力,确保整个系统不间断地稳定运行。

UTM 为银行网络系统提供了可靠的安全解决方案,为金融业全面信息化、网络化提供了安全可行的技术保障。随着 UTM 的不断推广和老一代安全产品的更新换代,UTM 将会得到更为广泛的应用。

5.2.5　防信息泄露技术的应用

随着信息技术应用不断深入,计算机以及网络已成为当前企业开展电子商务,实施信息存储与沟通的重要载体。一方面,企业在享受计算机以及网络实现资源共享并协同作业,另一方面,对关系到企业发展的许多重要机密数据的使用与管理已成为当前众多企业面临的新问题。企业如何在开展电子商务的同时管理和使用好本单位的电子数据,已成为当前企业开展电子商务所必须要考虑的重要问题。

1. 当前企业内网数据安全所面临的主要威胁

目前,企业电子数据所面临的主要威胁表现为以下几个方面:黑客入侵;计算机病毒感染;人为蓄意破坏;员工对涉及知识产权、专利等企业敏感信息有意或无意地泄露;对电子设备的不当使用;内部规章制度的不完善或落实不到位等。

根据美国 CSI/FBI 的调查,对一个企业而言,所有计算机安全事件中来自企业内部信息(数据)泄露造成的经济损失连续 5 年排在第一位。

中国国家信息安全测评认证中心的调查结果也表明:在众多的安全事件中,最主要、也是最危险的安全事件是来源于企业内部的信息泄露。由于员工有意或无意造成的信息(数据)泄露所产生的危害极大且防不胜防,它可以导致企业核心竞争力下降,造成企业的声誉损害,引起法律纠纷甚至危及社会的稳定等,可见,解决好来自企业内部的信息泄露已成为当前企业开展电子商务确保数据安全的首要任务。

2. 防水墙系统介绍

目前,大多数企业针对内部信息(数据)泄密事件的防范大多还停留在制定和落实规章制度层面上,然而,这些措施存在着诸如过于被动和执行不到位等现象,其实际效果往往不佳。在安全技术的应用方面,大多配置了防火墙和防病毒软件等,但这些措施对防范来自企业外部的黑客入侵和计算机病毒感染有帮助,不能很好地解决企业内部的信息泄露问题。因此,有必要采用一种防数据泄密的新技术,在技术层面上确保企业内网数据的安全。

1) 防水墙系统简介

"防水墙"是相对于"防火墙"的一个概念,最早是由国内知名的大型 IT 公司提出,目前已得到业界的广泛认可。与防火墙不同,防水墙作为网络安全领域的一种新应用,主要针对单位内部信息(数据)安全的管理与控制,可以有效防止企业内部敏感信息(数据)的泄露。

从本质上说,防水墙系统是一个以内网安全理论为基础,以数据安全应用为核心,通过密码学技术、PKI 技术、操作系统核心技术和国产自有创新技术,从用户身份管理、数据安全管理、设备安全管理和综合安全审计等方面对数据的存储、数据的传输和使用等整个生命周期进行控制、保护和审计,确保企业内网数据的完整性和保密性,从而达到防止企业内部敏感信息的泄露,确保企业内网信息安全的目的。由此可见,防水墙系统可以很好地帮助企业保护内网的数据安全,从事前、事中、事后对企业内部的数据进行全面防护。

2) 防水墙系统的体系结构及其主要功能

完整的防水墙系统由 3 部分组成:防水墙服务器、防水墙控制台和防水墙客户端,其体系结构以及在电子商务应用中的位置如图 5.12 所示。

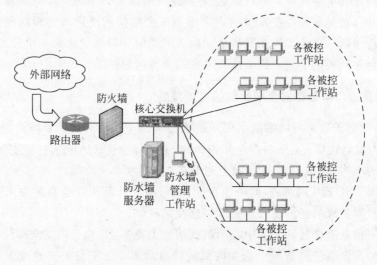

图 5.12　防水墙系统在电子商务应用中的位置

防水墙系统各部分的主要功能如下。

(1) 防水墙服务器

包括服务器端软件和支持数据库,是防水墙系统的核心部分。通过安全认证机制,建立与多个客户端(受控制的个人计算机)系统的连接,实现对多个客户端系统的配置、策略制定、操作审计等功能。

(2) 防水墙控制台

实现系统管理、参数配置、策略管理和系统审计等功能,是系统管理员、操作员、审计人员等与防水墙系统的界面。控制台采用分权分级的管理模式,严格限制相关人员对敏感信息的访问权限,充分保证系统的安全性。

(3) 防水墙客户端

防水墙客户端是指防水墙系统应用中受控制的个人计算机,通过安装监测软件对客户端的计算机进行监控,支持本地安装和远程安装两种方式。

3. 企业内网数据安全防范的技术实现

1) 身份认证

通过制定严格的口令策略,充分利用防水墙系统提供的身份验证功能,在员工登录计算机时,强迫使用者除需提供传统的用户和口令认证外,还需进行防水墙赋予的用户名和口令认证,以充分保证用户使用企业内部电子数据资源的合法身份,防止用户由于口令设置简单或保管不善而造成的安全攻击行为,为合理使用内网数据构建第一道安全屏障。

2)访问控制

防水墙系统提供了3种对电子资源访问的安全控制机制,基本涵盖可能造成泄密的各种途径,可有效防止企业内部的泄密事件。

(1)网络访问控制:通过制订如MAC绑定、对VLAN划分、IEEE 802.1Q身份验证、基于IP地址的访问控制列表等安全策略,有效防止内部员工对不当网页的浏览,对敏感文件的上传下载,控制员工通过电子邮件发送机密信息以及对网络数据的不当共享所造成的访问等。

(2)设备使用控制:针对目前越来越多的移动存储设备(如U盘、大容量移动硬盘等)以及计算机丰富的外设接口(如USB、IRDA、SERIAL口等)给企业内部控制增加难度等现状,利用防水墙系统对计算机丰富的存储设备、外设接口等实施严格控制,使终端用户在未经授权的情况下无法使用计算机的相应接口以及移动存储设备。

(3)打印控制:将电子数据打印成纸质文件等是造成企业内部机密信息泄露的一个重要渠道,为此,利用防水墙系统对企业内部用户使用打印机的状况进行控制,如制定禁止使用打印机的成员组、允许使用条件打印和审计跟踪等控制策略,来对企业内部使用打印机的用户进行控制,保证用户对打印机的合规使用。

3)对"非法内外联网"计算机的控制

通过制定严格的应用策略,对计算机联网状况进行实时监控,限制员工执行的应用程序、关闭相关的端口、服务、网络接口等,可有效阻止内部用户通过Modem、GPRS无线拨号等方式与外部网络进行连接,防范"非法外联"情况的发生;通过对非法接入内网的计算机设置报警和阻断、实时抓取网上计算机的界面(如果需要)等措施,可以防止未经授权的计算机接入企业内部网,有效阻止"非法内联"情况的发生。

4)安全审计

防水墙系统在事前能从技术上进行预防,在事中通过相关操作进行控制,在事后实施有效审计,因此,可对电子数据资源应用的主体进行有效的管理。防水墙系统提供的"黑匣子"会记录使用者在某计算机上所进行的任何带有违规行为(包括信息泄露等)的操作,一旦发生数据泄密事件,通过"黑匣子"可容易地定位在什么时间、什么主机直至到什么人进行的相关操作,管理人员通过对"黑匣子"文件进行分析,追查泄密的过程以认定泄密者。

防水墙系统已是目前国内市场中非常成熟的内网安全管理系统,对防水墙系统的合理配置与规划,可很好地满足企业开展电子商务内网数据安全防护的需要,切实降低信息泄密的风险,在技术层面上确保企业内网数据的安全。

5.2.6　指纹识别技术的应用

指纹识别作为生物识别技术在身份识别领域中最为成功的应用之一,近年来已得到快速的发展和广泛的应用。下面以指纹识别技术在银行柜面的应用,讨论指纹识别技术的原理及实现。

1. 指纹识别技术原理

生物特征识别是一种借助先进的计算机技术,根据人的指纹、虹膜、掌纹、脸型、DNA等生物特征,通过多指纹识别算法,在较短时间内完成对人的身份进行认证(识别)的方法。指纹识别技术属于生物特征识别方法的一种,它通过采集人的指纹图像进行匹配识别,确定或确认指纹所有人身份的生物特征,其基本原理是通过取像设备读取人的指纹图像,然后用计算机识别软件提取指纹的特征数据(如手指表面交替的"脊"和"沟"等信息),最后通过匹配算法获得识别结果。

指纹识别技术的原理框图如图 5.13 所示。

图 5.13　指纹识别系统框图

指纹识别技术包含两个重要的过程:登录过程和识别过程。登录过程就是第一次采集特定个人的指纹以生成供识别的基准指纹特征模板,能够把此人的身份信息或身份标识与基准模板约束后存放到指纹模板库或个人身份存储介质(如 IC 卡)上。

在识别或验证阶段,用户首先要采集指纹,然后由计算机系统对指纹信息自动进行特征提取,提取后的待验特征纹将与数据库中的模板进行比对,并给出比对结果。指纹识别技术中的登录与识别过程如图 5.14 所示。

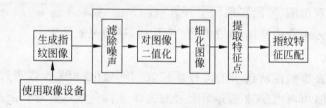

图 5.14　登录与识别过程框图

在实际应用中,用户可以输入其他的一些辅助信息,如账号、身份证号、用户实名等信息,以帮助认证系统进行更加有效的身份匹配从而证明用户身份的合法性。

2. 银行柜面应用的安全特点及需求

柜面作为银行对外服务最直接的窗口,也是银行与客户接触最为频繁的场所之一,日常生活中,银行的许多业务是通过柜面完成的。随着银行新业务(如中间件业务)的拓展,客户需要注册的私人信息越来越细,安全认证所需的口令密码等也越来越多,而任何用户信息的泄密都将给客户带来损失,同时也制约着银行业务的健康发展。

目前,在银行柜面业务中常用的身份认证是基于"密码键盘"的口令输入法,这种操作是一种典型的传统口令认证法,其认证机制存在许多缺陷。使用"密码键盘"最大的隐患在于用户在进行口令密码输入时其他用户不会自觉遵守银行关于"一米线"的规定,因此,口令密码极容易被他人偷看到,而且口令一旦泄密或被他人盗用后,银行的业务系统不能察觉也没有相应的防范措施,从而存在着巨大的安全隐患。因此,寻找一种新的、安全、可靠的身份认证系统势在必行。

从实际情况出发,银行对用户进行身份认证和有效管理的需求如下。

(1) 安全性:将任何对银行业务应用系统构成威胁的因素和行为拒于合法访问网络资源之外,并同时保证终端登录的实时性和准确性。

(2) 方便性:对用户的技术要求低,力求方便普通百姓的使用,无须额外技术培训和维护。

(3) 可靠性:身份认证系统的可靠性是银行业务系统安全及用户有效管理的重要保障,为此,用于身份认证的技术与产品应该成熟和稳定,确保身份认证系统的高效性与可靠性。

(4) 严谨性:身份认证系统应能很方便地验证用户的真伪,防止假冒或人为伪造现象的发生。

为满足上述需求,最有效的办法就是在柜面业务中对用户采用基于指纹识别的身份认证方式。由于指纹识别技术采用活体指纹读取技术,具有唯一性、稳定性、随身性、便于采集等特点,与目前常见的其他身份认证识别技术(如传统口令认证法、IC卡认证法、双因子动态口令身份认证法等)相比,指纹识别安全性高、防伪能力强,已经成为当前应用比较广泛、使用最为方便的技术之一。

3. 柜面业务用户身份认证系统的设计与实现

1) 系统结构

指纹识别系统在银行柜面业务应用中的系统结构如图5.15所示。整个指纹识别系统包括:位于银行中心网络内的指纹识别处理服务器和位于各营业网点的指纹采集工作站两部分。指纹识别处理服务器负责建立、维护、查找指纹数据库,为来自各网点的客户机提供有关指纹档案的各项基本操作。此外,该服务器通过传输介质与银行各分支机构网点网络进行通信,实现指纹信息的在线比对与验证。

位于各网点的指纹工作站专门负责对用户的指纹进行采集。每台指纹采集工作站由一台PC+指纹仪+扫描仪+处理软件构成,放置在银行网点营业柜台内并由专职人员操作和管理。该工作站可以对用户进行初次指纹扫描和登记,建立初始样本数据并上传到服务器;查询和打印用户(个人)的账户信息;负责完成对指纹特征的实时提取任务等。

2) 身份认证过程

当用户到银行柜面进行款项支取时,储户必须利用指纹认证装置实时提取指纹特征,并通过网络传输介质与后台指纹数据库中的指纹模板进行比对,如果匹配,则可支取,否则将拒绝该项业务,流程如下。

(1) 调用前台认证模块,实时提取用户的指纹特征。

(2) 将提取到的特征与业务数据一起发给银行后台服务程序。

(3) 银行后台服务程序根据账号信息从后台数据库中检索出用户预留的指纹模板。

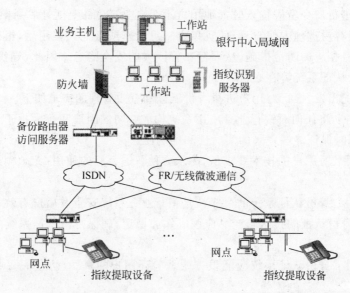

图 5.15　指纹识别技术在银行柜面业务中的应用

（4）银行后台服务程序组织验证参数，向后台指纹验证服务提出验证请求。

（5）后台指纹验证服务比对随请求而来的两个模板，并把结果回送给银行后台服务程序。

（6）银行服务后台程序根据比对结果同意交易或拒绝交易。

整个交易的业务流程如图 5.16 所示。

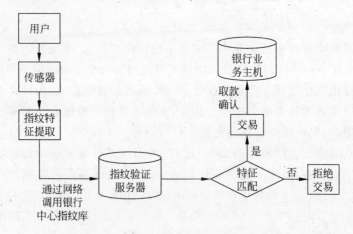

图 5.16　交易的业务流程

4. 指纹识别技术应用的特点

采用指纹识别技术实现对用户身份的合法性认证在国内外银行业中已有成功的应用，用户无需银行卡更不需要输入令人烦恼的密码就能够安全可靠地办理银行业务。由于人的指纹具有唯一性和不变性，在实际应用过程中具有极大的方便性，因此，指纹识别技术在对银行用户的身份进行认证时具有相当高的安全性、便捷性和可靠性,这对安全有着特殊要求的银行业具有相当大的实际应用价值。

5.2.7　PKI 技术的应用

为解决众多的 Internet 安全问题,世界各国的科技工作者进行了多年的研究,初步形成了一套以 PKI 技术为核心的 Internet 安全解决方案,保证信息在 Internet 传输中的保密性、完整性,身份的真实性和抗抵赖性。本例以电子签章的应用为例,讨论 PKI 技术在身份认证领域的具体应用。

1. 电子签章的含义及其理论基础

电子签章是指所有以电子形式存在,依附在电子文件并与其逻辑关联,可以辨识电子文件签署者身份,保证数据信息在网络传输过程中的完整性,并表示签署者同意电子文件所陈述事实的内容,电子文件接收者无法抵赖所接收到有关信息的事实,确保依赖网络进行数据传输的内容不被篡改的一种安全保障措施。

电子签章以其独特的安全技术将传统的手写签名与印章方式在网络应用中加以体现,可以实现在多种文件格式(如.doc、.xls、.html、.pdf、.dwg、.nsf、.eml…、.DIY)上签署单位公章或个人手写签名,并将该签章、手写签名与在网络中需要传输的文件(全部或部分)进行绑定,一旦被绑定的区域发生改变(如非法篡改或网络传输错误等),则所签的公章或手写签名将失效,这对金审工程在全国范围的推广、确保审计信息的机密性提供了可信赖的技术条件。

电子签章系统的理论基础是公钥基础设施(Public Key Infrastructure,PKI),其核心是 PKI 中的数字签名技术。数字签名技术具体实现时,要求无论是签名方还是验证方都需具有由第三方颁发的证书,如可以借助于政府 CA 中心实现。

下面以各地市审计局或一线进行审计任务的移动办公人员与厅机关大楼内部工作人员之间依靠数字签名技术进行信息交互的过程为例进行介绍。数字签名方与验证方对电子数据的处理过程如图 5.17 和图 5.18 所示。

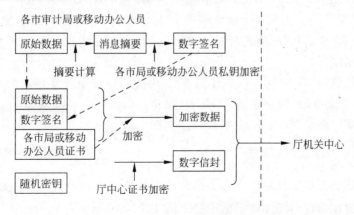

图 5.17　数字签名方的数据处理过程

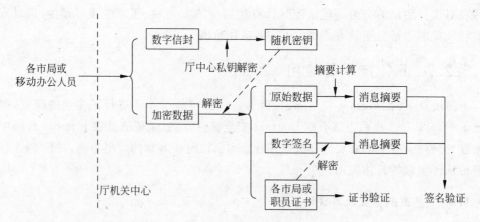

图 5.18　数字签名验证方的数据处理过程

上述数字签名技术由于采用了 PKI 的公钥与私钥机制,保证了所传送数据的正确性及不可抵赖性,通过数字信封技术保证了数据在各种介质内存储的保密性。

由于数字签名是一组一般人难以理解的字符串,这对于使用者特别是审计工作人员而言太抽象,不直观。而电子签章正是利用了数字签名的原理将传统的印鉴文化与现代密码学原理进行结合,在网络环境中替代日常生活中的手写签名与公章,因而更能够为审计机关的工作人员所接受和采用。

2. 电子签章技术的实现

电子签章在技术上已经很成熟,其产品一般是由支持 PKI 技术的带 CPU 的硬件 IC 卡或 USB Key、IC 卡读写器及支持各种应用的软件组成。IC 卡或 USB Key 用于存放单位或个人数字证书及做签名运算,IC 卡读写器用于 IC 卡和计算机相连。各种应用软件用于完成不同环境下的电子签署(如电子公章、手写签名、数字证书等),IC 卡或 USB Key 的插拔由程序自动监测,硬件卡中的数字证书不会残留在内存或硬盘中。

审计人员在具体使用电子签章系统时通过与日常办公几乎一样的操作流程就能够实现签章与验章过程。以对 Word 文本操作为例,当审计人员启动 Word 文件后,在 Word 文件的菜单条上会出现一个新菜单——"数字签名"项,在该"数字签名"下拉菜单中包含"插入签名(章)"和"删除签名(章)"两个工具,分别供审计人员在文本中进行电子公章的插入或删除使用。

当审计人员利用 Word 制作出审计报表后,将光标定位在所要签名的 Word 文档某位置,点击 Word 菜单的"数字签名"工具项,在弹出的下拉菜单条中选中"插入签名(章)",此时,则会在上述审计报表的光标所在处插入一个签名控件,至此签章过程结束。经过签章后的文本如图 5.19 所示。

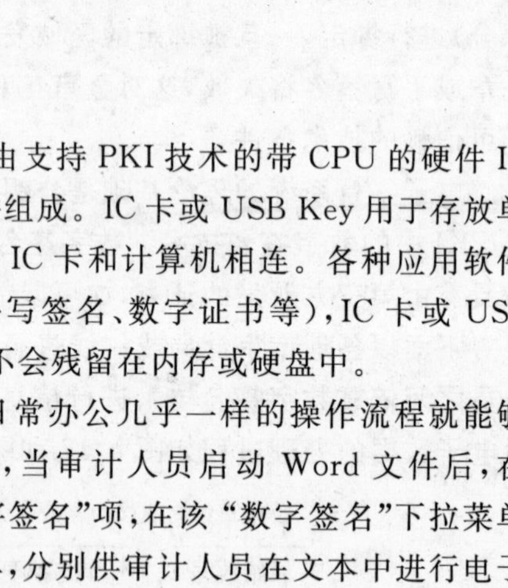

文件接收方在接收到经加盖了电子公章的文件后需要对其进行合法性验证。如果验证成功,

关于某某事情的请示报告

某局长:

　　..........，**现在对某单位进行了审计，发现有以下问题。**

　　..........

　　　　　　　　　　某某审计项目组
　　　　　　　　　　　2003.12.5

图 5.19　签名后的签章方文件示意图

则会弹出对话框显示文件签名者名字和意见以及签名时间。如果验证失败会弹出对话框提示文章已经被改动过。

针对.xls、.html、.pdf 等审计人员常用的文件格式以及审计人员手写的签名（如果审计机关制度允许），其应用过程与上述基于 Word 的电子签章应用相类似。

3. 电子签章系统的应用特点

电子签章系统依托 PKI 平台，将传统的印章、手写签名以数字化的形式表现出来，保障了电子签章应用所在实体的安全，能够有效防止经签章后的数据信息在网络传输过程中被非法修改和抵赖，从而保证审计业务能够健康安全的开展。

电子签章系统具有如下应用特点。

（1）合法性：严格遵循第十届全国人大常委会第十一次会议通过的《中华人民共和国电子签名法》关于电子签名的规范，同时支持 RSA 算法和国密办认定的保密算法，符合国家安全标准及我国开展电子政务的安全要求。

（2）安全性：私钥生成与加密运算均在一个硬件 Key 或 IC 卡中进行，私钥不能够以任何方式导出此硬件 Key，从而确保了私钥的安全性，防止信息的泄露。

（3）严密性：所有电子签章软件在签章时都需要通过位于审计厅计算机中心内的认证服务器软件来验证电子印章的有效性，避免了证书被废止的电子印章或者处于无效状态的电子印章也可以加盖印章的非安全盖章行为。

（4）易用性：只要能够进行日常的计算机操作就可以使用电子签章系统的各项功能，而且电子签章系统能够与目前审计工作人员所接触到的许多工具软件，如：.doc、.xls、.html、.pdf、.dwg、.nsf、.eml…。DIY 等有效集成，使得对计算机操作技能比较差的一线审计人员也能轻松自如地使用，这特别符合当前审计工作人员对计算机的应用现状。

（5）实用性：能够实现多个签章部分重叠时的透明显示，可以在已有的文件电子签名基础上加盖电子印章，如同传统工作方式下将印章加盖在领导签名上。在加盖第一个印章后，文档自动处于锁定状态，并且在文档处于锁定状态下可以进行会签——在同一个文件上加盖多个印章。

（6）开放性：独立于特定的应用系统或 CA 系统，拥有丰富灵活的开发接口函数，使得与审计行业将来的应用系统或政府 CA 系统进行有效的结合，因而具有相当好的扩展性。

（7）防伪造：电子签章不可仿造，从而能有效防止电子数据信息在网络传输中的抵赖行为。签章图片与数字证书绑定在一起，具有唯一性，即使是同一个签章图片在不同的时刻生成的电子印章也不一样。

电子签章系统将传统环境中的公文行为应用在网络环境下，同时还可以实现对用户身份的验证，能被广泛地应用于审计办公自动化系统、审计人员的移动办公及审计项目组成员间数据的传输共享等环境中。随着国家《电子签名法》的实施，电子签章系统将在电子商务、电子政务领域具有更加广泛的应用前景。

5.2.8　入侵检测技术的应用

入侵检测技术被定义为保证计算机系统安全而设计与配置的一种能够及时发现并报告系统中经授权的访问或异常现象的技术,是一种用于检测计算机网络中违反安全策略行为的手段。入侵检测技术与病毒防护技术等已成为当前两个最常用的安全技术控制手段。

1．入侵检测系统概念

入侵检测系统是将电子数据处理(Electronic Data Processing,EDP)技术、安全审计、最优模式匹配及统计技术等进行融合的一套信息安全控制系统。

入侵(Intrusion)通常是指企图破坏信息系统资源完整性、机密性及可用性的一切活动的集合。Smaha 等把入侵分为 6 类:尝试性闯入、伪装攻击、安全控制系统渗透、泄露、拒绝服务、恶意使用等。

1980 年,James P. Aderson 使用了"威胁"概念,其定义与"入侵"含义相同。将威胁定义为未经授权的蓄意尝试访问信息、篡改信息以及使信息系统不可靠或不能使用的一系列活动。Aderson 把威胁分为两类:外部渗透(未经授权使用计算机)和内部渗透(有越权使用系统资源行为的合法用户)等。

入侵检测(Intrusion Detection,ID)就是通过检查操作系统的审计数据或网络数据包的信息,来检测信息系统中是否存在违背安全策略或危及系统安全的行为或活动。入侵检测系统(Intrusion Detection System,IDS)就是通过分析有关数据,来检测信息系统是否存在入侵活动的安全控制系统。

一般来说,IDS 由数据采集、数据分析以及用户界面等几个功能模块组成。IDS 与其他信息安全设备有共同之处,即通过使用一定的安全技术,试图发现信息系统中存在的安全问题;与其他安全产品不同的是,IDS 涉及更多的智能技术应用,而且必须能将得到的信息进行分析,并得出有价值的结论。一个合格的 IDS 能大大简化网络管理员的工作,而且保证网络安全的正常运行。

2．入侵检测系统的典型应用

入侵检测系统是网络安全防范系统组成的核心组件,可以根据不同的安全环境及要求进行部署,其典型的应用如图 5.20 所示。

入侵检测系统也可以分布部署,如图 5.21 所示。图 5.21 中,监控中心位于总部,在分部,安装基于网络或基于主机的若干 Sensor,监控中心对远程 Sensor 的入侵信息采集借助广域网来完成。

一般情况下,入侵检测系统大多数采用模块化的产品体系结构,主要包括以下几个方面。

(1) 网络探测引擎:采用专用硬件设备通过旁路方式接入检测网络,进行检测和实时分析,执行报警、阻断等功能,并记录相应的事件日志。

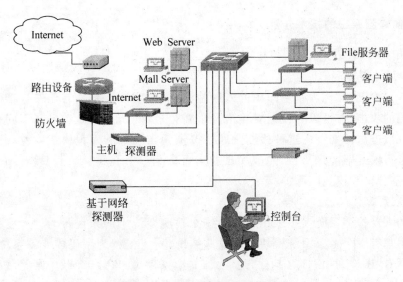

图 5.20 入侵检测系统的典型应用

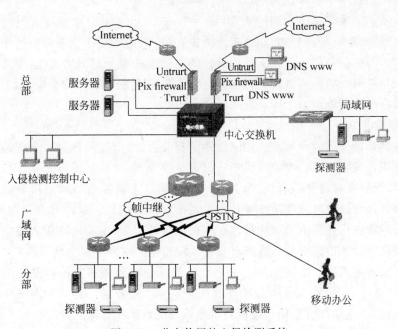

图 5.21 分布使用的入侵检测系统

(2) 管理控制中心：控制位于本地或远程的多个网络探测引擎的活动，集中制定和配置策略，提供统一的数据管理。管理控制中心可以被设置为主控、子控结构。

(3) 综合信息显示：能显示详细的入侵报警信息(如入侵者的 IP 地址、攻击特征)，并对事件的响应提供在线帮助。

(4) 日志分析中心：将历史的报警信息进行分类提取，提供了多种分析手段和模板，可以产生用户所需独特的统计性和分析性管理报表。

3. 入侵检测系统的技术分析

1) 误用入侵检测和异常入侵检测

（1）误用入侵检测

误用入侵检测，又称为基于知识的入侵检测，其主要假设是具有能够被精确到按某种方式编码的攻击，并可以通过捕获攻击及重新整理，确认入侵活动是基于同一弱点进行攻击的入侵方法的变种。这种检测是通过按预先定义好的入侵模式以及观察到入侵发生情况进行模式匹配来检测，主要实现技术可分为以下几类：专家系统、入侵签名分析、状态迁移分析和模式匹配等。

① 专家系统。

早期的入侵检测系统大多采用专家系统来检测系统中的入侵行为。入侵检测系统的检测器中都有一个专家系统模块。在这些系统中，入侵行为编码成专家系统的规则，每个规则具有"IF 条件 THEN 动作"的形式，其中条件为"审计记录"中某些域的限制条件，动作则表示规则被触发时入侵检测系统所采取的处理动作，结果可以是一些新证据。这些规则既可识别单个事件，也可识别一系列事件。

安全专家们多采用基于规则的语言（Rule-Based Language）来描述入侵攻击的相关知识，通常通过对系统审计日志（亦称审计轨迹）进行浏览来获取企图利用已知系统的缺陷而进行攻击的证据。但使用基于规则语言的方法也具有一定的局限性，如使用专家系统规则表示一系列的活动不具有直观性；规则的更新、升级具有一定的困难，除非由专业技术人员来帮助完成等。

② 入侵签名分析。

入侵签名分析采用与专家系统相同的知识获取方法，但在检测时对这些关于入侵活动的知识使用方式则不同。专家系统把知识表示成规则，检测时对系统审计数据记录进行抽象处理，然后再看是否符合规则，判断入侵活动。入侵签名分析则把获得的入侵攻击所得到的知识翻译成可以在系统审计迹中直接发现的信息。这种方法在检测时，不再需要语义级的攻击描述。由于这种技术在实现上简单有效，现有的商用入侵检测系统产品中多采用这种技术。该方法具有所有基于入侵知识的检测方法的共同缺点：需要定期更新有关新发现的系统缺陷的知识。一个攻击及其变种的各种特征都需要用对应的签名表示出来，这样，每一种入侵攻击都可能具有多个入侵签名。再加上网络环境中软硬件平台的异构性，这些都将增加入侵检测系统对入侵签名库更新的难度。

③ 状态迁移分析技术。

入侵行为是由攻击者执行的一系列的操作，这些操作可以使系统从某些初始状态迁移到一个危及系统安全的状态。这里的状态指系统某一时刻的特征（由一系列系统属性来描述）。初始状态对应于入侵开始前的系统状态，危及系统安全的状态对应于已成功入侵时刻的系统状态。在这两个状态之间，则可能有一个或多个中间状态的迁移。在识别出初始状态危及系统的安全后，主要应分析在这两个状态之间进行状态迁移的关键活动，可以用状态迁移图或专家系统的规则来描述状态间的迁移信息。状态迁移分析主要考虑入侵行为的每一步对系统状态迁移的影响，它可以检测出协同攻击者和那些利用用户会话对系统进行攻击的行为。但是,这种模型只适用于那些多个步骤之间具有全序关系的入侵行为的检测。

④ 模式匹配。

这个模型把入侵检测的问题转化成模式匹配的问题:系统的审计迹被视为事件流,入侵行为检测器被视为模式匹配器。因为模式识别技术比较成熟,在构造一个系统时,可以围绕它的实用性和有效性做一些优化。因此,使用模式匹配技术检测入侵行为比使用专家系统更有效。

(2) 异常入侵检测

异常入侵检测,又称为基于行为的入侵检测,其主要前提条件是入侵活动作为异常活动的子集,即入侵攻击活动与系统(或用户)的正常活动之间存在偏差。这类检测系统的基本思想可参考 Denning 在 1986 年提出的基于系统行为检测的入侵检测系统模型:通过对系统审计迹数据的分析建立起系统主体(单个用户、一组用户、主机甚至是系统中的某个关键的程序和文件等)的正常行为特征轮廓。检测时,如果系统中的审计迹数据与建立的主体正常行为特征有较大出入,就认为系统遭到入侵。特征轮廓是借助主体登录的时刻、位置、CPU 的使用时间以及文件的存取属性等,来描述主体的正常行为特征。当主体的行为特征改变时,对应的特征轮廓也相应改变。目前这类入侵检测系统技术在实现上多采用统计分析、专家系统、神经网络以及计算机免疫等技术。

① 统计分析。

统计分析是异常检测最常用的技术,它是利用统计理论提取用户或系统正常行为的特征轮廓。统计性特征轮廓通常由主体特征变量的频度、均值、方差、被监控行为的属性变量的统计概率分布以及偏差等统计量来描述。典型的系统主体特征有:系统的登录与注销时间、资源被占用的时间以及处理机、内存和外设的使用情况等。至于统计的抽样周期可以从短到几分钟到长达几个月甚至更长。基于统计性特征轮廓的异常性检测器,通过对系统审计迹中的数据进行统计处理,并与描述主体行为的统计性特征轮廓进行比较,然后根据二者的偏差是否超过指定的门限来进一步判断、处理。许多入侵检测系统或系统原型都采用了这种统计模型。

SRI 的 NIDS(Next Generation Real-time Intrusion Detection System)就是一个基于统计性特征轮廓的异常性检测系统。在系统中用户活动的特征轮廓有长期和短期之分。长期的特征轮廓不断地进行更新,且更新时给予近期的数据较大的权重。检测时则可以通过比较用户的长、短期的特征轮廓,来判断用户的近期活动是否异常(与长期特征轮廓的偏差超过给定门限值时)。若用户的近期活动异常则可以认为这些活动正在攻击系统。应注意用户行为的特征轮廓要随着用户行为的逐步改变而更新。NIDS 的统计性特征提取模块在 SRI 的 SAFE GUARD 工程中还被用于监控应用程序的运行,以检测应用程序的非授权使用。这种方法对特洛伊木马以及欺骗性的应用程序的检测非常有效。

② 专家系统。

基于行为的入侵检测系统也常用专家系统来实现。这些系统中多用规则来描述用户(或系统)行为的特征轮廓。典型的系统有 TIM(Time-based Inductive Machine),这种方法对具有使用规范的系统来说非常有效,但在处理大量的审计信息时,不如统计方法那样高效。

③ 神经网络。

神经网络具有自学习、自适应的能力,只要提供系统的审计迹数据,神经网络就可以通过自学习,从中提取正常的用户或系统活动的特征模式,而不需要获取描述用户行为特征的特征集以及用户行为特征测度的统计分布。因此,神经网络避开了选择统计特征的困难问题,使如何选择一个好的主体属性子集的问题成了一个不相关的事,从而使其在入侵检测中也得到了很好的应用。

④ 计算机免疫技术。

计算机免疫技术由 Forrest 等人提出。当系统的一个关键程序投入使用后,它的运行情况一般变化不大,与系统用户行为的易变性相比,具有相对的稳定性。因而可以利用系统进程正常执行轨迹中的系统调用短序列集,来构建系统进程正常执行活动的特征轮廓。由于利用这些关键程序的缺陷进行攻击时,对应的进程必然执行一些不同于正常执行时的代码,因而就会出现关键程序特征轮廓中没有的系统调用短序列。当检测到特征轮廓中不存在的系统调用序列的量达到某一条件后,就认为被监控的进程正企图攻击系统。如果能够获得程序运行的所有情况的执行轨迹,那么所得到的程序特征轮廓将会很好地描述程序的特征,而基于它的检测系统将会具有较低的虚警率。但采用这种方法,检测不出那些能够利用程序合法活动获取非授权存取的攻击。

随着入侵检测系统的不断发展,在该领域中不断有新的技术出现。代理(Agent)的研究起源于人工智能领域,它是模拟人类行为和关系,具有一定智能并能够自主运行和提供相应服务的程序。近年来,基于 Agent 的分布式入侵检测系统已成为研究大型网络系统安全的一个方向。Agent 代理技术具有适应性和自主性,能连续检测外界和内部变化,并做出相应的反应。利用 Agent 的推理机制和多 Agent 间的协同工作,可完成知识库更新、模型过程描述、动态模型识别等功能,比传统的专家效率更高。

2) 基于主机的、基于网络的和混合入侵检测

根据系统结构可分为:基于主机的入侵检测系统(Host-Based Intrusion Detection System,HIDS)、基于网络的入侵检测系统(Network- Based Intrusion Detection System,NIDS)和混合入侵检测系统。HIDS 为早期的入侵检测系统结构,其检测的目标主要是主机系统和系统本地用户。检测原理是根据主机的审计数据和系统的日志发现可疑事件,检测系统可以运行在被检测的主机或单独的主机上。NIDS 则是根据网络流量、协议分析、简单网络管理协议信息等数据检测入侵。它是通过从传输介质上截获数据包(通常是 TCP/IP 数据包),截获后,对包进行一系列的分析,将数据包和特征库中已有的攻击特征和恶意程序进行比较,检测是否有入侵。混合入侵检测系统则综合 HIDS 和 MDS 的优点,对信息系统的入侵活动进行综合分析。

4. 入侵检测技术应用的特点

基于主机的入侵检测和基于网络的入侵检测各有其特点,下面分别讨论二者的优缺点。

1) HIDS 的优点

(1) 核实准确。HIDS 依赖于审计数据或系统日志,而审计数据或系统日志的准确性和完整性,有助于核实攻击的成功与否,减少虚警。

(2) 监视特殊的系统活动。HIDS 能够监视用户和文件的访问活动,包括文件访问、改变文件访问权限、试图安装新的执行程序以及越权操作等。

(3) 检测到 NIDS 不能检测的攻击。HIDS 能够检测那些不通过网络的攻击,而 NIDS 却对此无能为力。

(4) 适应于加密和交换的网络环境。由于 HIDS 驻留于每个主机上,它们能克服 NIDS 在这些环境下表现的不足。

基于主机的入侵检测非常适合对抗内部入侵,因为它能对指定用户的行为和对该主机文件访问进行监视和响应。若入侵者设法逃避审计或进行合法入侵,则 HIDS 就会暴露出其弱点,特别是在现在的网络环境下。单独依靠主机审计信息进行入侵检测难以适应网络安全的需要。这主要表现在以下两点:一是主机的审计信息弱点,如易受攻击,入侵者可通过使用某些系统特权或调用比审计本身更低级的操作来逃避审计。二是不能通过分析主机审计记录来检测网络攻击(如域名欺骗、端口扫描等)。早期的 IDS 大都是基于主机的,这是因为早期的系统和网络相对孤立,不像目前的系统具有很高的互连和依赖性。一般关注的是如何获得操作系统和局域网中的审计数据,模式匹配,特征轮廓技术和有效地对数据进行自动分析。在商品化方面,对技术的要求相对较低。

2) NIDS 的优点

(1) 服务器平台独立性。NIDS 监视通信流量而不影响服务器的平台的变化和更新。

(2) 配置简单、费用低。NIDS 环境只需要一个普通的网络访问接口即可。

(3) 检测到 HIDS 不能检测的攻击。基于网络的探测器可以监视所有的数据包头,恶意的、可疑的入侵迹象却可以在数据包头部中的某些标志位反映出来。由于 HIDS 看不到数据包头,因此,它们也不可能检测到诸如 DOS 攻击、TearDrop 攻击等。NIDS 却能在数据流中快速地检测到这些攻击。

(4) 实时性。NIDS 检测恶意的、可疑的入侵是在它们发生的情况下,因此可以提供更快的反应。例如,在发现入侵者正利用 TCP 进行 DOS 攻击时,可以发一个 TCP 重建的回应包,中断攻击,以避免摧毁目标主机。而 HIDS 是在分析审计日志后才能采取行动,此时关键系统也许已经被摧毁。

(5) 取证容易。由于 NIDS 是在实时的情况下,监视动态的数据流,因此,攻击者不可能消除攻击的证据。捕获的数据包中不但包含有攻击所使用的方法,而且还有可用的鉴定信息。许多黑客懂得如何毁掉审计日志,不留痕迹地逃之夭夭,给检测取证带来困难。

不过,NIDS 在下面一些情况下显得无能为力。

(1) 高速网络。在高速网络环境下,一个基于网络的嗅探器很可能来不及处理而丢掉一些数据包。

（2）交换式网络。在交换式网络环境中，因为交换式集线器只对连接其上的接收端口发送数据流，只能捕获到某端口的数据包。

（3）加密网络。由于 NIDS 是通过检测网络中的数据包的某些特征模式来识别加密，将会带给 NIDS 新的挑战。

此外，NIDS 不能检测操作系统级的入侵，如用户和文件的访问活动，包括文件访问、改变文件访问权限、试图安装新的执行程序以及越权操作等，也不能检测内部入侵。混合入侵检测是将基于网络和基于主机技术结合在一起。由于二者各有利弊，将二者的技术结合在一起，将会优势互补，极大地提高系统防范入侵和误用的能力。这也是入侵检测系统发展的方向之一。

5.2.9　病毒防护技术的应用

1. 背景

对于高校的信息化应用而言，图书馆局域网内有大量的文档、结构化或非结构化的业务数据进行传输和处理，而外网由于各类网络数据库、自建数据库的服务、收发电子邮件以及浏览外部网站的网络行为容易导致病毒乘虚而入。目前大多数图书馆采用单机防病毒软件或单纯网络版防毒进行网络病毒的防范，这种方法存在着各自为政、水平参差不齐、防病毒引擎和病毒代码升级滞后以及防毒不全面的问题。这种防范模式已经越来越不适应近年来图书馆自动化、网络化建设的发展以及网络病毒日益猖獗所带来的多种多样的安全需求。因此，在利用网络进行业务处理的同时，建立一个统一的、多层次、全方位、集中化管理的综合病毒防护系统是目前图书馆网络建设中一个十分迫切的任务。

2. 网络病毒防治的新特点和发展趋势

1）病毒防治的局限性

目前主流的国内厂商对病毒的防治基本上采取的是一种"以点带面"的措施，即通过对个体病毒的清除实现对病毒的防范。但是在整个互联网环境下，这种方法是有局限性的。很关键的一点就是互联网是一个复杂的系统，在这样的环境下，这种防治措施很难根除整个网络的病毒。而且大部分网络系统所采取的防护措施基本上是有漏洞打补丁，然后再升级。这种"打补丁"方法也不是一种有效的解决方法，而且这种自动升级本身就存在很大的缺陷。因此，有人主张换个思路来研究网络病毒。研究病毒在网络上的扩散行为，不但要考虑个体的防护，还要从宏观的层面上来分析病毒的分布情况。一旦病毒在全网蔓延开来以后，应该有一个整体的策略来进行综合防范。

2）网络病毒防治应注重全局

网络病毒的防治早已超越了杀毒、防毒的本身，已经发展成为一个整体的工程。具体来讲，应该点面结合，个体自我保护和全局综合调度相结合。通过防火墙，实现对单机系统和区域网络病毒的最大化清除；通过病毒检测系统形成网络病毒在网络传播上的全局视图，实现对网络中感染主机、病毒传播途径的定位和新增病毒异常行为的检测；通过病毒对抗,实现对感染主机病毒的主动清除。对于网络病毒的防护措施主要是以防护为主,但是除此之外,还要有相应的检测、响应及隔离能力。在大规模网络病毒爆发的时候,能够通过病毒源的隔离,把疫情降到最低,对于残留在网络上的病毒,也要有相应的处理能力。

3) 网络病毒防治的新变化

由于互联网的广泛应用,互联网已经成为病毒制作技术扩散、病毒传播的重要途径,病毒开发者之间已经出现了团队合作的趋势,病毒制作技术也在与黑客技术进行融合。他们对现在的病毒对抗技术提出了挑战。因此,病毒防护技术正在发生重大的变化,概括地说,就是病毒对抗的理论由从制作作品对抗向思想对抗转变,产品形态由从独立软件产品向操作系统的补丁攻击转变。

3. 网络综合防病毒体系的设计

下面以某高校图书馆的应用为例,说明综合防病毒系统的建设。

(1) 图书馆网络配置多系统平台的防病毒软件。图书馆网络防病毒体系要进行全方位防治,要在计算机的各种平台中安装相应的防病毒软件,如 Windows/UNIX/Linux 系统等。特别是图书馆主要业务服务器,一定要安装高效的防病毒处理引擎。

(2) 图书馆网络防病毒管理控制系统。图书馆网络中的数百个网络节点可能分布在楼层各处或多个校区,要使整个防病毒系统良好运行必须有一个很好的管理控制系统。能实现远程管理异地防病毒软件,监测软件运行状况参数,远程获取病毒防治信息,实现计算机病毒集中报警,准确定位计算机病毒入侵的节点。

(3) 图书馆网络防病毒系统应根据特定的网络环境制定多种适应的防病毒策略。防病毒软件安全策略能大大减少防病毒软件对网络性能的影响,提高网络防病毒能力。

(4) 图书馆业务系统应建立灾难备份系统。对于数据库和数据系统来说,建立灾难备份系统是必须要做的,采用定期备份、多机备份措施,防止意外灾难下的数据丢失。

(5) 图书馆网络异常流量的监测和紧急响应。图书馆网络建立或共享校园网的病毒检测系统,利用网络流量监测系统从网络数据流量的大小和曲线变化上来判定病毒的爆发。其核心是通过对网络中报文捕获和协议分析来进行病毒的检测,进而在交换机顶层配置,然后在各个网段配置,把病毒传播隔离在一个小的范围。

4. 综合防病毒系统方案的实施

1) 方案实施前状况

在方案实施前,某高校图书馆网络在防治网络病毒方面存在以下问题。

(1) 图书馆网络缺乏全面的、多层次的防病毒体系。现有计算机和服务器采用单机版防毒软件防治病毒,所用产品多品牌、多版本共存,形成事实上的防范缺口,对层出不穷的网络病毒难以处理。

(2) 病毒防范没有考虑到防毒软件产品的集中管理。所用的单机版防毒软件无法实现集中管理,无法保证防毒软件的及时升级和病毒代码库的及时更新,维护和管理的成本很大。同时部分用户忽略对防病毒工作的重视,为各类病毒提供了寄生之地。

（3）图书馆网络没有病毒实时监控中心，无法检测整个网络异常和病毒攻击，无法快速确定病毒入侵点和感染范围。

（4）图书馆网络实行开放式互联，当网络突发大规模病毒攻击时，易发生交叉感染，恶性循环。

2）图书馆网络综合防病毒系统方案

（1）防病毒综合安全系统的建立

在对众多防病毒软件进行考察后，选择了安博士防病毒综合安全系统，并且利用它集中式管理、分布式杀毒的特点，针对图书馆网络特征构建了网络综合防病毒系统解决方案，如图 5.22 所示。

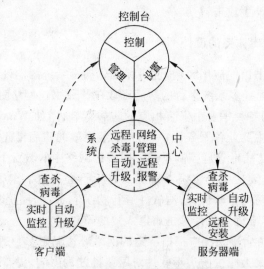

图 5.22　网络综合防病毒系统

首先，建立安博士综合防病毒管理域，统一管理安装在图书馆局域网内的多个防毒产品。然后，在防病毒管理服务器上，安装 Ahnlab Policy Center 管理软件。通过管理软件，将图书馆内各分区虚拟子网定义成防病毒管理服务器下的多个群组，并通过管理软件的配置使防病毒服务器自动通过互联网获得更新，整个群组的防病毒客户端在 10 分钟内全部在后台自动到防病毒管理服务器中升级最新的病毒定义码和扫描引擎。

用户终端防毒软件的安装通过在防病毒管理服务器上建立基于 Web 的客户端安装方式，下载 Policy Agent 程序使所有用户终端自动安装防毒软件 V3 VirusBlock 2005、个人防火墙 APF 2005 和有害程序清除工具 SpyZero 2.0。

在图书馆局域网的 Windows 服务器上，通过下载程序 Policy Agent，使 Windows 服务器自动安装防毒软件 V3 Virus2 Block for Windows Server，切断客户端向服务器，服务器向客户端的双向病毒流入路径，从而防止病毒传播。

在图书馆局域网的 UNIX 服务器上，手工安装 V3 Gate2 Block FileScan 防毒软件，切断网络向服务器，服务器向网络的双向病毒流入路径，防止病毒传播。

在图书馆的网关级邮件服务器上，安装 AV Mail Gate for Linux 防病毒插件模块，对所有收发的邮件进行实时扫描,可以有效防范通过电子邮件来传播病毒。

在图书馆局域网的网关上安装 AngellPRO Fw5000 防火墙,实时拦截蠕虫病毒和黑客攻击。

(2) 网络病毒预警系统的建立

病毒预警系统是由安博士服务器管理端 Ahnlab Monitor Center 和病毒探针程序 Ahnlab Policy Agent 组成的,其中:病毒探针采集来自被监控的图书馆局域网客户端的数据流,进行病毒代码检测与分析。数据流也可以通过图书馆局域网主要网络设备端口流量镜像获得。数据库服务器收集并存储病毒探针的上报数据。监控中心服务器提供实时的监控数据处理,以及对历史数据管理、查询、分析处理等功能。

根据对预警数据的分析,建立相应的响应机制,以尽可能减少其对图书馆局域网造成的危害。具体措施包括:及时向一些病毒感染和发作严重的图书馆的工作人员提供感染病毒的计算机 IP 地址及所感染病毒列表,并提供技术指导;对于校园网的那些已感染病毒的计算机,较长时间不做处理,不断向图书馆网络发包的计算机,在其接入的边界路由器上通过访问控制列表临时进行访问限制或通过防火墙直接进行隔绝。

针对网络病毒的工作原理,在边界路由器上制定相应的安全策略,把一些协议和端口屏蔽掉,就可能将网络病毒隔离在局域网外。图书馆局域网交换机的配置和边界路由器方法上大致相同。只不过边界路由器控制的是所有进出图书馆网络的数据流量,交换机则控制着馆内某一部分用户的数据流量,特别是在图书馆核心交换机上,应该和边界路由器进行相同的配置。边界路由器防止内网与外网之间的病毒,保证出口的线路畅通;而内网交换机防止的是馆内用户之间的病毒的互相传播和攻击,在内网交换机上都配置好防范网络病毒的策略,就可以将病毒的攻击限制在最小范围内,而不会波及整个网络。即使是有某台 PC 感染了网络病毒,它也只会影响到一个小局域网的运行,不会对整个网络造成太大的影响。

5. 网络综合防病毒系统方案的特点

(1) 提供全面的病毒防护:对网络中任何可能感染和传播病毒的地方与途径都有相应的防护措施,同时对已感染病毒的系统进行有效查杀。

(2) 实现对多个安全产品的集中管理:多个病毒防治产品通过统一的管理接口和管理平台可以很容易地实现集中管理。

(3) 方便分组管理:具有分组功能之后,网络管理员能够对所管理的机器进行合理地分组,并对分组进行统一配置、查杀等,解决了在没有分组功能前,机器过多导致管理困难的问题,也可以设置多个网络管理员,大大提高管理效率。

(4) 全网络实现集中管理:系统结构对于网络规模扩大或新增节点都可以很容易地实现集中管理,客户端未经授权不能任意停止全网统一的杀毒行动;客户端未经授权不能任意卸载;客户端不能改动统一设置的防病毒策略,除非得到管理员许可。

(5) 全网络实现远程报警:当网络中任意一台计算机上扫描程序发现病毒时,都能够自动及时准确地把病毒信息记录并传递给网络管理员。

(6) 适用多种网络环境:系统结构灵活,支持 WAN、NAT、VPN、DHCP 等多种网络设备功能。

(7) 基于 LDAP 目录服务和数据库的三层结构,对复杂的用户、群组信息、策略信息和预警信息提供良好的支持,具有良好的扩展性。

(8) 软硬件互相结合,取长补短,实现全方位、多层次的综合防病毒系统来应对网络病毒。

5.2.10 数据备份与容灾技术的应用

当越来越多的人习惯于工作、生活在互联网环境中,任何关键信息系统运转的中断或者数据的丢失都将导致不可估量的损失。以二进制形式存在于电磁设备中的数据的可靠性比纸张要弱,电力供应失败、强电磁干扰、强烈碰撞都可能造成电磁设备损坏,从而造成这些宝贵数据丢失。本例以数字图书馆的应用为例,讨论数据备份与容灾技术的应用。

1. 数据备份采用的存储技术

目前比较成熟的存储技术是通过搭建 NAS+SAN 的网络存储、备份结构,它充分利用存储附加网络(Network Attached Storage,NAS)和存储区域网络(Storage Area Network,SAN)的技术特点进行网络存储备份服务,不再另行购置昂贵的存储备份设备和系统。网络存储备份服务不但可以做到对网络存储空间的连续、无限制的扩展,保证用户能可靠、高速地访问自己的数据,而且能够确保数据在计划停机或非计划停机期间甚至出现系统崩溃等灾难后能迅速恢复。

目前常用的备份存储介质有光盘、磁带、硬盘 3 种方式。

基于各种各样的理由,很多使用者现在都较喜欢用 CD-RW(可擦写刻录盘)或 CD-R(刻录光盘)以及 DVD-R 和 DVD-RW 来备份他们的重要资料。目前光盘刻录机的价格便宜、刻录过程简单,和在硬盘中复制文件一样。但目前的数据动辄以 GB 计,使用光盘备份无法保证备份的完整性、连续性,同时人力投入太大,所以,光盘备份只适用于少量关键性数据。

DAT、DLT 以及 LTO 技术是磁带机常用的技术。所有磁带的共同特性就是它们都使用磁性介质,容易受电力磁场的影响,包括手机及其他环境因素,如阳光以及空气的湿度也会对磁带产生不良的后果。磁带资料的安全是完全根据如何处理磁带而定的,必须确认磁带放在黑暗、干燥以及凉爽的环境中,而且磁带驱动器、磁带都应避免沾染灰尘,否则,磁带中的数据极易遭到破坏。

以硬盘方式进行备份越来越受到青睐,通常硬盘备份系统可达到 120GB/小时的备份能力。常见的硬盘连接方式有以下几种。

1) DAS:以服务器为中心

直接连接存储(Direct Attached Storage,DAS)是指将存储设备通过 SCSI 接口或光纤通道直接连接到一台计算机上。当服务器在地理上分散,很难通过远程连接进行网络互连时,直接连接存储是比较好的解决方案,甚至可能是唯一的解决方案。

传统的存储体系都是以服务器为中心的存储结构。各种存储设备通过诸如 IDE 或 SCSI 等 I/O 总线与服务器相连。客户机的数据访问必须通过服务器,然后经过其 I/O 总线访问相应的存储设备,服务器实际上起到一种存储转发的作用。当客户连接数增多时,I/O 总线将会成为一个潜在的瓶颈,并且会影响到服务器本身的功能,严重时甚至会导致系统的崩溃。一旦主服务器出现崩溃,存放其中的数据资源会遭到破坏,目前这种以网络服务器为中心的存储方式已不能适应越来越高的要求。

2) NAS:以数据为中心

网络附属存储(Network Attached Storage,NAS),在 NAS 存储结构中,存储系统不再通过 I/O 总线附属于某个特定的服务器,而是直接通过网络接口,由用户通过网络进行访问。

NAS 实际上是一个带有瘦服务器的存储设备,其作用类似于一个专用的文件服务器。这种专用存储服务器不同于传统的通用服务器,它去掉了通用服务器原有的不适用的大多数计算功能,而仅仅提供文件系统功能,用于专门的存储服务,大大降低了存储设备的成本。与传统的以服务器为中心的存储方式相比,数据不再通过服务器内存转发,直接在客户机和存储设备间传送,服务器仅起控制管理的作用,因而具有更快的响应速度和更高的数据带宽。另外,NAS 对服务器的要求降低,可大大降低服务器成本,这样就有利于高性能存储系统在更广的范围内广泛应用。

3) SAN:以网络为中心

存储区域网络(Storage Area Network,SAN)是存储技术进入网络时代的产物。它一方面能为网络上的应用系统提供丰富、快捷、简便的存储资源;另一方面又能对网上的存储资源实施集中统一的管理,成为当今理想的存储管理和应用模式。

存储区域网络是一种类似于普通局域网的高速存储网络,使用 Fibre Channel 标准协议,提供了一种与现有 LAN 连接的简易方法,允许企业独立地增加它们的存储容量,并使网络性能不至于受到数据访问的影响。这种独立的专有网络存储方式使得 SAN 具有不少优势:统一性,在逻辑上是完全一体的;可扩展性高;存储硬件功能的发挥不受 LAN 的影响;易管理,集中式管理软件使得远程管理和无人值守得以实现;容错能力强,整个网络无单点故障。SAN 主要用于存储量大的工作环境,并且 SAN 的适用性和通用性较差,成本和复杂性较高。

2. 异地容灾

当业务集中处理模式,一方面降低了运行和维护成本,但风险也随之增加。以教育科研网为例,覆盖全国的高速光纤网络为运行在其上的数字图书馆系统提供了物理上、成本上、组织上实施异地容灾或者备份的可能性和便利性。就数字图书馆的存储系统而言,实现异地的数据异步复制,可以保证在灾难发生时数据的完整性和应用系统的可持续运行。

通常将容灾备份分为以下 4 个等级。

1) 第 0 级:没有备援中心

这一级容灾备份,实际上没有灾难恢复能力,它只在本地进行数据备份,并且被备份的数据只在本地保存,没有送往异地。使用 DAS、NAS、SAN 等方式属于这一类型。

2) 第 1 级:本地磁带备份,异地保存

在本地将关键数据备份,然后送到异地保存。灾难发生后,按预定数据恢复程序恢复系统和数据。这种方案成本低、易于配置。但当数据量增大时,存在存储介质难管理的问题,并且当灾难发生时存在大量数据难以及时恢复的问题。

3) 第 2 级:热备份站点备份

在异地建立一个热备份点,通过网络进行数据备份。也就是通过网络以同步或异步方式,把主站点的数据备份到备份站点,备份站点一般只备份数据,不承担业务。当出现灾难时,备份站点接替主站点的业务,从而维护业务运行的连续性。

4) 第 3 级:活动备援中心

在相隔较远的地方分别建立两个数据中心,它们都处于工作状态,并进行相互数据备份。当某个数据中心发生灾难时,另一个数据中心接替其工作任务。这种级别的备份根据实际要求和投入资金的多少,又可分为两种:①两个数据中心之间只限于关键数据的相互备份;②两个数据中心之间互为镜像,即零数据丢失等。

零数据丢失是目前要求最高的一种容灾备份方式,它要求不管什么灾难发生,系统都能保证数据的安全。所以,它需要配置复杂的管理软件和专用的硬件设备,需要的投资相对而言是最大的,但恢复也是最彻底的。

以联想公司的数字图书馆解决方案为例,一般的容灾系统分为两个层面,磁盘设备硬件数据复制技术和系统虚拟磁盘卷的软件数据复制技术。系统支持硬件一级的数据快照和逻辑卷远程镜像,通过专线,可以很方便地实现物理存储设备之间的数据交换,也可以实现同步数据容灾系统。软件的数据复制技术,是指通过第三方软件提供的复制技术实现本地逻辑磁盘和远程逻辑磁盘的数据镜像或复制。基于存储硬件系统的容灾方案将数据容灾与应用容灾相对分离,数据复制实时性高,安全系数高,但成本相对较高,对传输网络要求较高,一般都采用高速专用的光纤传输线路。软件数据复制技术是基于操作系统实现的,成本较低,对传输网络要求不是很高,这种方式对主机的开销略大,数据复制的实时性稍弱。就数字图书馆的访问特点而言,采用软件复制技术却是非常合适的。从实际应用角度看,对于 1000km 以上的数据传送,物理级的磁盘镜像备份效果不佳,而且数据传输的投入过高。同时,为了避免同步方式对原来系统的性能影响,客观上只能采用异步模式进行传输。从业务关键程度、安全级别、网络状况等因素来看,异步的容灾系统是实施异地容灾的首选。

当容灾的目标与技术方案确定之后,可以选择在内部实行容灾计划,或者外包到容灾服务提供商那里。

目前,我国已经有一些 IDC 能够提供企业高可用性,提高数据安全的存储备份顾问服务、在线存储服务、网络备份服务、异地容灾服务和高可用数据集群服务。如 263 数据港,可为用户提供北京、上海、广州等城市之间的异地容灾服务,利用各地的数据中心和高速骨干网,将客户重要的应用程序和数据,按照一定的策略进行定期、及时的异地备份。

通过实施异地容灾服务解决方案,数字图书馆系统将获得以下好处。

（1）主站点的内容采用异步传输的方式同时镜像到其他镜像站点，再通过自动的定时同步保证各站点间数据一致性。这样客户将在多个站点同时拥有相同的备份数据，确保关键数据的安全可靠。

（2）当主站点发生不可预测的灾难性事故，如地震、洪水、失火等后，可以迅速切换任一数据备份站点作为主站点，保证关键业务不间断运行。同时可以通过高速光纤网络，在最短的时间内利用异地备份数据恢复主站点数据系统。

数据备份及异地容灾突出了系统的安全性、高可用性和可恢复性，为数字图书馆系统的持续运行和数据的安全性提供了有利的保障。数字图书馆系统可以根据实际情况和以上原则对其数据进行选择、备份或者实施相应的容灾方案。

3．使用免费软件实现异地容灾

异地容灾可以选择专业的容灾服务商进行容灾服务，也可以自行开发设计容灾方案并实施。两者的优缺点也是很明显的。专业容灾服务价格、服务质量优良，与用户系统进行对接复杂度较高；自行设计实施属于量身定做，实现方式灵活、能够以较低成本实施异地容灾方案，相对而言效率较低，不适合需要紧急恢复的数据及服务系统。

1）线路及方案选择

异地容灾系统与长期保存系统不同的地方在于：长期保存系统主要通过冗余来保证数字资源的可获得性，而异地容灾系统则强调的是关键数据的完整性和安全性、机密性。系统设计和实施的基本原则是：保持系统简单、完备、安全、易实施、可升级，并尽量降低成本。

2）建立备份主机

建立备份主机参考了 LOCKSS 系统的硬件设备，使用两台普通配置的 PC 做为容灾服务的主要计算机。根据安全原则，两个系统均采用最小化安装，安装并更新了系统的源代码，内核重新编译并根据网络情况进行了优化，内核安全级别调整为 3。如果需要较高的安全性或者在一台服务主机上进行多个虚拟的容灾服务，可以考虑 FreeBSD 的 jail 支持。

备份主机的防火墙系统采用 OpenBSD 的包过滤防火墙软件将两台备份主机都做成堡垒主机，相信且只相信本地需要备份数据的主机以及远在千里之外的另一台主机，除此之外，不相信其所处网络的任何主机。

3）备份计划的设计

由于传输距离较远，数据在途中不可避免地会被截获、嗅探、监听，而对于数字图书馆的关键性数据而言，需要保护他们的完整性、机密性，并防止被替换。

备份计划分为两个过程，第一步是本地的主机将自己的重要核心数据压缩加密并附上 SHA256 校验值，先备份到本地的备份主机上，第二步是异地的备份主机之间通过 OpenSSH 的安全加密隧道相互传送彼此的备份数据。整个备份计划需要注意时间同步、失败警告等环节。备份数据在灾备机上创建后，应当尽快进行锁定，不再允许更改，同时定期清理时间太久的备份。

整个备份计划如图 5.23 所示。通过安装一个操作系统并配合 SHELL 脚本，完全实现了异地灾备的功能需求,从加密通道到备份数据的安全传输、备份数据的校验和保存,完全通过简单的 SHELL 脚本语言就可以完成,安全强度高,投资成本低。

图 5.23 备份计划

4. 异地容灾方案的优点

这套备份计划的优点是:安全,易实施,成本低廉,可以在此基础上实施多个地区的单备份主机进行分布式备份,是现有备份系统的良好扩展和补充,与众多的商业灾备解决方案相比,虽然不能做到硬件级的异地灾备,但具有较强的灵活性和安全、可靠、低廉的实现。

5.3 管理控制

管理控制对信息资产的保护主要体现在对信息系统运行过程中的控制与约束(包括企业文化等对员工道德层面的约束),包括对组织或单位的决策层、管理层、审计人员、一般员工等行为的控制。

5.3.1 管理控制的常用手段

1. 企业文化在信息资产保护中的作用

企业文化或称组织文化(Corporate Culture 或 Organizational Culture),是一个组织由其价值观、信念、仪式、符号、处事方式等组成的其特有的文化形象。

企业文化是企业的灵魂,是推动企业发展的不竭动力。它包含着非常丰富的内容,其核心是企业的精神和价值观。这里的价值观不是泛指企业管理中的各种文化现象,而是企业或企业中的员工在从事生产与经营中所持有的价值观念。

大量的实践证明,许多风险事件的产生不是由于组织管理制度的不完善,而往往更多是与一个单位或组织的文化氛围息息相关,它影响着单位员工的行为,决定着内部控制的最终效果。

组织文化是单位或组织内部的一套通用价值体系,在无形中约束单位或组织成员的言行,使之向着实现组织目标的方向前进。文化控制就是运用诸如单位或组织的文化、价值观、承诺、传统、信仰等社会特征,来控制组织和组织成员的行为,在当组织中问题的模糊性和不确定性都很高时,以至技术和管理规章制度都不能很好地约束个体行为时,文化控制将会起到很好的作用。

　　文化控制就是把信息安全看做是组织文化的一个组成部分,把组织文化引入到信息安全风险管理政策中,直接引导和影响组织员工对于信息安全风险管理目标的方式和态度。如果信息资产在组织需要时是安全、准确和可用的,员工也就能发现信息资产其中的价值,会更加积极履行其职责。当员工这种对待信息资产的态度、行为和实践一旦形成一种风格、一种习惯,这种风格和习惯就会成为组织文化的一部分,风险管理成为员工自发约束自己行为的一种源动力。

2. 管理控制的常用手段

　　信息资产的管理控制是通过建立人员和技术相一致的严密管理体制,来保证信息系统安全高效运行。

　　来自管理方面的风险,如组织机构不合理,安全制度的不健全,人员缺乏安全意识教育,缺乏应急管理计划,安全策略不全面,策略变更和配置问题等。

　　管理控制的常用手段主要包括:制定合适的组织架构;制定恰当的信息安全政策;对信息资产进行分类并落实资产责任;制定计算机安全使用策略;制定专用数据的使用策略;制定通信策略;制定业务连续性计划;制定信息安全策略;制定数据销毁策略;对敏感信息进行分级和编码;制定信息安全应急计划;具备计算机应急团队;制定数据恢复策略;风险管理;配置管理;更新管理;法律符合;制定业务连续性计划、信息安全应急计划,成立计算机应急团队,并在实际实施过程中进行监督和控制等。其中,在制定组织架构时,既要充分考虑专门的技术部门,如信息中心(或计算中心)等,同时还要考虑到肩负信息资源采集和管理的其他部门,如计划、统计部门、市场营销部门、生产与物资部门、标准化与质量管理部门、人力资源管理部门、政策研究与法律咨询部门等,并且这些部门之间的职责要明晰。

　　在实施管理控制时,还需要注意其他几个方面的问题。

　　(1) 签署保密协议和制定保密制度。要求员工须严守单位商业机密,妥善保存重要的商业客户资料、数据等信息等;管理人员须做好单位重要的电子文件备份及存档工作,并妥善保管好网络密码;任何时间,员工均不可擅自邀请亲朋好友在单位聚会;员工及管理人员均不可向外泄露公司发展计划、策略、客户资料及其他重要的方案,如一发现,除接受罚款、辞退等内部处理外,情节严重的,公司将追究其法律责任等。

　　(2) 严禁任何人以任何手段,蓄意破坏单位信息网络的正常运行。单位内部的网络结构由网络工程师统一规划建设与管理维护,任何人不得私自更改网络结构,个人计算机及服务器设备等所用 IP 地址必须按网络工程师指定的方式设置,不可擅自更改。

　　(3) 制定相关规章制度时,明文禁止在信息处理场所就餐、喝饮料以及吸烟等,在信息处理场所的入口处或在显眼的位置贴上警示语等;对可能出现的风险或意外,要有紧急疏散计划的书面文件,包括:组织机构、通信保障等,并需要对紧急疏散计划的可行性进行测试等;对有敏感信息的笔记本、移动设备等,建立一支反盗窃响应队伍,制定详细的操作程序,规范笔记本、移动设备等被盗窃后的相关事务,如确定被盗窃笔记本、移动设备数量;评估计算机中数据的敏感性及重要性;评估出于计算机的遗失是否会给客户或第三方带来的影响；向当地公安机关报案等。

5.3.2 应用案例

当前，电子政务正在成为当代社会信息化发展的最重要的领域之一。推进电子政务建设，对于提高我国国民经济总体素质，提高现代化管理水平，加强政府监管力度，提高行政管理效率，开展反腐倡廉等有重要的意义。

电子政务最重要的资源是它的信息资源和所提供的信息服务。政务信息是指在电子政务系统中存取、处理和传输的，与政府业务相关的信息，因此，确保政务信息的安全是电子政务安全保障的一个重要任务。电子政务各应用系统所涉及的政务信息具有不同的价值，有着不同的安全需求，对政务信息资源进行分级处理显得相当必要，而且如何针对不同安全等级要求的政务信息给出相应的安全保障策略是非常有意义的工作。

1. 对电子政务信息资源的分级

按照国家机关通用的文件分类方式，当前电子政务应用系统涉及的信息资源可以分为以下 5 级：

V1：普通。

V2：内部。

V3：秘密。

V4：机密。

V5：绝密。

电子政务信息资源面临的安全威胁按照攻击来源的主动性可以分为以下 4 类：

T1：无意的或意外事件，例如，误操作、火灾、自然灾害等。

T2：无主观破坏意图的弱攻击威胁，是指无主观破坏意图，掌握很少设备和技术资源，并且愿意冒些风险的攻击者所带来的威胁，例如，来自不严格执行操作的内部工作人员、好奇的技术人员的威胁。

T3：有主观破坏企图的较强攻击威胁，是指掌握少量设备、技术资源或社会资源，并且愿意冒较大风险的攻击者所带来的威胁，例如，有企图的内部工作人员、系统外的政府工作人员、外单位的网络/系统管理人员、病毒的设计者等的威胁。

T4：有敌意的强攻击威胁，是指掌握较多设备、技术资源或社会资源，并且愿意冒很大风险的攻击者所带来的威胁，例如，来自 Internet 黑客的攻击、敌对势力的破坏、有企图的资深管理人员等的威胁。

2. 分析信息资源的安全强度

实现政务信息的保密性、完整性、可用性、可控性和不可否认性，必须采用合适的安全机制以提供相应的安全服务。通常将安全机制强度等级 SML 分为 SML1，SML2，SML3 这 3 个等级。

SML1 是基本强度保障措施，能抵抗低等级的威胁，保护低价值的数据。

SML2 是中等强度保障措施,能抵抗中等级别的威胁,保护中等价值的数据。

SML3 是高强度保障措施,能抵抗高级别的威胁,保护高价值的数据。

根据政务信息等级和威胁等级,确定电子政务各应用系统所需安全机制的强度,制定出如表 5.1 所示的对应关系。

表 5.1　安全机制的强度

信息等级	威胁等级			
	T1	T2	T3	T4
V1	SML1	SML1	SML1	SML1
V2	SML1	SML1	SML1	SML2
V3	SML1	SML2	SML2	SML3
V4	SML2	SML2	SML3	SML3
V5	SML2	SML3	SML3	SML3

3．制定安全保障策略

对分级后的电子政务信息资源,制定的安全管理措施主要体现在以下几个方面。

(1) 故障恢复:制定预案、确定故障、状态恢复。

(2) 系统管理:防范安全脆弱性和漏洞的重要手段,是执行安全策略的第一道防线。

(3) 安全培训制度:规范管理员和用户为了解安全特性和操作系统的学习过程。

(4) 运行安全管理:确定临界信息、威胁辨认和分析、漏洞确认和分析、风险评估和措施采用。

(5) 可信分发管理:确保关键安全硬件、软件、固件部分的可靠分发。

(6) 安全操作管理:为了保证信息安全而设计的标准操作流程。

(7) 辅助支持方式:对某些安全机制(如加密)有辅助支持需求(如密钥管理)而制定的相关管理规定。

(8) 人员管理:操作手册、规范等。

安全保障强度所对应的安全管理措施如表 5.2 所示。

表 5.2　安全保障强度与安全管理措施的对应表

	故障恢复计划	系统管理制度	培训方式	运行安全	可靠分发	安全操作计划	辅助支持方式	人员管理
SML1	简单的非正式计划	部门自定的管理制度	用户志愿培训	用户志愿实施	直接购买	简单	无	公务员要求
SML2	经过审批的计划	上级部门审定的管理制度	部门组织的正式培训	经运行安全培训,用户自行实现	真实性认证,病毒检测认证	正式	提醒式	特定部门的公务员要求
SML3	经过上级部门审批的计划	上级部门审定的管理制度	国家认可的培训	必须的运行安全培训,国家统一实施	保护性认证,校验认证	经过审批的安全操作计划	强制式	机要人员要求

针对特定的信息系统(应用系统),给出可选的安全机制,用来确定安全保障措施,确保电子政务信息资源的安全。

5.4 环境运行控制

环境因素是信息系统运行中面临的外部因素,属于客观不确定性,只能降低其不确定性而不能避免其不确定性,也就是说只有通过采取一定的方法,控制信息系统运行环境对信息资产造成的影响,降低信息资产的风险。

在信息系统运行过程中,环境造成的风险主要是针对信息系统运行期间发生的不可预测突发性事件或事故,如操作或管理不当而引起的有毒有害、易燃易爆等物质泄漏,或突发事件产生的新的有毒有害物质,对人身安全与环境的影响和损害等。

5.4.1 环境运行控制的常用手段

1. 计算机等电子数据处理设备放置地点的选择

计算机等电子数据处理设备摆放地点和数据配线柜的错误选择常常会带来环境上的危险,除了攻击事件,物理安全必须考虑到所有可能影响到系统和网络运行的因素。首先,审查现有设施的放置位置。通常情况下,计算机等电子数据处理设备应该有足够的摆放空间,可以放置在除了第一层以外的任何楼层,要有多个入口门和一个以上的安全出口。其次,环境防护设施。为确保计算机等电子数据处理设备被存放在安全的房间里面,必须考虑防盗门和其他防护设施。

为了避免水灾的威胁,放置计算机等重要电子数据处理设备的机房不能设置在地下室,也不能放置在化工厂等有害场所附近。如果机房是多层结构的建筑,则将计算机等重要设备放置在3~6层是比较好的选择,这样可以尽可能地避免水灾、烟雾以及火灾的危险。

2. 空调系统

计算机房内空调系统是保证计算机等重要电子数据处理设备正常运行的重要条件之一。在考虑环境策略时,通常在放置服务器的区域应该有足够的环境控制系统,包括温度、湿度控制和洁净度控制等。

(1) 温度。计算机系统内有许多元器件,不仅散热量大而且对高温、低温敏感。环境温度过高容易引起硬件损坏。机房温度一般应控制在(20±2)℃。

(2) 湿度。机房内相对湿度过高会使电气部分绝缘性降低,金属件锈蚀加快;而相对湿度过低会引起静电的积累,使计算机内信息丢失、损坏芯片,使外部设备工作不正常等。机房内的相对湿度一般控制在(50±5)℃。机房内应安装温、湿度显示仪,以便随时观察、监测。

(3) 洁净度。计算机及其外部设备是精密的设备,机房必须采取一定的除尘、防尘措施,以保证设备的稳定工作。

3. 计算机机房的防火机制

为避免计算机机房发生火灾,应对信息处理场所采取以下防火机制。

(1) 分区隔离。建筑内的计算机机房四周应设计为一个隔离带,以使外部的火灾至少可以隔离 1 小时。所有机房门为防火门,外层应有金属蒙皮。

(2) 火灾报警系统。为安全起见,计算机机房应配备多种报警系统,并保证在断电后24 小时内仍可以发出警报。报警器为音响或灯光报警,一般安放在值班室或人员集中处,以便工作人员及时发现并向消防部门报告,组织人员疏散等。

(3) 灭火器设施。计算机机房所在楼层应有消防栓和必要的灭火器材和工具,这些物品应具有明显的标记,且需定期检查。灭火器设施包括:①灭火器;②灭火工具及辅助设备。

(4) 管理措施。要严格执行计算机机房环境和设备维护的各项规章制度,加强对火灾隐患部位的检查。还应定期对防火设施和工作人员的掌握情况进行测试。

(5) 制定有效的防火安全策略。具体内容包括以下几个方面。

① 办公区域按建筑要求划分出明确的防火分区,并醒目标明逃生通道。

② 由专人负责建立防火预案、报警预案、疏散预案与灭火预案。

③ 必须有专门人员对防火报警系统进行 7×24 的监视,如发现系统报警,严格执行火灾报警预案。

④ 所有人员应该明确消防器材的放置位置,在有紧急情况时,保证能迅速启用消火栓或消防器材。

⑤ 定期对所有人员进行防火知识培训,定期检查每个部门的防火情况。

4. 电源与供电

电源是计算机系统正常工作的重要因素。对电子设备的供电容量应有一定的储备,所提供的功率应是全部设备负载的 125%。在安全防范策略中关于电源部分应重点关注以下几个方面。

(1) 电源干扰。电源的干扰通常有 6 类:中断、异常状态、电压瞬变、冲击、噪声和电源突然失效,每一类干扰都可能对计算机设备的正常工作产生影响。

(2) 电源保护装置。电源保护装置有金属氧化物可变电阻(MOV)、硅雪崩二极管(SAZD)、气体放电管(UDT)、滤波器、电压调整变压器和不间断电源(UPS)等。

(3) 应急电源。应急电源主要是通过一个发电机组提供紧急供电。在断电时启动发电机供电,可以为系统提供较长时间的紧急供电,但它需要有自己的燃料支持。

(4) 制定电源安全策略时需要考虑以下因素。

① 电源稳定情况下,由各部门提出重要设备,可以申请加装 UPS 电源。

② 电源不稳定情况下,包括各种不稳定因素,所在接电设备加装 UPS 电源。

③ 电源线缆通常可能受许多意外情况的破坏,如水灾、火灾、雷击、野蛮施工挖断电缆等。为了降低这些风险,应当对信息系统使用双回路供电,如使用来自不同电网的电力系统,这样,当一套电力系统出现故障时,不至于影响正常的电力供应。

④ 安装电流浪涌保护装置,可降低电流的脉冲过高对计算机等设施所产生的威胁。稳压器可以对电流的脉冲进行很好的调节,以使电气设备的电流工作在一个比较标准的状态下。

5. 接地机制

计算机系统和工作场地的接地是非常重要的安全措施。"接地"是指信息处理设备中各处电位均以大地为参考点的一种防止设备器件被电击破坏的一种手段。包括以下几种。

(1) 保护地。计算机系统内的所有电气设备,包括辅助设备和外壳均应接地。

(2) 直流地。直流地又称为逻辑地,是计算机系统的逻辑参考地,即计算机中数字电路的低电位参考地。数字电路只有"0"和"1"两种状态,其电位差只有 3～5V。随着超大规模集成电路技术的发展,电位差越来越小,对逻辑地的接地要求也越来越高。

(3) 屏蔽地。为避免信息处理设备的电磁干扰,防止电磁信息泄露,重要的设备和重要的机房都要采取屏蔽措施,即用金属体来屏蔽设备和整个机房。

(4) 静电地。机房内人体本身、人体在机房内的运动、设备的运行等均可以产生静电。为避免静电的影响,除采取管理方面的措施,还应采取将防静电板接地等措施(即将地板金属基体与地线相连)以使设备运行中产生的静电随时释放。

(5) 雷击地。机房必须设置专门的雷击保护地(简称雷击地),应将具有良好的导电性能和一定机械强度的避雷针安置在建筑物的最高处。

(6) 制定良好的接地策略,内容包括:

① 聘请专业人员对办公区域的接地情况进行定期检查。

② 发现接地情况不好以后,按使用要求,完善或重新设置接地系统,以满足使用需求。

6. 硬件保护机制

硬件保护机制,一方面指在计算机硬件(包括 CPU、内存、缓存、输入输出通道、外围设备等)上采取的安全措施,另一方面是指通过增加硬件设备而达到安全保密的措施。完全依赖于软件的一些保密手段(如磁盘加密程序)易被破译,硬件防护措施仍是计算机安全防护不可缺少的一部分。例如,虚拟存储器保护是一种硬件防护措施,但是其动态地址转换功能需要有一套虚拟存储空间的表格结构,这就需要操作系统的支持。此外,购置专门的信息保护卡、防数据复制卡、插座式的数据变换硬件(如安装在并行口上的加密狗等)等,也是硬件保护机制的重要方式。

7. 紧急断电开关

当计算机机房发生火灾或要求紧急疏散时,必须立即切断计算机以及相关的电力设备,因此,有必要安装紧急断电开关。紧急断电开关装置最好能有两个,一个放置在计算机机房内,一个放在靠近计算机机房的位置,但设置在计算机机房外。无论紧急断电开关装置放置在计算机机房内还是外面,都需要对其进行很好地保护,以避免不恰当的使用或意外启动给信息系统带来新的风险。

8．报警监控系统

对重要地点设置监控装置，并派专门人员对监控设备进行监视，监视的记录必须保留一段时间，如一年，以备查看。

监控装置需要连接到单位的报警系统中。当晚上无人值班时，需要开启报警装置，对在一些重要的敏感性场所内出现的移动物体启用报警。如果有必要，报警监控系统也可以与当地公安部门进行联网，以便对单位出现重大险情时第一时间与当地公安进行沟通。

9．对进出计算机机房的控制

（1）采用组合门锁。访问计算机机房内的人员必须利用按键输入口令后才能进入计算机机房，而且口令必须经常变换，以降低由于口令的泄密所造成的风险。

（2）采用生物特征锁。通过人体生物学特征，如声音、虹膜、指纹等才能打开的锁。借助于生物特征锁中的有关信息，可对所有进入计算机机房的来访者进行自动登记。

（3）人工登记。所有访问计算机机房的人员必须留下访问记录，如姓名、单位、事由及探访人员等。登记表通常放置在计算机机房的入口处。在获得许可进入计算机机房前，来访者还需要出示表明其身份的证件，如身份证、工作证、驾驶证等。

（4）身份识别卡。所有工作人员在进入计算机机房前必须佩带并出示身份识别卡。身份识别卡上可包含工作人员的照片等信息。外单位的人员其身份识别卡与本单位员工的身份识别卡颜色不同，以示区别。身份识别卡的发放、申请必须有一套严格的控制措施，以防止由于采用身份识别卡管理不善而产生的新漏洞。

（5）对来访者的陪同。对进入计算机机房的所有来访者必须由单位的内部员工进行陪同，承担陪同的单位职工对外来来访者在该段时间内的活动负责。

（6）双重门控制。双重门控制是指对一些重要的敏感性场所，来访者如果想进入操作区域，必须经过两个门。当来访者想进入第二个门时，第一个门必须关闭并上锁，保证仅能容纳一个人在中间地带操作。双重门控制可以有效降低未授权的人员采用尾随授权人员的方法而进入敏感性场所的风险。

10．不公开敏感性场所（如信息处理中心）的物理位置

如不对外发布或主动公开计算机机房的物理位置；不公开计算机机房内信息处理设施的种类及作用；不在计算机机房外设置明显的标记等。

5.4.2 应用案例

机房是放置重要电子设备（信息处理、交换、存储等）的场所，机房内任何一个时间的供电中断，都有可能引起这些重要电子设备工作的中断，从而造成重大事故。因此，单位内对机房的电力供应都会做极为可靠的安排，一般都是采用双路交流电源，外加一路

UPS 电源,以确保这些重要电子设备在任何情况下都能进行正常工作。下面以电视台机房内 UPS 的应用为例,讨论信息系统环境运行控制的实现方法。

1. UPS 电源的工作原理

UPS 电源主要由 UPS 主机和蓄电池组两大部分组成,按其工作方式可以分为在线式和后备式两种。在线式 UPS 电源在市电正常供电时,首先将交流电源转变成直流电源,再进行脉宽调制、滤波,然后再将直流电源重新转变成交流电源,最后才向负载供电。一旦遇到市电中断,立即由蓄电池组通过逆变器向负载供电。图 5.24 为在线式 UPS 电源工作原理示意图。

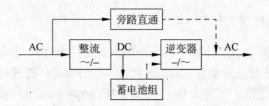

图 5.24　在线式 UPS 电源工作原理

在线式 UPS 电源经过交流→直流→交流变换之后向负载供电,输出的是与市电电网完全隔离的纯净的正弦波电源,因此,它能在较大程度上改善供电品质,保证负载工作的安全可靠。而后备式 UPS 电源在市电正常时,主机上的逆变器并不工作,只有当市电停电时,才由蓄电池组通过逆变器向负载供电,因此,后备式 UPS 对市电的品质并没有什么改变。另外,后备式 UPS 平时处于对蓄电池组充电的状态,只有在停电时才紧急切换到工作状态,将蓄电池组提供的直流电源经逆变器转变为稳定的交流电源输出,供负载使用。

2. 电视台机房对 UPS 电源的要求

目前,自动播出系统在各电视台的应用已非常普遍,无论是全硬盘自动播出系统,还是盘带结合自动播出系统,其控制部分都是一些精度较高的计算机设备,因此要求电源电压是稳定、持续的。

后备式 UPS 平时是处于对蓄电池组充电的状态,逆变器并不工作,只有在停电时逆变器才紧急切换到工作状态,尽管它的切换时间很短,但仍存在一个切换时间的问题,其输出的电源在切换过程中仍有微小的波动,而一些对电源比较敏感(控制精度较高)的设备,则要求电源电压稳定、持续,否则,一旦电源电压有微小的波动,就可能引起工作状态发生变化。因此,后备式 UPS 不适合用在对电视台机房内电源敏感的设备保护上。而在线式 UPS 在供电状态下的主要功能是稳压和防止电源杂波的干扰,停电时则由蓄电池组给逆变器供电,逆变器始终处于工作状态,不存在切换时间的问题,因此,非常适合对供电质量要求较高的场合使用。综上,电视台机房适宜选择和使用在线式 UPS 电源。

3. 电视台机房 UPS 电源的使用

播出机房使用 UPS 电源,就是为了确保在任何情况下都能安全正常地播出电视节目。为此,应从以下几个方面来进行考虑,合理地选择与使用 UPS 电源,才能有效地保证机房的供电,并最大限度地延长 UPS 电源的使用寿命。

1) 正确选择 UPS

选择 UPS 的时候,首先应把整个播出机房内需要保护的设备总功率计算出来,再附加考虑一下近年内可能需要增加的一些设备的功率,适当地留些余量,然后根据功率之和来选择合适的 UPS 电源。这是因为不同功率 UPS 的价格相差较大,若所选 UPS 电源的功率太大,而实际使用功率只能达到被保护对象的功率,造成浪费;反之,如果所选 UPS 的功率小于被保护设备的功率,UPS 电源就不可能对被保护对象起到电源保护作用。

2) UPS 的检测

当确定所要购买 UPS 电源的规格之后,就应通过现场检测来确认所选 UPS 电源是否能满足实际工作的需要。现场检测内容主要包括以下几个方面。

(1) UPS 电源的启动、自动关机和报警项目。

(2) 蓄电池组的供电/充电时间、市电/蓄电池组的切换点。

(3) UPS 的输出能力、过载能力和断电保护能力是否可靠等。在同等条件下,其可靠性取决于 UPS 电源的效率、过载能力、输出电流峰值系数以及浪涌系数等参数,因此,要选择效率高、过载能力强、输出电流峰值系数大以及浪涌系数大的 UPS 电源。判断 UPS 电源是否具有掉电保护能力,或者说其保护能力是否可靠,最简单的办法就是突然停止向 UPS 供电,如果 UPS 所带负载仍能继续正常运行,说明该 UPS 的保护能力是合格可靠的。

3) 正确安装和合理使用 UPS

虽然 UPS 电源主机的工作方式基本都是智能型的,对环境温度的要求并不是很高,在常温下都能正常工作,但 UPS 电源的周围仍然要通风良好,易于散热,同时确保 UPS 电源能有效接地,以防止雷击引起 UPS 短路或发生火灾。另外,安装 UPS 电源的室内一定要清洁卫生,湿度不能太大,否则潮湿的空气和灰尘容易引起主机工作紊乱,从而导致故障。

相对于 UPS 主机来说,蓄电池组对环境温度的要求要高一些,合适的温度可以使蓄电池发挥出最佳潜能,使蓄电池的功效得到充分利用。一般蓄电池要求工作温度在 25℃ 左右,因此,要设法使蓄电池的工作环境保持在 20℃~25℃ 左右,温度太低,UPS 将达不到标称的延时数,当温度低于 15℃ 时,其放电容量将开始下降,每降低 1℃,其容量就会下降 1%;当然,温度也不能过高,超过 30℃ 时,就会缩短蓄电池的寿命。另外需要注意的是,不同安时数、不同品牌的蓄电池不能混合使用,否则会降低 UPS 电源的使用效果。

普通闸刀开关在接通或断开电源的瞬间会产生拉弧,从而对市电电网产生干扰;而且闸刀开关所采用的熔断式保险丝在电流响应方面也比较迟钝,遇有短路或其他非常情况时,并不能及时切断电源,所以为了确保 UPS 在使用中的安全,连接 UPS 的配电柜必须采用空气开关,一方面可以利用空气开关的消弧功能来避免拉弧现象,以确保市电电网的稳定性;另一方面,当负载遇有突发性故障时,可以迅速断开负载。

正常使用中需要注意的事项主要有以下几点。

(1) UPS 电源不宜带感性负载。空调等一些感性负载在接通和断开电源瞬间所产生的振荡电流,其峰值远远大于 UPS 电源本身所能承受的电流值,极易造成 UPS 电源的瞬间超载,从而缩短 UPS 电源的使用寿命。

(2) 应控制好 UPS 电源的负载数量,将 UPS 用到最需要的地方,保证其负载量在额定功率的 85% 以内,而不要把一些没有必要保护的设备都连接到 UPS 上,使 UPS 长期处于满载或超载运行状态,否则只能是额外加重 UPS 的负担,缩短其使用寿命,但也没必要过分让 UPS 低载运行,不然就失去了购买的价值。

4) 规范操作 UPS 电源

在 UPS 电源投入正式使用后,只有严格按使用说明来进行规范的操作和使用,才能使 UPS 电源真正起到保护设备的作用,同时最大限度地延长 UPS 的使用寿命。

(1) 在 UPS 运行正常以后,不能随意改变主机中的所有参数设置。

(2) 严格按照操作顺序开关 UPS 电源,开机顺序应为:打开 UPS 电源输入开关→启动 UPS→打开负载;而关机时则应首先断开负载→关闭 UPS 电源→最后断开总输入开关。如果带负载启动 UPS,则负载的冲击电流和供电电流容易造成 UPS 电源的瞬间过载而损坏逆变器。

(3) 频繁开关 UPS 会产生尖端电流,极易熔断 UPS 电源内部晶体管的交流保险丝,从而损坏 UPS 电源,因此,不能频繁开关 UPS 电源,如 Calaxy3000 MGE 在线式 UPS 电源要求每次开关之间至少需要有 10s 以上的时间间隔。

(4) UPS 电源在工作时即使不带负载,也会有电源能量的消耗,因此,UPS 工作完毕应将其关闭,这样一旦遇到外电突然停电,也不至于使 UPS 处于工作状态,否则,长时间损耗能量又得不到及时补充,最后蓄电池就会枯竭,引起 UPS 故障。

(5) 深度放电会造成蓄电池的内阻增大或充电电压过低,最后导致降低或失去充电能力,放电程度越深,其循环寿命越短,因此,使用中要防止蓄电池深度放电。

5) 定期做好 UPS 电源的维护保养工作

从理论上来说,现在 UPS 电源所使用的都是免维护蓄电池,但在实际工作中,定期对 UPS 电源进行必要的维护和保养仍是必要的。

(1) 避免蓄电池长期处于浮充状态。长时间不断电,蓄电池组处于浮充状态,很容易使蓄电池中的电解液沉淀,一旦遇有外电停电,它只能提供很短时间的延时。因此,如果本地不是经常停电,应每隔一段时间(1 个月左右)进行一次人为的断电,让 UPS 电源在逆变状态下工作一段时间,这样不仅能防止蓄电池中的电解液沉淀,还可以让蓄电池维持良好的充放电特性,以延长其使用寿命。

(2) 如果 UPS 长期不用,也会耗尽蓄电池的能量,从而损坏蓄电池。因此,对于长期闲置的 UPS,也应定期让它运行一定的时间,以便给蓄电池补充能量。

(3) 定期做好蓄电池组的检查、测量以及记录工作。检查项目包括:电池表面是否有灰尘、杂物,电池是否损坏(漏液或酸雾溢出),电池组及各单体电池的浮充电压,电池架、连接线、接线端子是否有锈蚀或松动等。电池表面如果有灰尘或杂物,极易导致正负极间短路或漏电而损坏电池,因此,一定要保持蓄电池表面的清洁。区别蓄电池是漏液还是酸雾溢出,只要看正、负极的接线端子处是否有晶体淅出,有晶体淅出就是漏液,否则,就是酸雾溢出,而且,漏液是集中在接线端子处,酸雾溢出则是在排气阀周围。测量电池的浮充电压时,单体电池应在放电状态下测量,否则,所测电压只是假电压,单体电池的电压值不得低于标称值的70%。

在检查过程中,一旦发现蓄电池有物理损伤、电解液泄漏、酸雾溢出、温度以及电压异常等情况,应立即找出原因并及时进行更换。另外,一旦在UPS的运行过程中出现故障,可首先测量各组件的工作电压,并与正常值进行比较,由此来缩小故障范围,直至将故障定位到某组件。当确定故障组件之后,首先查外围电路,如果外围电路正常,则一般是组件损坏,进行更换即可。

5.5　人员控制

人的因素属于信息资产保护中的主观不确定性因素,这类风险是难以消除的,但随着科学技术和人类认识以及素质的不断提高,这类风险是可以减少的。

人员因素风险发生的原因很复杂,有行为、态度方面的,也有工作能力方面的,有故意的,也有非故意的因素。了解人员因素风险的起因,对实施人员风险控制,保护信息资产安全意义十分重大。

5.5.1　人员控制的常用手段

1. 加强安全教育培训

员工的雇用、安全意识培训、提升和补偿政策和程序与信息安全风险管理的安全需求相适应。同时,人员意识教育培训是使员工具有组织安全政策的意识,包括对新雇用员工信息安全政策的培训和详细的事件识别和报告制度、安全职责、违规惩罚以及操作规程等,对新增或发生较大变化的信息安全政策,向员工或合同商进行短期升级通知学习会议。

2. 建立岗位资格任职制

岗位资格制是指对敏感岗位信息处理人员的任职资格进行考核,考核合格者发给资格证书才能上岗。这种岗位考核主要包括业务技能、安全意识、业务知识、思想品格等内容。在思想品格方面,特别重视员工诚实的品格和严谨的工作作风。对涉及超出员工权限的决定必须报经部门主管或高层领导同意。

3. 建立员工的信用记录

对被雇用员工候选人背景充分核查,尤其是重点关注单位或组织所不能接受的行为记录,如欺骗、偷窃等不良行为。

4. 加强对离职员工的监控和审查

对受到处罚被开除的员工或品形不良的员工，要特别留意其由于对组织心怀不满而造成的破坏，因此，要加强对这些员工的监控和审查，对违背安全政策和程序的人员，及时采取补救行动。

5. 建立个案分析与强化员工安全防范意识相结合的制度

在对员工进行全方位安全防范意识教育的同时，必须注重分析具有典型意义的风险案例，采取"解剖麻雀"的办法，集思广益，分析案件的成因，找出防范成功的经验和导致案发的教训，并结合实际提出改进措施。

5.5.2　应用案例

下面以银行职务犯罪防范中的人力资源管理问题，讨论对人员风险的控制。

1. 诱发银行职务犯罪的人力风险因素分析

银行职务犯罪通常是指从事银行工作的人员，在履行职责的过程中，利用职务的便利条件，以伪造、诈骗及其他方法侵犯银行管理、货币管理、票据管理，破坏金融秩序情节严重，滥用职权或者不正确履行职权所实施的，依照《刑法》的规定应受刑罚处罚的行为。

诱发银行职务犯罪的人力风险因素主要表现在以下方面。

（1）管理者缺乏应有的素质和能力所诱发的管理风险

由于管理者自身素质的局限和不具备银行发展所需的足够知识与能力。随着银行业的快速发展，金融服务的理念、范围、方式、工具、手段等出现惊人的变化，各种创新的融资技术和融资工具层出不穷，银行业务的竞争日趋激烈，银行营运中的科技含量日益增大，越来越多的商业银行开始运用科学的管理方法和先进的管理模式对银行业务进行管理。一些商业银行的管理者尤其是基层机构的管理者难以适应这种科学技术的进步、金融领域的创新和竞争加剧所带来的压力，仍在沿袭着老的管理模式和方法，管理混乱问题十分突出，给犯罪分子可乘之机，从而造成犯罪的发生。

（2）操作人员防范意识淡薄、法制观念不强所诱发的操作风险

银行业虽然是一个犯罪高发生率的行业，但大部分犯罪活动是可以控制的。然而，尽管近年来《票据法》、《支付结算办法》等一系列法律法规相继出台，内控机制逐步健全，而实际工作中有章不循、违规操作的情况却随处可见。从最直接的临柜人员来看，他们的章、印、账、证管理使用较为混乱，领用无登记，使用不监督，用后不核销的状况客观上为作案人提供了便利；内外不法分子利用伪造或变造的银行汇票、银行承兑汇票等重要票据骗取内部资金，而临柜人员受理疏忽，审查不严的人员大有人在；忽视对承兑申请人的资格资信状况、商品购销合同的严格审查或不要求申请人缴纳保证提供质押、抵押等担保为了照顾内部人员"情面"而不坚持原则超越权限办理汇票承兑与贴现的情况也时有发生；银行一线人员的操作不规范导致内部作案人员以身试法、监守自盗或与外部勾

结、合伙诈骗银行资金的案件也时有耳闻。

（3）全员素质偏低和人才短缺所诱发的营运风险

从总体上看，银行人力素质偏低与人才短缺和日趋重要的预防银行职务犯罪管理对人力素质所提供的要求相距甚远。主要表现在：商业银行从过去"一支笔、一把算盘、一本账"的简陋条件到现在的电子汇兑、全国联网。面对如此迅速的电子化进程，包括很多领导在内的大量员工感到茫然、疲于应付，往往对旧的程序、机型还没完全掌握，新的程序、机型又接踵而至，加上设计程序的不精通银行业务，熟悉银行业务的又不懂计算机，在防范措施并不完善，对电子化可能带来的风险认识不足的情况下，又要处置大量日常工作，在管理上形成很大的空当，同时也在营运过程中出现了十分明显的薄弱环节，从而导致利用计算机的犯罪多，在新业务上面犯罪多。

（4）员工忽视世界观、人生观的改造所诱发的道德风险

随着社会主义市场经济的确立，改革开放的深入，国内外各种思潮交织在一起，在一些不良风气和腐朽思想的影响下，银行员工尤其是中、青年员工价值取向日趋复杂。一些人忙于事务性工作，忽视了自我学习和教育，放松了世界观的改造，人生观、价值观的取向产生偏离，在金钱的诱惑下思想防线崩溃，走上犯罪道路；一些人往往随着职务的升迁，不注重个人的政治修养和道德修养，放弃了世界观和人生观的改造，拜金主义开始在头脑中作怪，把党和人民赋予的职权变成谋私的资本，最终跌入犯罪的深渊。

2．建立防范银行职务犯罪的人力风险管理体系

针对近年来银行职务犯罪的特点和对诱发银行职务犯罪的人力风险因素分析，应从以下方面着手建立防范银行职务犯罪的人力风险管理体系。

1）实施战略型的人力资源管理模式

战略型的人力资源管理模式是一种以人为本的人力资源管理模式。在知识经济时代，知识日益成为决定商业银行生存和发展的重要资源。人作为知识的主人，作为知识资源的驾驭者，其主动性、积极性和创造性的调动与发挥程度直接决定着商业银行防范银行职务犯罪的能力，最终决定着商业银行的生存和发展。因此，商业银行的人事管理部门必须从以事为中心的传统管理转向以人为中心的现代人力资源管理，必须注重开发员工的智能，策划与商业银行规划相适应的人力资源管理的动态发展，即在金融手段、金融工具不断创新，金融服务日趋激烈的情况下，能不断提供适应商业银行发展需要的各种金融人力资源，使人事管理部门成为商业银行发展的决策机构之一。其职能要能更直接地与商业银行的发展目标相吻合，推动商业银行的职能创新。通过人员调整、报酬分配、激励与培训新方案的实施，提高员工的工作自觉性和工作效率。人事管理部门要与一线部门共同担负防范银行职务犯罪的重任，一样对商业银行的安全运营负有直接责任，要从与防范银行职务犯罪的相关部门转变为对防范银行职务犯罪有较大贡献的部门。

2）培训高素质的员工队伍

要提高员工队伍的素质既要注重培养和提高银行员工的整体素质，更要注重培养和提高银行员工的个人素质。培养和提高银行员工的整体素质是对所有银行从业人员提

出的要求。从诱发银行职务犯罪的人力风险因素分析来看,每个员工的道德素质、知识素质、技能素质直接影响着防范银行职务犯罪的效果。因此,提高银行员工的道德素质,培养员工全心全意为用户服务的正义道德观;遵守银行职业道德原则、规范;具有高尚的道德品质、公而忘私、正直、诚实、心胸坦荡、廉洁奉公、不搞歪门邪道、作风正派等。提高银行员工的知识素质和技能素质,要从发展的角度,对银行员工的知识和技能进行不断完善。要积极开展岗位职务培训,实行适应性培训和资格培训并重,在岗培训和脱产培训并重,国内培训和海外培训并重,由知识传授型向能力开发型转变,增强员工的管理能力,要求员工掌握多种专业技能,造就复合型人才,努力提高银行员工防范银行职务犯罪的能力。培养和提高银行员工的个人素质是在整体素质提高的基础上,注重知识的针对性、实用性和层次性,按不同类型、不同层次的员工确定具体的培养内容和方法。

3) 建立有效的激励机制

有效的激励机制不是单一的经济手段,而是包括报酬激励、人事劳动政策激励、工作管理激励、考核激励及精神激励等在内的一系列激励手段。

(1) 报酬激励机制。报酬激励首先要对员工的工资等级进行合理的确定和调整,打破传统的分配制度,实行"效益优先,兼顾公平"的原则,要将工资制度划分为等级工资与效益奖励工资两个层次。等级工资根据每个员工的工龄、学历、岗位分档确定,效益、奖励工资根据每个商业银行每年经营效益来确定,实行单一指标挂钩考核办法。股份制商业银行还可建立员工分红制度,按所订的比率,分配给员工红利。这样才能使工资制度体现商业银行的经营目标,使员工把自己的利益与商业银行的经营效益联系起来,真正关心和维护金融体系的安全,自觉地防范银行职务犯罪。其次在报酬机制中还要采取一些灵活的激励手段,如设立绩效奖金、住房补贴、带薪假日、进修资助、提供晋升等。

(2) 人事劳动政策激励机制。现代企业制度下的人事劳动激励既要破旧,扫除影响人们进取心、主动性、积极性的障碍,又要增强动力和吸引力。针对年轻职工由于感觉升迁无望而诱发银行职务犯罪的心理特点,在干部任用上要从单一委任制向聘任、选任、招聘、委任多种形式过度,逐渐建立起能者上、平者让、庸者下的机制,使干部任用由一次定终身、单向选择逐步向双向选择过渡。在员工任用上要打破延续多年的只进不出的劳动用工终身制,大力推行全员劳动合同制,使企业和员工在合法、平等、自愿、协调一致的前提下确立劳动关系。另外,在人事劳动政策上的激励还要体现在对员工合同的续签、合同期的考核、员工和业务技能培训,劳动岗位的轮换和调整;员工技术、业务等级的制定及其评定;管理机构的合理设置和人员的有效重组;专业技术人员的职称设置及其评定,特别是对有专长和突出贡献者的破格晋升;劳动保护、职工安全及其工作环境和条件的改善等方面。

(3) 工作管理激励机制。将管理作为激励手段是金融企业的经常之举,但能否取得实效却有赖于各家商业银行领导者的核心凝聚力。在传统经营制度下,管理与激励是分开的,而在现代商业银行管理体制下,激励则体现在管理的方方面面:任务分工明确,工作规范具体,政策公开,加上领导者能随时吸收和采纳员工的合理要求与建议,员工的积极性就会通过一有序的方式而得以提高,从而达到防范银行职务犯罪的目的。

(4) 考核激励机制。建立一套以效率和质量为基础的考核激励机制也是有效地防范银行职务犯罪的手段。在考核标准上，要坚持德才兼备，注重实绩的原则。在考核方式上，要注重 3 个结合：即日常考核与定期考核相结合；定性考核与定量考核相结合；静态考核与动态考核相结合。在考核内容上，要制定岗位责任制标准，定期对员工的思想品德、工作态度、业务水平、工作实绩做出客观公正的好评，为其晋升、提薪、业务水平、工作实绩做出客观公正的评价，要与奖惩紧密挂钩，鼓励先进，鞭策后进，考核不称职者，要限期改正，逾期不改者，要坚决清理出银行员工队伍。

（5）精神激励机制。在市场经济条件下，银行加强员工的思想政治教育和职业道德教育愈加显得至关重要。要提倡拼搏精神、奉献精神和爱岗敬业精神。通过先进人物和先进事迹的表彰与弘扬，各种荣誉称号的授予，劳动竞赛等多种形式激励自觉地爱岗敬业，引导员工建立正确的人生观、价值观。同时还要从满足人的精神需求出发，尊重、理解和关心员工，激发员工的责任感和事业心，主动关心银行事业的发展，自觉地防范银行职务犯罪。

4）建立有效的外部约束机制

外部约束机制主要包括人力资源管理部门与司法相关部门建立共同预防银行职务犯罪联系协调机制，及与员工家庭建立共同监督机制。银行人力资源管理部门要与检察院建立共同预防银行职务犯罪联系协调机制，成立预防指导小组，具体负责日常联系、组织和协调工作。建立信息交流和情况通报制度、调查研究和预防银行职务犯罪对策制度、案件移送制度、案件协调制度等。另外，家庭是社会的细胞，好的家庭家风对于社会风气的进步起着巨大的促进作用。充分发挥家庭因素在预防、制约职务犯罪当中的能动作用，防患于未然。对一些有实权关键岗位的员工，人力资源管理部门要与其家属签订《金融员工八小时以外监督协议书》，使家属不断提高思想道德素质和遵纪守法意识，管好子女及配偶，吹好家庭清正廉洁风，从而使各级员工始终保持清醒的头脑。

第6章
信息系统风险管理与控制应用

前面章节详细阐述了信息系统的基本概念、体系结构以及信息系统的风险及其分布,介绍了信息系统风险管理与控制的相关理论,并从信息系统的项目建设和资源使用2个方面对信息系统风险管理与控制的方法和手段进行了比较详细的讨论。本章结合一个税务行业信息系统风险管理与控制的案例,对信息系统风险管理与控制的应用进行进一步分析和说明。

6.1 项目背景

税务信息化是依靠现代信息技术的支撑,提高税收征管效率的一项系统工程,是社会经济发展的必然选择。我国税务信息化建设从20世纪80年代起步,到1994年经历了以增值税为核心的税制改革后进入高速发展时期。在此期间,经过了单机操作与联网操作、单项应用与综合应用、局域网与广域网建设、以内网为基础外网为辅助的全面联网建设阶段,税务信息化建设得到了快速发展。

为了使全国税务信息化建设能够沿着科学轨道健康发展,2002年国家税务总局出台了税务信息一体化建设的总体设计方案和中国电子税务——金税工程(三期)总体技术框架,提出了金税工程三期建设总体目标,即建设"一个平台,两级处理,三个覆盖,四个系统"。其中:

"一个平台"是指包含计算机网络硬件和基础软件的统一技术基础平台。

"两级处理"是指依托统一的技术基础平台,逐步实现税务数据信息在总局和省局集中处理。

"三个覆盖"是指业务应用的内容逐步覆盖所有税种,覆盖所有工作环节,覆盖国家和地方税务局,并与国家的有关部门(如国库)进行连网。

"四个系统"通过业务重组和优化,逐步形成一个以征管业务为主,包括行政管理、外部信息采集和决策支持在内的四大子系统的综合应用。

经过几年的发展,税务信息化建设的步伐不断加快,全国各地税务系统的计算机网络基础设施陆续建成,基于税务网络的应用,如征、管、查等系统也在不断完善中,税务数据信息也开始陆续从基层税务网点集中到上级机关,逐渐形成了两级集中的数据处理格局。

税务数据信息的集中处理和管理意味着税务信息化面临风险的加大。如今,网上纳税、税源风险预警等正成为越来越重要的税务征管手段,与此同时,税务部门内部的行政管理、决策支持等也越来越依赖于计算机网络等设施,因此,保证税务信息系统的安全,实现税务信息系统的持续运转已成为一个极其重要的课题。

A市税务局位于苏中平原,是一个地市级税务机关。为了适应税务信息化发展的需要,该税务局希望进行"征、管、查"信息系统的升级改造,将原来独立运行的征收、管理、稽查等信息系统融为一体。由于税务行业业务的特殊性,即将升级改造的税务信息系统一定涉及许多机密信息。根据国家保密局以及国家税务总局等主管部门的有关规定,本着"安全第一,应用第二"的原则,要求该市税务局税务"征、管、查"信息系统的建设必须认真规划,确保从信息系统的规划筹建之初,就将信息安全放在第一位,将前瞻性与实用性相结合,在充分分析信息系统风险的基础上,制定该局税务"征、管、查"信息系统建设的实施方案,最大限度地降低信息系统的风险,保障税务机关信息系统建设与应用的安全。

6.2 现状分析

6.2.1 软硬件现状

几年来,由于工作需要,A市税务局的许多部门已陆续建成了各自独立的小型局域网,运行征收、管理、稽查等多个业务信息系统。税务局采用专线连接方式实现与国库、银行、证券公司等的信息交换。采用ADSL线路与Internet网相连,实现对外发布信息的功能。

为了适应税务信息化发展的要求,拟建设的税务"征、管、查"信息系统蓝图如图6.1所示。

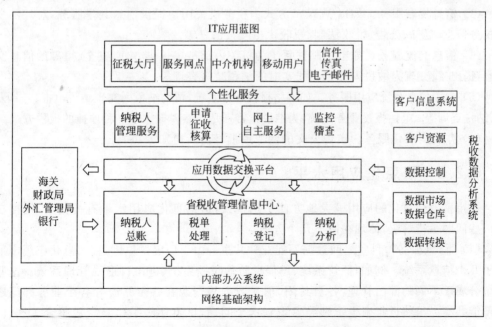

图 6.1 拟建设的税务信息系统蓝图

考虑到经费、人员结构以及技术水平等因素，即将建设的 A 市税务"征、管、查"信息系统准备采取"安全可靠、分步实施"的原则，第一期信息化建设的目标是完成内部信息系统的改造，具体包括：计算机网络基础设施的集成、内部办公系统以及部分业务应用信息系统的研发工作，等今后条件成熟时，再进行二期信息化的建设工作。

6.2.2　信息系统资源状况

1. 软硬件资源现状

目前，A 市税务局现有的软硬件资源如下。

(1) 硬件资源。现有 586 及以上配置的台式计算机几百台，有笔记本、打印机、扫描仪等几十台。此外，网络设备主要包括中心路由交换机和若干台型号不一的会聚层交换机、集线器、Modem 等。

(2) 存储介质。存储介质主要有光盘、软盘、硬盘、磁带、优盘和 USB 移动硬盘等。

(3) 软件资源。有各种业务处理软件(如征收管理信息系统、出口退税软件、稽查信息系统、重点税源分析系统等)、常用操作系统(主要是 Windows 系统)、数据库管理系统、工具软件、单机版的防病毒软件若干等。

(4) 信息资源。①内部信息资源，包括本单位的各类报表、IP 地址分配策略、网络拓扑结构、安全防范措施等文字、数字和图像信息；②客户信息资源，包括企业等纳税人的相关信息等；③来自政府和行业主管单位的信息，如税源统计、行业动态、保密规定等。

2. 应用服务现状

A 市税务局现有的应用服务如下。

(1) 信息发布服务。如以 WWW 方式为税务机关用户提供信息共享服务，对外部发布税务信息、通知、公告、税收法制、税收优惠政策信息等。

(2) 信息交流服务。如电子邮件系统为机关内部员工提供方便、安全、可靠的信息交流服务；在线交流为纳税人提供在线实时的纳税政策咨询等。

(3) 专用信息系统应用服务。如网络报税业务系统，帮助纳税人实现纳税申报、开具发票、纳税查询等；电话报税业务系统，为纳税人特别是自然人提供了一种便捷的报税方式。

(4) 办公自动化服务。实现公文的网上审批、流转、通知等功能。

6.2.3　信息化应用水平

A 市税务信息化的应用极大地方便了纳税人，但信息化应用水平有待提高，还存在着一些问题亟待解决，体现在以下几个方面。

(1) "信息孤岛"，科室之间数据不能充分共享。由于历史的原因，在信息化应用中形成了几个信息系统。例如，征管系统、增值税防伪税控系统、进出口退税管理系统。这些系统分属于不同的部门管理，各自封闭，信息数据等资源在各个系统和各个业务部门之间不能共享。虽然近年来主管领导意识到这个问题，试点实施了信息资源整合工作，但仍然存在着系统兼容性差，数据共享度不高，数据重复报送和重复录入等问题，数据共享问题并没有得到根本的解决。

(2) 数据等信息资源的管理水平还不够高,管理制度还不够健全。在数据的采集、储存、清理、维护、分发等方面,还存在着一定程度的无序状况,所存储的数据质量也不容乐观。

(3) 大量业务数据的增值应用还有待于进一步开发。多年来,在税务信息化建设中,各基层税务机关积累了大量的业务数据,但由于缺乏有效的技术手段,还没有充分发挥业务数据应有的作用。目前仅是满足于税收征管日常应用,在数据增值利用的深度和广度上还不够。一方面基层不知道如何充分利用信息数据开展税收管理与服务,另一方面,决策者却很难从积累的大量数据中获得深入的、有价值的信息,也很难通过数据分析来提炼出综合的、有价值的辅助决策信息来指导基层工作。

(4) 税务信息安全存在较大的风险。目前,税务信息系统涉及安全管理方面的内容还只限于一些支离破碎的规章制度和有限的几个业务处理流程。伴随着数据由基层向A市的集中,数据集中度的提高意味着税务信息的安全风险度也随之增长,风险也由分散向集中发展。如何保障税收业务数据的完整性和安全性,防止系统受到攻击和各种意外而导致的故障甚至是瘫痪,及时规避各种潜在的风险和网络安全隐患已成为 A 市税务局刻不容缓需要解决的问题。

6.2.4 人员状况

A 市税务局现有干部职工 200 多人,局机关内设 8 个科室:税政管理科、征收管理科、政策法规科、进出口退税管理科、计划统计科、人事教育科、办公室、监察室;此外,还有 3 个事业单位:票证中心、信息中心(计算机中心)、机关服务中心;下设 4 个基层分局和 3 个县(市)分局,其中第一税务分局至第三税务分局负责辖区内税收征收管理工作,第四税务分局负责对辖区内小规模纳税人涉税案件的查处工作。

A 市税务局信息中心(计算机中心)是专门从事税务信息系统与资源管理、维护的部门,现有员工 5 名,主要负责 A 市税务信息系统运行管理、规章制度的制定、修订和执行、信息系统建设规划的制定等。由于编制等原因,存在人员少、学历高、年龄普遍年轻化的特点,而其他业务部门的员工对计算机知识相对匮乏,只能对信息系统进行简单的操作。

税务信息系统应用的外部用户,主要包括纳税人、银行、国库、财政等合作单位用户。纳税人用户又分为一般纳税人、小规模纳税人和个体户等,这类用户群数量庞大,计算机应用水平参差不齐。总体而言,一般纳税人的计算机应用水平比较高,小规模纳税人和个体户等的计算机应用水平低。由于银行、国库、财政等单位的信息化建设比较早,而且待遇相对较好,因此,这些单位员工的计算机应用水平相对较高。

6.3 税务信息系统的安全保护范围及目标

信息系统安全从本质上来说是描述一个组织或单位中具有哪些重要信息资产,并说明这些信息资产如何被保护的一个计划,其目的是对该组织中成员阐明如何使用本组织中的信息系统资源,如何处理敏感信息,如何采用安全技术产品,用户在使用信息时应当承担什么样的责任,详细描述对员工的安全意识与技能要求,列出被组织禁止的行为等。

ISO 17799 明确提出:管理层应当提出一套清晰的政策来指导信息安全实践,并且通过在组织内发布和维护信息安全政策来表明对信息安全的支持和承诺。

为了能够制定切实可行的信息安全方针,实施有效的信息安全策略,首先必须了解税务"征、管、查"信息系统的安全特性,在此基础上才能制定安全保护范围,明确安全目标。

6.3.1　安全特性分析

(1) 由于计算机网络的开放性,基于 B/S 架构的管理信息系统易受网络攻击。

即将建设的 A 市税务"征、管、查"信息系统是一个基于 B/S 架构的应用系统,由于计算机网络的开放性和网络通信协议的安全缺陷,以及在网络环境中数据存储和对其访问与处理的分布性特点,网上传输的数据很容易受到破坏、窃取、篡改、转移和丢失。这些危害通常是由于对网络的攻击引起的,如身份窃取、假冒、数据窃取、否认、错误路由、拒绝服务和业务量分析等。另外,工作人员在操作、管理以及对信息系统安全设置上的失误(如安全策略太低),同样会给网络安全带来危害。这些危害给税务信息系统信息的完整性、可用性、隐私性、可靠性带来了巨大的威胁。

(2) 数据库数据量大,数据敏感度不同,安全要求各异。

由于 A 市税务"征、管、查"信息系统数据库既包含纳税人的基本信息,又包含纳税人纳税申报完成情况、纳税记录等信息,明显不同于其他税务信息系统的数据库。从数据集中角度看,根据税务总局的要求,区县(市)等基层税务局仅负责数据的采集,通过计算机网络将数据集中到地市税务局进行管理,待今后条件成熟时再进行全省范围的数据集中处理。第三,由于业务要求不一,决定了数据信息的性质不同,服务对象多样,这使税务征管系统、增值税防伪税控系统、进出口退税管理系统等信息资源,各自的安全性要求即敏感度也不同。

(3) 用户身份复杂,应用需求各异。

基于 Web 方式的 A 市税务"征、管、查"信息服务系统工作于 Internet/Intranet 环境下,用户群复杂,使用的目的不同,这给系统安全带来了很大隐患。对于有的用户,可能只了解纳税法规、公告,查看纳税流程等;而有些用户则借助于该系统进行网络纳税申报;对于税务机关内部工作人员,需要下载或更新有关资料等;对于领导层,则希望通过该系统查阅纳税统计信息,了解重点税源的纳税情况等。

综上,不同的应用需求对税务信息系统建设的安全设计、权限分配、系统规划提出了更高要求。

6.3.2　安全保护范围

1. 税务"征、管、查"信息系统的安全保护范围

即将建设的税务"征、管、查"信息系统涉及 A 市税务局内多种信息资产以及与此相关的环境支撑,因此,安全保护范围应该覆盖以下内容。

（1）数据信息，包括本单位的各类税务报表、网络结构等。

（2）计算机（含服务器、业务主机等）的硬件、软件。

（3）网络通信设备，如交换机、路由器、Modem 等。

（4）网络存储设备，如磁盘阵列、优盘和 USB 移动硬盘等。

（5）各种网络应用服务。

（6）运行环境及支持设备，如计算机房、供电系统等。

（7）对单位内部工作人员的管理等。

2. 安全保护优先级的划分

通常情况下，信息资产大多分属于不同的信息系统，如办公自动化系统、网管系统、电话报税系统等，对于提供多种业务的税务机关而言，业务信息系统的数量有很多。这时首先需要将众多的信息系统及其信息资产进行恰当的分类，并在此基础上进行下一步的风险评估工作。

根据税务业务开展的实际情况以及税务机关工作的特点，将税务"征、管、查"信息系统中各环节的安全保护的优先级依次定义为：对关键岗位人员的管理、重要涉密信息、存储涉密信息的存储设备、网络通信设备、网络应用服务、软件、硬件、运行环境支持等，如图 6.2 所示。

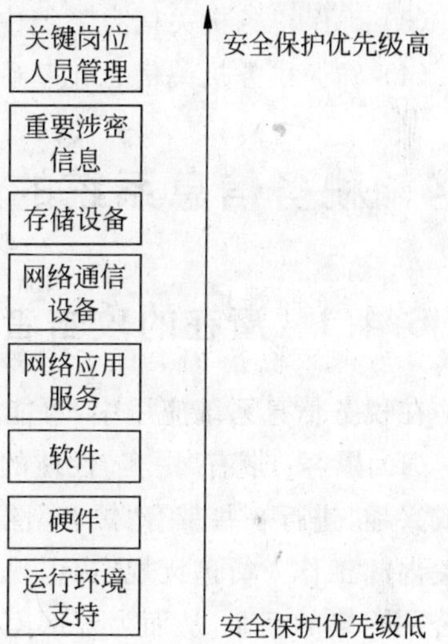

依照信息资产的敏感程度，对税务信息资产依次分为公开、内部、秘密、机密、绝密，并分别被赋值为 1、2、3、4、5，其含义如表 6.1 所示。

图 6.2　信息资产安全保护优先级的划分

表 6.1　税务信息资产机密程度赋值表

赋值	标识	定　义
5	绝密	包含税务局最重要的机密，对政府形象有着重大影响，如果泄露会造成灾难性的损害，如政府的绝密会议纪要等
4	机密	包含税务局的重要秘密，其泄露会使组织的安全和利益遭受严重损害，如保密计算机的使用
3	秘密	税务局的一般性秘密，其泄露会使本地安全和利益受到损害，如 IP 地址制定规则等
2	内部	仅能在组织内部或在组织某一部门内部公开的信息，向外扩散有可能对组织的利益造成轻微损害，如税务局机关公文等
1	公开	可对社会公开的信息，公用的信息处理设备和系统资源等，如税务信息通知、公告等

6.3.3　安全目标

税务信息资产的安全涉及从信息的保密性（保证信息不泄露给未经授权的人），拓展到信息的完整性（防止信息被未经授权的用户篡改，保证真实的信息从真实的信源无失真地到达真实的信宿）、信息的可用性（保证信息及信息系统确实为授权使用者所用，防止由于计算机病毒或其他人为因素造成的系统拒绝管理）、信息的不可否认性（保证信息行为人不能否认自己的行为）等方面。

税务信息安全的总体目标如下。

(1) 保护税务局内部和客户信息资产的安全，防止税务信息系统受到攻击。

(2) 确保税务机关信息系统中涉密信息的安全。

(3) 确保税务机关信息系统中核心应用以及服务的可持续发展。

(4) 确保税务机关信息化基础设施和安全管理体系的可持续发展。

6.4　税务信息系统的风险分析

6.4.1　潜在的攻击者

在税务信息系统应用中，可能遭受多种潜在攻击者的攻击，如。

(1) 黑客：带有"黑客"性质的攻击可能来自两个方面，一是内部技术人员，如出于好奇或兴趣，进行一些带有"黑客"性质的网络攻击行为；另一方面则是由于某些原因（如局机关内部工作人员违反规定，上班时间非法采用 Modem 拨号上网炒股），造成内部网络与公共网络的互联，从而为外部黑客所利用。

(2) 工业间谍：由于税务机关行业的特殊性，工业间谍威胁（特别是某企业的同行单位或别有用心之人）也是一个必须考虑的因素。间谍可能利用一切攻击手段，窃取他们所关心的机密信息，也可能采用收买税务机关内部人员的手段实施犯罪。

(3) 恐怖分子：此类攻击者对税务机关信息系统的应用而言不常见，因此，可不作重点考虑之列。

(4) 蓄意破坏者：纯粹以破坏税务信息系统运行为目的的故意行为。根据实际情况，此类攻击不常见。

(5) 内部工作人员犯罪：为了经济或其他利益而攻击税务信息系统。需要说明的是，此类人员对信息安全造成威胁的动机非常复杂，其可能利用的技术、手段参差不齐。这类行为基本上也可以分为两类：一种是纯粹出于经济目的，或报复行为，利用一切可能的手段来窃取信息，破坏信息系统；另一种则是在外部罪犯或间谍的指使、收买下，在可能获得外部技术支持的情况下，对该税务机关信息系统实施攻击。

(6) 内部工作人员无意造成的信息（数据）泄露。根据美国 CSI/FBI 的调查，对一个单位而言，所有计算机安全事件中来自单位内部信息（数据）泄露造成的经济损失连续 5 年排在第一位。中国国家信息安全测评认证中心的调查结果也表明：在众多的安全事件中,最主要、也是最危险的安全事件是来源于单位内部的信息泄露。由于单位内部员工的安全防范意识不强,无意造成的信息(数据)泄露所产生的危害极大且防不胜防,它可导致单位核心竞争力下降,造成单位的声誉损害,引起法律纠纷甚至危及社会的稳定等。

6.4.2　技术层面的风险

任何计算机信息系统都可能通过某些途径,对单位的信息资产造成泄密隐患,税务信息系统也不例外。

即将建设的税务"征、管、查"信息系统面临的技术风险主要有以下几个。

(1) 外联网风险。如电子报税服务器与银行或其他政府机构之间联网,如果未加特殊的技术防范,一旦黑客成功攻击了其中某个薄弱环节,然后,他将使用网络监听方法,尝试攻破同一网络内的其他主机而且行为比较诡异,不留下蛛丝马迹。黑客也可以通过IP欺骗和主机信任关系,攻击网络内的其他主机。

(2) 信息系统的后门、漏洞。税务信息化包含多个信息系统,如电子报税系统、重点税源分析系统等。这些信息系统具有开放性,这个特点也为攻击者提供了实现网络攻击的途径。计算机信息系统操作系统程序量大,通信协议复杂,不可避免存在各种配置漏洞、操作系统漏洞、协议漏洞、后门等,这些都可能被窃密者利用。如果开发一个新的软件系统,在具体编写代码时,有人为预留后门、漏洞等现象,那对税务信息系统的应用而言将更加危险。

(3) 拒绝访问服务风险。对外部网络没有较好的措施防止或监控拒绝服务的攻击,也没有专门的安全技术力量支持,一旦出现拒绝服务,将无法及时反应。

(4) 由于安全策略不当造成的风险。内部服务器虽然采用了防火墙做网络隔离,但没有使用相应的系统安全策略,或者说系统安全策略设置很不全面,对已渗入的攻击者或者内部攻击者防护以及监控能力不够。

(5) 大量并发用户访问造成的风险。网上纳税服务系统和网上电子申报系统的系统访问容量设计要充分,在系统方案设计中,必须考虑当大量并发用户产生时的系统可用性问题,否则会造成系统的崩溃。

(6) 病毒攻击。由于内部员工不良的上网习惯而感染木马或病毒,导致计算机损坏、电子数据丢失或信息不经意地外泄,对税务网的信息安全乃至国家安全带来重大隐患。

6.4.3　管理与操作风险

(1) 制度风险。制度风险是指税务机关的信息系统处理方式与风险控制制度不适应,使计算机系统控制流程与税务行业的制度规定不符。例如,由于对税务信息系统数据的同步备份、介质备份、灾难备份等的管理制度执行不到位或操作不规范的问题,致使一旦发生灾难性事故,可能出现业务的中断、系统难以完整恢复数据的情况,后果十分严重。

(2) 由于信息系统升级导致的风险。原有的征管系统、增值税防伪税控系统、进出口退税管理系统以及稽查管理信息系统等分属于 A 市税务机关不同的部门进行管理,由于种种原因,这些信息系统产生的许多信息(如财务信息、各种计划信息等)无法或者无法顺畅地在多个部门之间流动,从而造成"信息孤岛"。A 市税务"征、管、查"信息系统是为了解决若干信息的共享问题而进行的升级改造工作,在此过程中,如果不能正确认识过程的复杂性并采取适当的防范措施,就很可能导致新的信息系统功能缺陷、业务流程重组不畅、纳税人信息的泄露等,给 A 市税务局带来管理和法律风险。

(3) 审计风险。由于审计监督的现代化水平落后于税务业务的信息化进程,使监管中的现场检查只能就计算机处理结果"做文章",而无法深入到信息系统应用的内部,就业务处理功能与业务规章的适应性、安全漏洞、程序缺陷等进行检查与评价,从而导致新的风险。

6.5 税务信息系统的风险识别

为了便于分析,下面将税务信息系统可能面临的攻击划分为 4 个级别,每个级别分别赋予不同的值:A、B、C、D,其含义如表 6.2 所示。后续税务机关信息安全策略的确定与实施将主要以此为依据进行分析。

表 6.2 威胁赋值表

标识	定 义
A	出现的频率较高(或≥1 次/月),或在大多数情况下很有可能会发生;或可以证实多次发生过
B	出现的频率中等(或>1 次/半年),或在某种情况下可能会发生;或被证实曾经发生过
C	出现的频率较小,或一般不太可能发生
D	基本不可能发生,或仅可能在非常罕见和例外的情况下发生

在表 6.2 中,A 级攻击:肯定会发生,必须考虑;B 级攻击:可能发生,应予考虑;C 级攻击:可能发生,但可暂缓考虑;D 级攻击:基本不会发生,可不考虑。

6.5.1 风险发生的可能性

从多年税务信息化建设实践来看,几乎所有的税务部门都有相关的安全管理规定(包括岗位工作职责等),税务信息化建设的风险主要来源于信息系统的缺陷以及大量的人为因素。

从技术层面看,税务信息系统风险发生的可能性如表 6.3 所示。

表 6.3 技术风险发生的可能性分析

风 险 源	风险的可能性	风 险 源	风险的可能性
外联网风险	C	信息系统内部风险	C
信息系统的后门、漏洞	A	大量并发用户访问风险	C
拒绝访问服务风险	B	病毒攻击	A

　　从对税务信息系统应用发动攻击的潜在攻击者来看，由于税务信息系统一般都位于一个由该税务局独立使用和管理的建筑群内，所以，潜在攻击者对税务信息系统发动攻击的可能性高低会有所不同。

　　我们将税务信息网内的资源，按照潜在的攻击者发动攻击的可能性大小分析如表6.4所示。

表 6.4　攻击风险发生的可能性分析

攻 击 者	风险的可能性	攻 击 者	风险的可能性
内部员工无意识造成的信息泄露	A	恐怖分子	D
黑客攻击	B	蓄意破坏者	D
内部工作人员犯罪	B	工业间谍	C

　　从表6.3和表6.4的分析不难看出，税务信息系统的安全防范重点应该是：①内部员工控制；②病毒的攻击；③信息系统的后门、漏洞。

6.5.2　攻击载体与攻击工具

　　攻击者对税务信息资源进行攻击的载体通常包括：计算机、网络设备、通信线路等，可使用的攻击工具，如命令、脚本、专用的攻击工具包等，如表6.5所示。

　　在表6.5中，由于税务内部信息网与外部网络的连接通常采用物理隔离的方式，因此，一般情况下，从外部主机和通过公共线路对税务信息资源进行攻击的可能性不大，而最大的安全隐患则来自税务内部信息网。

表 6.5　攻击地点与攻击工具分析

工 具	内部主机	外部主机	公共线路	内部线路	交换和路由节点
用户命令	A	D	D	C	C
脚本	A	D	D	C	C
自动代理	A	D	D	C	C
攻击工具包	A	D	D	C	C
分布式攻击工具	C	D	D	C	C
数据截获	B	D	D	B	A

　　从表6.5可见，税务局内部网应对基于主机发起的攻击予以高度重视，同时对交换和路由节点上的数据截获、侦听等应予以充分考虑。

6.6　税务信息系统的风险评估

6.6.1　风险评估的形式

　　针对A市税务局"征、管、查"信息系统风险评估的工作方式可分为自评估和检查评估两种形式。

1. 自评估

自评估是由 A 市税务局自身发起，以发现信息系统现有风险、实施安全管理为目的的风险评估活动，自评估一般依靠自身力量或委托风险评估服务技术支持方实施。

依靠自身力量进行自评估，有利于实现税务信息系统相关信息的保密；有利于发挥本单位员工的业务特长；有利于降低风险评估的费用；有利于提高本单位的风险评估能力与信息安全意识。但依靠自身力量进行的自评估也存在某些不足，如风险评估结果的客观性、可信度不够，评估过程的不规范、不到位等。

委托第三方评估机构的自评估简称为委托评估，是指 A 市税务局委托具有风险评估相应资质的专业评估机构，如信息安全咨询公司等，实施的自评估活动。接受委托的评估机构拥有风险评估的专业人才，具有丰富的风险评估经验，对风险评估的共性了解得比较深入，风险评估实施过程中评估过程规范、评估结果客观。

2. 检查评估

检查评估由信息安全主管机关（如省保密局、公安局等）或上级业务主管机关（如省税务局）发起，依据已经颁布的法律、法规或标准，对 A 市税务信息系统应用的关键领域及其存在的风险点进行检查，评估 A 市税务信息系统的安全风险是否在一个可接受的范围内。

由于检查评估是由信息安全主管机关或上级业务主管机关组织实施的，因此，其评估结果具有一定的权威性。但这种评估方式也存在缺点，如单次评估的检查时间比较短；一次检查后针对同一个关键领域或关键点的评估很可能就不再进行，或者第二次专项评估与前一次评估的间隔时间可能比较长，这就很难对 A 市税务信息系统的整体风险状况做出完整的评价，充其量也只能就特定的关键点检查被评估系统是否达到要求。此外，针对某关键领域或关键点的检查评估符合要求并不表明系统的整体安全状况已经完全达到要求，这在实际工作中常常被忽视。

检查评估是在对自评估过程记录与评估结果的基础上，验证和确认信息系统存在的技术、管理、运行风险，以及自评估后采取风险控制措施取得的效果，对自评估的实施过程、风险计算方法、评估结果等重要环节的科学合理性进行分析，并制定检查列表。

检查评估一般覆盖以下内容。

（1）自评估方法的检查。

（2）自评估过程记录检查。

（3）自评估结果跟踪检查。

（4）现有安全措施的检查。

（5）系统输入输出控制的检查。

（6）软硬件维护制度及实施状况的检查。

（7）突发事件应对措施的检查。

（8）数据完整性保护措施的检查。

（9）物理环境的检查等。

自评估和检查评估两种模式的比较如表 6.6 所示。

表 6.6 两种风险评估模式的比较

模 式		实施主体	客观性	复杂度	周期	保密性	成本
自评估	依靠自身力量	信息系统所有者主要依靠自身力量	一般	较低	经常性	好	低
	委托第三方机构	风险评估服务技术支持方	较强	高	非经常性	一般	较高
检查评估		主管部门＋风险评估服务技术支持方	较强	高	非经常性	较好	低

6.6.2 风险评估的组织

为使 A 市税务信息系统风险评估更好地实施，成立评估质量监督小组非常有必要，一般来说监督小组应包含以下人员。

（1）领导小组：由 A 市税务局相关领导组成，对评估能够有充分的重视，在项目进行中的关键环节做出决策，使项目的发展保持正确的方向。

（2）顾问组：由 A 市税务局聘请的专家组人员组成，专家组成员也可以包括上级主管单位的业务骨干，主要负责评估工具开发以及对评估过程中的业务指导。

（3）风险评估小组：由 A 市税务局、信息系统承建方、第三方专业风险评估公司的相关人员组成，负责风险评估项目的实施。

在风险评估实施前，A 市税务局还须指定以下专门人员。

（1）项目联系人：负责与第三方专业风险评估公司相关人员的联系及相关文档的保存工作。

（2）项目负责人：负责与领导小组、顾问组及风险评估小组的联系，并向局领导汇报风险评估项目进展情况，以及相关协议、合同的起草工作。

（3）技术人员：A 市税务局的网络管理员、系统管理员、数据库管理员、安全管理员以及其他业务部门等相关人员，做好风险评估项目所需问卷调查及访谈工作。

对委托的第三方专业风险评估公司需指定项目经理，对整个风险评估项目负责，并负责风险评估项目前期宣传培训及风险评估文档的起草工作。

6.6.3 风险评估的内容

主要从技术和管理两个方面进行评估，涉及物理层、网络层、系统层、应用层、管理层等各个层面的安全问题。表 6.7 列出了风险评估的内容。

表 6.7   风险评估的内容

风险类别	名　称	评 估 内 容
技术和操作层面	物理环境	从机房场地、机房防火、机房供配电、机房防静电、机房接地与防雷、电磁防护、通信线路的保护、机房区域防护、机房设备管理等方面进行评估
	网络结构	从网络结构设计、边界保护、外部访问控制策略、内部访问控制策略、网络设备安全配置等方面进行评估
	系统软件(含操作系统及系统服务)	从补丁安装、鉴别机制、口令机制、访问控制、网络和服务设置、备份恢复机制、审计机制等方面进行评估
	应用中间件	从协议安全、交易完整性、数据完整性等方面进行评估
	应用系统	从审计机制、审计存储、访问控制策略、数据完整性、通信、鉴别机制、密码保护等方面进行评估
	操作方面	软件和系统在配置、操作、使用中的缺陷,包括人员日常工作中的不良习惯,审计或备份的缺乏进行评估
管理层面	技术管理	从物理和环境安全、通信与操作管理、访问控制、系统开发与维护、业务连续性等方面进行评估
	组织管理	从安全策略、组织安全、资产分类与控制、人员安全、符合性等方面进行评估

具体内容描述如下。

1. 物理安全

信息系统的物理安全是指包括计算机、网络在内的所有与信息系统安全相关的环境、设备、存储介质的安全。

物理安全的评估内容如下。

(1) 物理环境安全。包括机房物理位置的选择、防火、防水和防潮、防静电、防雷击、电磁防护、温湿度控制、电力供应、物理访问控制等。

(2) 设备安全。包括设备采购、安装、访问、废弃等方面的安全。

(3) 存储介质安全。包括介质管理、使用、销毁等方面的安全。

物理安全评估时要重点关注下列任务。

(1) 枚举所有必须进行物理访问控制的区域。

(2) 检查所有物理访问控制点的访问控制设备及其类型。

(3) 检查触发警报的类型是否与说明的一致。

(4) 判断物理访问控制设备的安全级别。

(5) 测试物理访问控制设备是否存在弱点和漏洞。

(6) 测试物理访问控制设备是否可以被人为或其他方式失去检测能力等。

2. 网络安全

网络安全是指包括路由器、交换机、通信线路在内的,及由其组成信息系统网络环境的安全。

网络安全的评估内容主要包括以下几个方面。

(1) 网络边界安全。

(2) 网络系统安全设计。

(3) 网络设备安全功能及使用。

(4) 网络访问控制。

(5) 网络安全检测分析。

(6) 网络联接。

(7) 网络可用性等。

3. 主机安全

主机安全主要是指基于主机操作系统、数据库系统以及应用平台层面的安全,对主机安全的评估内容包括以下几个方面。

(1) 账号安全。

(2) 文件系统安全。

(3) 网络(系统)服务安全。

(4) 系统访问控制。

(5) 日志及监控审计。

(6) 拒绝服务保护。

(7) 补丁管理。

(8) 病毒及恶意代码防护。

(9) 系统备份与恢复。

(10) 数据库账号安全。

(11) 数据库访问控制。

(12) 数据库存储过程安全。

(13) 数据库备份与恢复。

(14) 数据库系统日志审计等。

4. 应用安全

应用安全主要是指税务信息系统设计、开发以及运行过程中的安全。对应用安全的评估内容包括以下几个方面。

(1) 应用系统架构与设计安全。

① 身份鉴别。

② 访问控制。

③ 交易的安全性。

④ 数据的安全性。

⑤ 密码支持。

⑥ 异常处理。

⑦ 备份与故障恢复。

⑧ 安全审计。

⑨ 资源利用。

⑩ 安全管理等。

（2）应用系统实现安全。

① 账户安全。

② 输入合法性检测。

③ 口令猜测。

④ 应用层拒绝服务（DOS）等。

（3）B/S 应用安全。

① 网站探测。

② 已知漏洞攻击。

③ 参数操控。

④ 跨站脚本。

⑤ 指令注入。

⑥ HTTP 方法利用等。

5. 对操作方面的评估

对操作方面的评估，主要是为了调查税务机关内部某些员工在操作后留下的操作痕迹，用来审查是否有一些与组织相关的机密信息遗留在网络中。这个环节是信息安全风险评估中非常重要的一个部分。

对操作痕迹信息检查重点关注下列评估任务。

（1）检查税务机关内部员工 Web 数据库和缓存中的内容。

（2）检查税务机关内部员工是否通过个人主页、博客、论坛等，透露了 A 市税务机关的组织结构，或其他内部机密信息。

（3）调查税务机关内部员工是否在使用私人电子邮箱，并且在法律和规章允许的条件下，检查员工是否通过机构分配的电子邮件发送机构内部机密信息。

（4）了解税务机关内部员工的计算机技术水平，以及了解计算机技术水平较高的员工所处的部门及其操作权限。

（5）调查税务机关内部员工是否在工作时间使用即时通信工具，并在法律和规章允许的条件下监控即时通信的内容。

（6）使用互联网搜索引擎查找网络中是否存在与 A 市税务机关相关的机密信息，或者可以在各种特定的新闻组、论坛及博客中进行有针对性的搜索。

（7）检查机构内部员工是否在使用 P2P 软件，在法律和规章允许的条件下审查 P2P 通信内容等。

6. 管理安全

管理安全主要包括组织架构、安全策略、安全运行制度等方面，其评估的内容主要包括以下几个方面。

(1) 组织和人员安全。

(2) 安全评估。

(3) 第三方组织与外包安全。

(4) 信息资产分类、分级。

(5) 日常操作与维护管理规定。

(6) 变更的管理规定。

(7) 备份与故障恢复。

(8) 应急处理计划。

(9) 业务持续性管理。

(10) 认证/认可等。

6.7　风险管理与控制实施

6.7.1　主要原则

根据国家保密局以及相关国家主管部门的有关规定，对税务信息网络的风险管理与控制需要遵循如下原则。

(1) 规范性原则。风险管理与控制相关制度的制定应当符合《中华人民共和国保守国家秘密法》、《计算机信息系统保密管理暂行规定》等法规及其实施办法的有关规定要求。

(2) 最小影响原则。从管理、技术等方面，实施风险管理与控制应力求使税务信息系统所遭遇的风险影响降低到最小。

6.7.2　风险管理与控制的措施

在信息安全管理过程中，关于风险管理与控制既需要有管理制度层面的，也需要技术层面的，其中，人的因素至关重要。如果在税务机关内只是实施了技术性的控制措施，如防火墙、IDS，但却忽略了操作人员、管理人员和用户的安全意识和对安全技能的掌握，安全措施就不可能稳定而持续地发挥效力。在现实环境中，大多数信息安全风险都是人为因素造成的，除了蓄意攻击和破坏，很大一部分都是来自税务机关内部员工的问题，员工安全意识淡薄、对信息安全策略理解不够，或者专业技能不足，这些因素都可能造成信息安全风险。针对这方面的问题，单位或组织应该制定详细的计划和程序，通过强化意识、技能培训和安全教育，提升人员的安全意识和素质。

根据以上对税务局内部信息系统可能存在风险分析的结果，制定以下风险应对措施。

1. 管理控制手段

1) 安全事故的应急响应措施

安全事故的应急响应措施主要保证在 A 市税务局信息系统发生安全事故时的应急

响应步骤。安全事故包括失窃、用户口令丢失、可疑的系统访问(包括共享口令)、内部网络的入侵行为、计算机病毒等。

通常情况下,对信息系统应用的安全事故可以被分为以下 3 个级别。

(1) 一级安全事故损失最小,事故发生后需要在一个工作日内得到控制。如个人口令丢失或遗忘等。此类安全事故只需与 A 市税务局信息中心联系处理即可。

(2) 二级安全事故损失稍大,事故发生后一般需要在较长的时间内得到控制;此类安全事故需要通知信息中心和局安全保密办公室联合处理。该类事故包括:可疑人员进入涉密机房,使用涉密计算机(或本局职工出现可疑行为);未授权的访问等。

(3) 三级安全事故发生后,必须立即防止事故危害扩散,同时必须立即通知局安全保密办公室、局长办公室,如果需要,甚至可以直接向分管局长汇报。这类事故包括:火灾、水灾等。

安全事故应急响应措施必须包含组织机构、具体的职能、应急事件的范围,预防、应急响应的具体措施等内容。

制定安全事故应急响应措施的参考文本格式如下。

某单位(公司)重大网络信息事故应急预案(试行)

第一章　总则

第一条　根据《国务院有关部门和单位制定和修订突发公共事件应急预案框架指南》、《国家某行业关于制定突发公共事件应急预案的通知》和省市局(公司)相关规定,制定本预案。

第二条　本预案是《某单位(公司)重、特大安全事故应急救援预案》的一个分类预案。

第二章　组织机构

第三条　某单位(公司)预防突发公共事件应急指挥中心下设重大网络信息事故应急处置办公室:

主任:×××

成员:×××、×××、×××

第四条　应急处置办公室的职责:协助单位(公司)预防突发公共事件指挥中心工作;负责重大网络信息事故的预警、指挥、协调、处理等综合工作。

第五条　各分支机构、部门要建立重大网络信息事故责任制,分管领导为第一责任人。工作变动时,随时调整并报单位(公司)重大网络信息事故应急处置办公室,以备应急联络。

第三章　事件范围

第六条　本预案的主要适用范围:中心计算机房供电、物流(呼叫)中心供电;核心计算机及网络设备、重要数据线路;重要数据库。

第七条　重大事件指:中心计算机房断电、物流(呼叫)中心供断电;核心计算机及网络设备、重要数据线路故障引起的传输中断或直接影响卷烟市场供应;重要数据库的数据被毁、被盗。

第八条　所有与信息系统（含前两条）相关的设备发生火灾、水灾等物理安全事件，参照其他相关应急预案执行。

第四章　预防、应急响应措施

第九条　各级网络信息管理人员应经常组织安全相关培训，提高应急响应能力。

第十条　发生上述范围的安全事件时，各级部门（公司）应在 2 小时内报上一级应急处置办公室，以统一协调资源、及时处理。

第十一条　中心机房供电

1. 事前维护及预防

（1）建立断电及时通报机制。

（2）定期检查中心机房 UPS 设备，了解 UPS 设备当前的蓄电能力。

2. 应急响应措施

（1）空调停止运行的情况下，立即采取其他措施降温，如开窗通风等。

（2）通知所有应用部门，抓紧完成信息处理工作、停止应用。

（3）实时检测中心机房的室内温度，根据相关情况关闭非重要设备，如机房内温度过高，应立即通知应用部门停止应用并关闭所有设备。

（4）立即向供电部门询问何时恢复供电，并实时检测 UPS 的储存电能，并有计划地使用，如 UPS 电能不足以维持所有设备的运转，酌情关闭相关设备。

第十二条　物流（呼叫）中心供电

对于物流（呼叫）中心采用 UPS 供电的参考第十一条，如采用发电机供电的则按以下方法进行。

1. 事前维护及预防

（1）定期检查物流（呼叫）中心发电机性能，做好保养维护工作。

（2）建立断电及时通报机制。

2. 应急响应措施

（1）一旦断电，立即通知相关人员开启发电机保障物流（呼叫）中心正常运转。

（2）根据发电机的负载能力和供电能力，关闭非及时设备及非重要设备。

第十三条　核心计算机及网络设备

1. 事前维护及预防

（1）定期检查核心计算机及网络设备的工作状况。

（2）每两个月重启核心计算机及网络设备（网络设备的重启必须采用命令方式，严禁断电冷启动）。

（3）做好核心网络设备的备份工作，对中心路由和中心交换机做好硬件备份，并做好设置工作，严禁将备份网络设备挪作他用。

（4）定期检查备份设备，确保其可用性。

（5）对核心计算机及网络设备必须向服务商买保。

2. 应急响应措施

（1）一旦中心设备出现故障且无法立刻恢复的，立刻启用备用设备。

（2）要影响××业务进行的，及时上报本单位领导、通报业务部门做相应处置。

第十四条　重要线路的保障

1．事前维护及预防

(1) 单位(分公司)至各分支机构(子公司)的线路都采用物理备份。

(2) 对备份线路进行定期检查,确保其可用性。

2．应急响应措施

(1) 一旦使用线路出现故障,立刻采用备份线路,确保传输正常。

(2) 立即向线路运营的技术支持部门报障,并配合及时修复。

第十五条　重要数据

1．事前维护及预防

(1) 定期检查磁带库(磁带机)与备份管理软件的运行状况,确保其可用性。

(2) 没有采用磁带库(磁带机)备份的数据,要用异机备份等方法定期复制。

(3) 对业务、政务等重要数据库,定期检查运行日志,及时排除故障。发现异常访问,及时阻断并追查原因。

2．应急响应措施

发生数据库损毁情况,立即用磁带库(磁带机)或异机复制数据进行恢复。恢复完毕后,立即通知应用部门进行数据核对,核对无误方可继续开展应用。

第五章　事故善后处置及奖惩管理

第十六条　发生重大网络信息事件后

1．在技术与设备上做好抢修、恢复等善后工作。

2．各级重大网络信息事故应急处置人员,要综合分析事故原因、责任和应吸取的教训,及时写成"事故调查报告"报上级应急处置办公室,并存档。

第十七条　奖惩

1．奖励

对在预防、抢救重大信息网络事故中表现突出的有功人员给予一定的精神奖励和物质奖励。

2．处罚

对在预防、抢救重大信息网络事故工作中不服从指挥或严重渎职并造成事故扩大或产生严重后果的,应根据事故性质追究责任。

第六章　其他

第十八条　本预案自颁发之日起试行

某单位(公司)

2) 对软硬件及存储介质的安全管理措施

(1) 对软件的管理

软件管理的范围包括对操作系统、应用软件、数据库、安全软件、工具软件的采购、安装、使用、更新、维护、防病毒的管理。

① 软件的采购、安装和测试:信息系统所使用的操作系统、应用软件、数据库、安全软件、工具软件必须是正式版本,严禁使用测试版和盗版软件。软件安装后,必须使用可

靠检测软件或手段进行安全性测试,了解其脆弱性,并根据脆弱性程度采取措施,使风险降至最小。

②　软件的登记和保管:软件安装后,原件(盘)应进行登记造册,并由专人保管。软件更新后,软件的新旧版本均应登记造册,并由专人保管,旧版本的销毁应受严格控制;软件更新后,须重新审查系统安全状态,必要时对安全措施进行调整。

③　应用软件开发管理:应用软件的开发必须根据信息密级和安全等级,同步进行相应的安全设计,并制定各阶段安全目标,按目标进行管理和实施。

④　防病毒软件的管理:每台计算机必须安装经国家认可的防、杀病毒软件产品。A市税务局信息中心应该定期组织对所有计算机系统的查、杀病毒的工作。

(2)　对硬件设备的管理

对硬件设备的全方位管理是保证涉密信息系统建设的重要条件。

①　设备检测:信息系统中的所有设备必须是经过测评认证的合格产品,新选的设备应该符合中华人民共和国国家标准《数据处理设备的安全》中规定的要求,其电磁辐射强度、可靠性及兼容性也应符合安全管理等级要求。

②　设备购置安装:设备符合系统选型要求并获得批准后,方可购置。如果必要,凡购回的设备均应在测试环境下经过连续 72 小时以上的单机运行测试和联机 48 小时的应用系统兼容性试运行测试。通过试运行的设备,才能投入生产系统,正式上线运行。对所有设备均应建立项目齐全、管理严格的购置、移交、使用、维护、维修、报废等登记制度,并认真做好登记及检查工作,保证设备管理工作规范化。

③　设备使用管理:每台(套)设备的使用均应制定专人负责并建立详细的运行日志。由责任人负责进行设备的定期保养维护,做好维护记录,保证设备处于最佳工作状态。一旦设备出现故障,责任人应立即如实填写故障报告,通知信息中心人员处理。设备责任人应保证设备在其出厂标称的使用环境(如温度、湿度、电压、电磁干扰、粉尘度等)下工作。

④　设备维修管理:设备应有专人负责进行维修,并建立满足正常运行最低要求的易损件的备件库。对设备应规定折旧期,设备到了规定使用期限或因严重故障不能恢复,应由信息中心联系厂家专业技术人员对设备进行鉴定和残值估价,并对设备情况进行详细登记,提出报告书和处理意见,由部门领导和主管局长批准后方能进行报废处理。

⑤　设备仓储管理:设备应有进出库领用和报废登记。必须定期对储存设备进行清洁、核查及通电检测。安全产品及保密设备应进行单独储存、专人负责并有相应的保护措施。

(3)　对信息存储介质管理

信息存储介质在信息系统安全中起着十分重要的作用,如对系统的恢复、信息的保密,甚至可以防止病毒等,因此,必须十分重视对存储介质的管理。

①　对存储介质存放地点,要符合防潮、防虫蛀、防静电、防电磁辐射的安全要求。对存储主要信息的介质应有多份备份和异地储存库;应设立介质库管理员(由安全保密管理员担任)负责库的管理工作,并核查使用人员的身份与权限。介质库内的所有介质应统一编目,集中分类管理。

② 介质登记和借用制度：新购置或系统生成的介质应造册登记、编制目录、制作备份，送介质库集中分类管理，目录清单应有完整的控制信息，即包含介质类别、信息类别、文件所有者、卷系列号、文件名称及其主要内容、项目编号、重要性等级、密级、建立日期、保存期限、借出归还日期、借出理由和批准手续等记载。介质库管理员负责所有介质的出入，介质发出前须收到申请领用清单，经核实后方可发出。

③ 介质的复制和销毁：保留在现场的介质数量，应是系统有效运行所需的最小数量，对存储主要信息的介质应采取防复制及信息加密措施。介质要根据需要与存储环境情况，定期进行循环复制备份。介质在销毁前，需要清除介质上的信息。

④ 涉密介质的转交、挪动和销毁，安全管理员和库管员必须同时在场。不同种类涉密介质销毁的具体办法如下。

- 纸张介质：所有书面含涉密信息的纸张必须用碎纸机进行销毁。
- 软盘：所有涉密软盘销毁前必须先格式化清除内容。
- 磁带：所有包含涉密信息的磁带必须进行强磁场破坏处理销毁。
- 硬盘：所有硬盘驱动器处理前必须把硬盘磁芯取出进行强磁场破坏处理，或者在处理前进行表面物理破坏。
- 计算机的报废处理：报废的计算机仍然包含有涉密信息的硬盘驱动器，因此，在计算机的报废处理前，需要对该计算机进行重新格式化或者将硬盘从计算机中取出，并按硬盘处理方式进行处理。
- 光盘：所有包含涉密信息的光盘必须在处理前进行表面物理破坏，例如刮擦破坏。

⑤ 其他：对涉密介质的管理严格按照《中共中央保密委员会办公室、国家保密局关于国家秘密载体保密管理的规定》执行。

（4）涉密便携式计算机的管理

新购置的涉密便携式计算机应造册登记、编制目录，目录清单应有完整的控制信息，即包含其型号、最高涉密级别、使用责任人、借出归还日期、借出理由和批准手续等记载。涉密便携式计算机的使用应在适合相应涉密信息处理的物理环境下开机使用，严禁在公开、无安全防护的场合使用涉密便携式计算机。

涉密便携式计算机对于涉密与非密信息应分开保存。如果可能，应该利用加密软件对便携式计算机中的涉密信息进行加密，并且不公开算法。

涉密便携式计算机必须设置开机口令保护，口令选取和更换按照相应涉密级别要求进行。涉密便携式计算机应采取物理防拆卸措施，防止非法人员更换硬盘、内存、PCMCIA 外设，并定期对这些可更换部件的完整性进行检查。

（5）软盘、硬盘、光盘、磁带等涉密媒体应按所存储信息的最高密级标明级别，并按相应密级进行管理。

存储过涉密信息的媒体不能降低密级使用。不再使用的媒体应及时销毁。涉密媒体的维修应保证所存储的涉密信息不被泄露，维修应在本单位进行，维修点需由单位保密办公室指定或认可；必须在单位外维修的，必须指派专人全程跟踪负责，保证所存储的涉密信息不被泄露。打印输出的涉密文件应按相应密级的文件进行管理。涉密介质的生成、存储和销毁必须严格按照国家有关规定使用相关设备和技术进行处理。

3）对场地设施的安全管理与控制

（1）场地设施的安全管理分类

涉密信息系统计算机场地安全的分类应遵照中华人民共和国国家标准《计算站场地安全要求》（GB 9361—1988）执行。

处理秘密级以上信息的场所和对国家信息系统重要节点运行至关重要的场所均按照国家标准《计算站场地安全要求》的 B 类要求进行管理。

其他可按照国家标准《计算站场地安全要求》的 C 类要求进行管理。

（2）场地与设施安全管理要求

涉密信息系统的场地与设施安全管理满足机房场地选择、防火、防水、防静电、防雷击、防鼠害、防辐射、防盗窃、火灾报警及消防措施以及对内部装修、供配电系统等的技术要求。此外，还要做到以下几个方面。

① 处理机密级以上（含机密级）信息的设备必须放在有铁门，铁窗，铁柜的"三铁"保护措施的地方。

② 进出处理机密级以上（含机密级）信息的设备存放地，必须建立严格的审查登记制度，保证所有进入信息处理中心的人员必须留有书面记录，包括姓名，证件，部门，进入时间和离开时间等。

③ 信息处理中心机房应采取安全防范措施，确保非授权人员无法进入。处理秘密级、机密级信息的中心机房应采用有效的电子门控系统。绝密级信息和重要信息处理中心机房门控系统应进行身份鉴别，最好装有电视监视系统，并建立磁屏蔽区域保护设施。

④ 建立防火、防水以及其他应对大型自然灾害的防护措施。

（3）出入控制

根据安全等级和涉密范围进行分区控制，根据每个工作人员的工作职责规定所能进入的区域，对参观、跨区域访问等外访者进入机房，必须经过税务局有关领导的书面认可方可以进入。

（4）对电磁波的防护

根据信息的重要程度和所处的地理环境以及采取防护措施的成本，A 市税务局内部信息系统可以分别和同时采用如下防护措施。

① 设备防护：信息系统设备应满足中华人民共和国国家标准《信息技术设备的无线电干扰极限值和测量方法》（GB 9254—1988）的规定。并根据涉密程度和安全等级对电磁泄露采取相应的保护措施。

② 建筑物防护：对涉及机密以上的信息和安全等级 A、B 类的机房，应在机房建设或改造时设计安置电磁屏蔽网（板），以防止电磁波的干扰和泄露。

③ 区域防护：涉及机密以上信息的信息系统，可根据辐射强度划定警戒区域，并将设备置于建筑物的最内层，禁止无关人员进入该区域。

（5）磁场防护

由于磁场容易造成介质中信息的变化，所以对信息系统采取如下措施。

① 机房和介质库内所有设备、物体表面的磁场强度必须限制在国家标准允许范围之

内,购置相应检测设备。对机房和介质库内的所有设备均应进行定期检查,防止磁场强度超标。

②　使用磁带、磁盘存放柜,并对其进行物理保护,对载有机密以上内容的磁盘、磁带,应保存在防磁屏蔽容器内。

③　使用后或暂不用的介质应及时送回介质库,以便防止设备本身磁源的相互影响。

4)　对敏感信息资源的使用管理

(1)　所有 A 市税务局的员工都有责任在存储和使用任何信息时,保护信息的安全,如账户信息不泄露。

(2)　所有员工都有责任报告任何系统中存在的安全漏洞。当发现系统中有任何可能导致安全事故的情况,必须通过各种方式及时通报信息中心安全管理员。

(3)　所有员工都不得访问未授权的信息或应用系统。不同的用户对信息或应用系统的访问范围由信息中心制定。

(4)　在内部网络系统中,不允许员工利用 Modem 拨号或无线上网等方式连接外网。

(5)　所有员工在使用内部网络时,不得私自与他人共享账户,如共享账户口令等,不得私自设置任何个人计算机共享访问方式。

(6)　所有员工不得在自己使用的计算机上安装任何未经许可的应用软件,如游戏软件。

(7)　对网络中涉及的所有配置文件,信息中心管理员不得在未经许可的情况下泄露给任何单位和个人。

(8)　所有员工不得故意进行影响系统安全的操作,不得利用网络传递与本单位系统无关的信息。

(9)　任何员工不得私自在处理秘密级以上的计算机上外接打印机等输出设备。

(10)　所有信息处理、传输、存储、输入、输出设备均应按照局保密办所规定的密级确定相应的最高涉密级别。密级的变化由保密办确定后及时通知信息中心。任何人必须清楚了解该级别的规定及其意义,并熟悉对该级别信息处理的要求。

5)　对业务应用系统的安全管理

税务局机关内部应用服务器的操作系统主要包括 Windows Server 2000 等。对于 Windows 操作系统,需要根据版本及时进行 Service Packs 的补丁安装。应用系统安全主要依赖于系统本身内置的安全措施,在系统运行时使用相应的安全机制,这些机制主要有以下几个。

(1)　一般情况下,系统采取默认授权。

(2)　必要情况下,采用手工授权:指定文件授权和指定用户授权。

(3)　税务局内部工作人员调动、调离、转岗时,需要立即调整或限制相应的员工权限,即权限随人走,权限随岗位走。

(4)　关键业务服务器必须加装专用审计监察系统,对重点应用服务器系统的访问实施安全审计和检查。

(5)　禁止提供所有的、基于明文口令的远程访问和数据传输活动。

(6)　为确保应用系统安全机制的完善,局长办公室和信息中心应该定期或不定期地组织对应用系统的安全检查。

6）对业务流程再造的管理

由于税务信息系统的升级改造，需要对原有的业务流程进行再造，势必会转变税务局现有的管理机制、改变员工传统的工作方式（流程）和重构组织形式，涉及单位内部许多部门，也一定会遇到前所未有的阻力，这就需要有很好的组织保证。因此，A市税务局成立专门的领导小组负责处理税务信息系统项目建设中的有关事宜相当必要。

领导小组的职责包括，对税务信息系统资源整合进行前期的宣传准备工作，帮助员工从事业发展的高度，来看待并理解信息资源整合以及由此给单位发展带来的好处，避免由于宣传不到位，而造成单位员工的不理解和不配合，甚至产生严重的抵触情绪，从而影响工作的正常开展。此外，领导小组还需要对税务"征收、管理、稽查"的业务流程再造制定一个合理的、明确的目标，以便使全体员工做到"心中有数"，为新业务流程实施效果的评估提供科学依据，也为进一步转变管理和运行机制、重构组织形式做好准备。

2．技术控制手段

1）涉密信息传输的控制措施

（1）税务机关的信息系统是一个涉密级别达到机密级的信息网络，因此，必须按照国家保密局的相关规定，对机密信息处理的封闭区域内的传输介质可以采用光缆或屏蔽电缆。

（2）必须采用远程加密传输。根据国家保密局规定和国家税务总局的要求，对于A市税务局内部网络系统中所用非屏蔽电缆布线与其他网络间距不满足要求的线路，在传输秘密或机密信息时，必须进行加密传输。

2）电磁泄漏发射的防护措施

（1）涉密计算机信息系统的设备应满足《涉密信息设备使用现场的电磁泄漏发射防护要求》等国家和军队有关要求。

（2）处理秘密级、机密级信息的设备应安装干扰器，所使用的干扰器应满足国家保密标准规定的要求。

3）访问控制措施

A市局机关内部网络的访问控制措施主要包括以下几个方面。

（1）根据该所信息密级和信息重要性划分安全域，在安全域与安全域之间用安全保密设备（如防火墙、保密网关等）进行隔离，实施访问控制。

（2）同一安全域中根据信息的密级和信息重要性进行区域分割和访问控制。

（3）处理秘密级、机密级的内部网络系统，访问应当按照用户类别、信息类别控制，处理绝密级信息的计算机信息系统，访问必须控制到单个用户、单个文件。

（4）在税务局内部网络系统中，应重点保证访问控制规则设置的安全。

（5）在税务局内部网络系统中，网络的账号设置、服务配置、主机间信任关系配置等应该为网络正常运行所需要的最小限度，并将用户的权限配置为完成其工作所必需的最小权限的员工，即采用最小授权原则。

4）身份鉴别措施

（1）处理秘密级信息的涉密系统可以采用口令方式进行身份鉴别，口令长度不得少于 8 个字符，口令更换周期不得长于一个月。

（2）处理机密级信息的涉密系统应采用 IC 卡（或 USB Key）进行身份鉴别，也可以采用动态口令卡、指纹识别系统或其他措施加口令的方式进行身份鉴别。

（3）涉密系统所使用的口令不得由用户自己产生，应当由税务局信息中心内部专门负责系统安全的管理员集中产生供用户选用，并且应当有口令更换记录。

（4）应采用组成复杂、不易猜测的口令，一般应是大小写英文字母、数字、特殊字符中两者以上的组合。

（5）口令应加密存储，并保证口令存放载体的物理安全。

（6）口令的分发应加密传输，确保口令在分发过程中不被截获。

5）数据备份与恢复措施

在税务局内部网络系统中，对主要设备、软件系统、通信线路、数据资源、电力供应等应考虑备份，对设备的关键部件要考虑备品备件，确保在发生灾难时，具有在较短时间内恢复税务信息系统运行的能力。

在 A 市税务信息系统中对关键的业务处理服务器采用双机热备方式进行系统备份，以便万一在系统崩溃以后能快速、方便、完全地恢复到运行状态。核心服务器上的数据文件必须每周备份，而且必须每天进行文件增量备份；每天下班时进行增量备份；周备份的介质必须实行异地存储；异地存储要求包含多种备份介质。另外，在每月报税时间段，需要重点关注服务器、网络通信线路等的性能，对出现的异常情况及时进行处理。

6）安全审计措施

（1）对 A 市内部信息系统必须设置安全审计系统，安全审计可以利用数据库、操作系统、服务器、安全保密产品和应用软件的审计功能。

（2）在信息中心重要的大信息量出入口处，安装专用的流量审计监控设备。其他地方充分利用各类网络设备、防火墙、计算机设备、操作系统和应用系统的审计功能。

（3）处理秘密、机密信息的服务器系统必须开放日志系统。

（4）对于核心业务服务器，需要加装第三方的安全审计软件（如专用网管软件等）。

（5）处理秘密、机密信息的内部网络系统，系统安全保密管理员应当定期审查记录，审查记录不得更改、删除。审查周期不得长于一个月。

（6）信息中心内负责安全保密管理员应定期对系统进行检查，发现漏洞及时弥补。

7）防火墙措施

防火墙是用在 A 市信息网络出入口处的一种访问控制设备。防火墙技术的核心思想是在不安全的网络环境中为内部内构造一个相对安全的环境。防火墙在网络安全中发挥作用主要是通过两个层次的访问控制实现的，一个是由状态包过滤提供的基于 IP 地址的访问控制功能，另一个是由代理防火墙提供的基于应用协议的访问控制功能。另外，部分防火墙还提供地址映射服务，以隔离税务局机关内部的涉密子网。

由于现在防火墙的功能越来越强大，因此，在税务局机关网络信息系统中使用防火墙可以降低许多风险，对税务局机关内部信息系统起到很好的保护作用。

8）防病毒措施

针对 A 市税务局机关信息系统的特点，对该内部网络拟采用 3 个层次的病毒防护措施，分别是：客户端防病毒系统、服务器防病毒系统、网络防病毒体系。

（1）网络防病毒体系用于保护 A 市税务局域中的服务器端、客户端不受病毒侵害，防止通过网络的病毒传播。

（2）客户端防病毒系统是为不在 A 市税务局域中的用户提供的数据安全工具，用于保护客户计算机上的数据免遭病毒危害。

（3）服务器防病毒系统用于保护不在 A 市税务局域中的独立服务器上的数据免遭病毒的侵害。

此外，在对防范病毒的管理上还需要进行统一的策略规划和实施，主要包括以下几个方面。

（1）日常防护

① 每日开机进入系统后，检查防病毒软件是否正常运行，病毒码及扫描引擎是否及时更新到最新版本。

② 当防病毒软件实时扫描发现病毒且无法正常被清除时，需要立即与专业公司技术人员联络，以取得解决方法。

③ 每周需要对所有的硬盘使用防病毒扫描，以确保计算机中没有病毒存在。

④ 磁盘或 U 盘、移动硬盘等在借给他人之前，最好先在本机备份一份，以免发生病毒的交叉感染。

⑤ 每天按时使用防毒软件检查和扫描软、硬盘。

⑥ 对新安装软件，先使用防毒软件进行扫描，确定没有病毒之后才能对其进行备份。

（2）其他注意事项

① 建议将计算机的开机顺序设成硬盘先、软盘后（C，A）。

② 定期备份硬盘数据：定期备份是降低病毒所带来的灾害最好的方法，即使硬盘没有中毒，有些程序也可能因为使用者处理不当或突然断电而损坏，因此经常备份是绝对不能忽视的大事。备份的数据包括 CMOS 的数据、系统文件、硬盘上重要的软件程序以及其他有价值的数据文件；备份的数据最好放在 D 盘或 E 盘的专用目录下。

③ 准备一张干净的开机紧急救援磁盘并设成写保护：由于多数的病毒会常驻于系统内存，所以一旦发现中毒的现象，内存通常已经有病毒了。为了避免杀毒程序受到病毒感染，在进行杀毒之前，必须先关闭电源，然后使用干净无毒的开机磁盘重新启动计算机，确保内存里面没有病毒，才能进行后续的杀毒动作。

④ 留意计算机常用程序的大小、日期、属性，除了隐藏性比较大的病毒，一般的病毒在感染程序之后都留下一些痕迹，只要多留意常用程序的相关信息，就可以做到早期对病毒的查杀。

⑤ 留意系统内存的使用情形，除了隐藏性比较大的病毒会谎报内存的使用情形之外，一般的常驻型病毒都会导致系统内存减少几千字节，所以观察内存使用情形也是检查系统有无病毒的好方法。

⑥ 留意系统是否经常宕机、硬盘的效率降低，由于病毒可能会破坏程序或造成程序

无法执行、执行到一半宕机或执行效率变慢,所以一旦发现系统有类似的情况,最好立刻使用防毒软件进行扫描。

⑦ 从网络下载程序后先进行扫描,由于大家已经渐渐习惯通过 Internet 下载自己需要的程序或数据,于是有越来越多的病毒被伪装成有用的软件,诱骗计算机操作人员下载到计算机里,然后在不知情的状况下感染计算机。

⑧ 对接收到的电子邮件,不要立即开启,因为任何类型的程序都可以利用附件的形式发给计算机操作人员,当然这些程序也包括了可能藏匿病毒的执行文件、压缩文档、Word 文档、Excel 文档等。病毒通常以 E-mail 附件的形式进行传送,而不知情的人就因为一时疏忽,打开了 E-mail 附件的同时而中毒。

⑨ 限制浏览器下载 ActiveX 及 Java Applet 的权限,由于第二代病毒会随着使用者浏览网页时所下载的 ActiveX 及 Java Applet 传送至计算机,因此若要有效地防止第二代病毒,就必须限制浏览器下载 ActiveX 及 Java Applet 的权限,让浏览器在下载程序前先征求使用者的同意等。

9) 入侵检测系统应用

作为防火墙技术的补充,入侵检测技术能够帮助管理员分析和对付网络攻击,扩展了系统管理员的安全管理能力(包括安全审计、监视、攻击识别和响应),提高了信息安全基础设施的完整性。

入侵检测系统处于防火墙之后对网络活动进行实时检测。许多情况下,由于可以记录和禁止网络活动,所以从某种程度上说入侵检测系统是防火墙的延续。它可以和防火墙及路由器配合工作。IDS 与系统扫描器不同。系统扫描器是根据攻击特征数据库来扫描系统漏洞,它更关注配置上的漏洞而不是当前进出主机的流量。在遭受攻击的主机上,即使正在运行着扫描程序,也无法识别这种攻击。IDS 则扫描当前网络的活动,监视和记录网络的流量,根据定义好的规则来过滤从主机网卡到网线上的流量,并提供实时报警。

10) 涉密信息的物理隔离

为保证 A 市税务内部信息网不受来自互联网的黑客攻击,对税务信息系统与外部网络之间应实施物理隔离。此外,应对一些重要的涉密信息处理场所实施,具体如下。

(1) 涉密系统建立独立机房。

(2) 使用独立的信息处理设备和网络设备。

(3) 建立独立的局域网,尽量使用专用网的传输线路和平台。

(4) 采用独立传输线路。

(5) 在终端方面,为了节省空间和设备资源,便于操作,可以使用经过主管部门鉴定或经主管部门指定机构检测合格的双网安全隔离机(双硬盘双主板),也可以在原终端机上加装符合标准的单硬盘物理隔离卡、双硬盘物理隔离卡,实现一机两用,又保证涉密信息的物理隔离目的。

11) 税务局机关内部机密信息的防泄露控制

对于局机关内部机密信息的防泄露控制则可以采用防水墙技术。防水墙实质上是一个内网监控系统,处于内部网络中,随时监控内部主机的安全状况。如果说防火是指防止外部威胁向内部蔓延的话,防水就是指防止内部信息的泄露。可见,防水墙是对这样的内网监控系统非常形象的一种称呼。

最简单的防水墙由探针和监控中心组成,不同厂家的产品其结构不尽相同。以江苏南大苏富特内网监控系统来说,它由 3 层结构组成:高层的用户接口层,以实时更新的内网拓扑结构为基础,提供系统配置、策略配置、实时监控、审计报告、安全报警等功能;低层的功能模块层,由分布在各个主机上的探针组成;中层的安全服务层,从低层收集实时信息,向高层汇报或报警,并记录整个系统的审计信息,以备查询或生成报表。

各个厂家的防水墙的功能类似,但并不尽相同,以中软防水墙 waterbox™ 为例,它具有以下六大功能:信息泄露防范,防止在内部网主机上,通过网络、存储介质、打印机等媒介,有意或无意地扩散本地机密信息;系统用户管理,记录用户登录系统的信息,为日后的安全审计提供依据;系统资源安全管理,限制系统软硬件的安装、卸载,控制特定程序的运行,限制系统进入安全模式,控制文件的重命名和删除等操作;系统实时运行状况监控,通过实时抓取并记录内部网主机的屏幕,来监视内部人员的安全状况,威慑怀有恶意的内部人员,并在安全问题发生后,提供分析其来源的依据,在必要时,也可以直接控制涉及安全问题的主机的 I/O 设备,如键盘、鼠标等;信息安全审计,记录内网安全审计信息,并提供内网主机使用状况、安全事件分析等报告。

综上所述,防水墙可以有效控制税务局机关内部机密信息的泄露,对税务局机关信息系统的整体安全而言,也是不可或缺的一部分。

12) 网络设备的安全选型措施

(1) 安全保密产品的接入应以不明显影响网络系统运行效率,并满足工作的要求为原则。

(2) 内部网络系统中使用的安全保密产品原则上必须选用国产设备,只有在无相应国产设备时方可选用经国家主管部门批准的国外设备。

(3) 安全保密产品必须通过国家主管部门(如公安部、保密办公室等)指定的测评机构的检测。

(4) 涉及密码技术的安全保密产品必须获得国家密码主管部门的批准。

(5) 安全保密产品必须具有自我保护能力。

(6) 安全保密产品应符合相关的国家标准。

主要参考文献

[1] 李凤鸣.内部控制学[M].北京：北京大学出版社,2002年3月

[2] 祁明等.电子商务安全与保密[M]第2版.北京：高等教育出版社,2006年12月

[3] 陈戈止.信息、系统与管理[M].成都：西南财经大学出版社,2002年3月

[4] 肖龙.信息系统风险分析与量化评估[研究生论文].四川大学,2006年3月

[5] 谷勇浩.信息系统风险管理理论及关键技术研究[研究生论文].北京邮电大学,2007年5月

[6] 刘雷.ERP系统体系结构的研究[研究生论文].哈尔滨理工大学,2006年3月

[7] 宋平.信息技术是把双刃剑[J].北华航天工业学院学报,17(6)：72～75

[8] 陈亮,王燕.企业信息化实施过程中的风险及其防范[J].现代情报,2006(9)：175～1788

[9] 甄卓铭.ERP系统实施风险管理研究[研究生论文].东北财经大学,2007年5月

[10] 张彦.信息系统项目的风险管理——以开发校园网用户管理系统的个案研究[研究生论文].南京理工大学,2007年12月

[11] 梁嘉盛.企业信息系统体系结构及其构建研究[研究生论文].吉林大学,2007年5月

[12] 范红.信息安全风险评估方法与应用[M].北京：清华大学出版社,2006年5月

[13] 王英梅.信息安全风险评估[M].北京：电子工业大学出版社,2007年6月

[14] 陈婉玲,袁若宾.COBIT及其启示[J].会计之友,2006(1)：18～20

[15] 张涛.信息系统安全漏洞研究[J].哈尔滨工业大学学报(社会科学版),10(4)

[16] 李雪梅,王健敏.工业系统信息安全管理体系的构建[J].微计算机信息,2007,1(3)：63～65

[17] 李宇,唐俊.数字图书馆数据备份及容灾[J].现代图书情报技术,2006,2：83～87

[18] 张兴正,贺万里.合理选择与使用机房UPS电源[J].中国有线电视,2006,11：1074～1076

[19] 王政,李光松等.电子政务信息分析保障策略[J].信息安全与保密通信,2005,1：77～80

[20] 卢勇,董涛.银行职务犯罪防范中的人力资源管理问题分析[J].河南金融管理干部学院学报,2005,1：94～96

[21] 胡勇.网络信息系统风险评估方法研究[研究生论文].四川大学,2007年3月

[22] 程建华.信息安全风险管理、评估与控制研究[研究生论文].吉林大学,2008年6月

[23] 方德英.IT项目风险管理理论与方法研究[研究生论文].天津大学,2003年5月

[24] 乔振义.WT公司信息系统风险的研究[研究生论文].对外经济贸易大学,2007年5月

[25] 吴绍利.工程项目风险识别与评价方法设计[研究生论文].西南交通大学,2007年2月

[26] 蒋苏月.内部控制理论在工程项目管理中的应用研究[研究生论文].江苏大学,2005年4月

[27] Zhao Dongmei, Wang Changguang, Ma Jianfeng. A RISK ASSESS MENT METHOD OF THE WIRELESS NETWORK SECURITY[J]. JOURNAL OF ELECTRONICS(CHINA),24：3,428～432

[28] ISACA. CISA Review Manual 2003[M]. Illinois,USA

[29] ISACA. CISA Review Manual 2004[M]. Illinois,USA

[30] 柳纯录,杨鹃,陈兵.信息系统监理师教程[M].北京：清华大学出版社,2005年3月

[31] 李丽.工程项目全面风险管理的理论与方法研究[研究生论文].北京工业大学,2002年4月

[32] 吉猛.商业银行信息系统内部控制研究[研究生论文].同济大学,2006年11月

[33] 肖刚.建设监理项目风险管理研究[研究生论文].南京理工大学,2007年7月

[34] 熊建宇.信息系统工程监理研究[J].现代企业教育,2007,2：165～166

[35] 胡静波.信息系统工程监理信息管理系统[研究生论文].吉林大学,2007年10月

[36]　张志檩.浅谈信息系统工程监理的产生与发展[J].数字石油和化工,2007,3：18～22

[37]　刘诚.信息工程监理与传统建设工程监理[J].山西建筑,34,3：234～235

[38]　张继军,曲大力.信息化建设项目监理的职能内容[J].东北水利水电,26,293：67～68

[39]　谢彬.IT项目风险管理理论与实践[研究生论文].西南交通大学,2003年6月

[40]　张珍义,卢加元.UTM技术在银行网络系统中的应用[J].福建电脑,2007,11：19～20

[41]　卢加元,常青,常本康.电子报税身份认证系统的设计[J].计算机工程与设计,25(11)：1953～1954,1960

[42]　卢加元,吴玉瑾.加强网络安全管理,确保业务健康发展[J].现代金融,2003年7月

[43]　卢加元.电子商务环境下企业内网数据安全防范的技术实现[J].商场现代化,2007,10：155～156

[44]　卢加元,吴国兵.基于ATM应用的身份认证系统[J].计算机工程与设计,28(3)：534～535,577

[45]　卢加元,汤志军,郭红建.基于防水墙技术的内网数据安全保护方案[J].华南金融电脑,2005,10：69～71

[46]　卢加元,俞苏.内部控制对基建项目档案管理的要求[J].兰台世界,2008,7：24～25

[47]　卢加元,常本康.内外网络数据安全交换的实现模式[J].华南金融电脑,2004,11：69～71

[48]　卢加元,张文玉.农信社会计电子数据的安全及内部控制策略[J].福建电脑,2007,9：20～21

[49]　卢加元.农信社银税联网电子数据交换安全方案的设计[J].华南金融电脑,2004,10：20～22

[50]　卢加元,常本康.审计行业计算机网络隔离的实现模式[J].审计与经济研究,18(3)：37～39

[51]　卢加元,顾瑞.数字化校园建设引入工程监理机制的必要性探讨[J].福建电脑,2008,5：17～18

[52]　卢加元,江效尧.现场审计数据交换安全的研究与实现[J].审计与经济研究,21(4)：63～65

[53]　卢加元.一种安全的中小企业银行系统解决方案[J].电脑知识与技术,2007,4：989～990,1013

[54]　卢加元,张金城.指纹识别技术在银行柜面业务中的应用[J].华南金融电脑,2006,5：97～98,103

[55]　卢加元.基于可靠性理论的信息系统项目风险控制模型[J].科研管理研究,2009年4月

[56]　卢加元,俞苏.信息化建设内部控制的现状及关键风险点分析[J].科研管理研究,2008,12：256～257,278

[57]　卢加元,包勇."电子签章"技术在审计行业中的应用[J].计算机与网络,2005年11月

[58]　卢加元.信息化建设中的风险识别与控制[J].中国管理信息化,2009年6月

[59]　耶健,高建忠,魏青山.网络综合防病毒技术在图书馆局域网中的应用[J].情报技术,2007,2：218～220

[60]　汤慧,卫红春,程国建.信息系统体系结构的探讨[J].西北大学学报——自然科学版,38(1)：43～46

[61]　张瑞锋.信息系统建设中的不确定性因素分析及其对策研究[研究生论文].吉林大学,2005年4月

[62]　张元,张华玲.COBIT在信息系统内部控制中的应用[J].中国电力教育：2007研究综述与技术论坛专刊,28～30

[63]　孙伟,牟援朝等.国外信息系统资源类型综述[J].情报探索,2006(9)：59～60

[64]　胡保亮.信息系统资源与信息系统战略匹配关系研究[J].情报科学,27(7)：974～979

[65]　胡保亮.信息系统资源、信息系统能力与持续竞争优势[J].中国管理信息化,11(23)：75～77

21 世纪高等学校数字媒体专业规划教材

ISBN	书　名	定价(元)
9787302224877	数字动画编导制作	29.50
9787302222651	数字图像处理技术	35.00
9787302218562	动态网页设计与制作	35.00
9787302222644	J2ME 手机游戏开发技术与实践	36.00
9787302217343	Flash 多媒体课件制作教程	29.50
9787302208037	Photoshop CS4 中文版上机必做练习	99.00
9787302210399	数字音视频资源的设计与制作	25.00
9787302201076	Flash 动画设计与制作	29.50
9787302174530	网页设计与制作	29.50
9787302185406	网页设计与制作实践教程	35.00
9787302180319	非线性编辑原理与技术	25.00
9787302168119	数字媒体技术导论	32.00
9787302155188	多媒体技术与应用	25.00

以上教材样书可以免费赠送给授课教师，如果需要，请发电子邮件与我们联系。

教学资源支持

敬爱的教师：

感谢您一直以来对清华版计算机教材的支持和爱护。为了配合本课程的教学需要，本教材配有配套的电子教案(素材)，有需求的教师可以与我们联系，我们将向使用本教材进行教学的教师免费赠送电子教案(素材)，希望有助于教学活动的开展。

相关信息请拨打电话 010-62776969 或发送电子邮件至 weijj@tup.tsinghua.edu.cn咨询，也可以到清华大学出版社主页(http://www.tup.com.cn 或 http://www.tup.tsinghua.edu.cn)上查询和下载。

如果您在使用本教材的过程中遇到了什么问题，或者有相关教材出版计划，也请您发邮件或来信告诉我们，以便我们更好地为您服务。

地址：北京市海淀区双清路学研大厦 A 座 708　　　计算机与信息分社魏江江　收

邮编：100084　　　　　　　　　　　　电子邮件：weijj@tup.tsinghua.edu.cn

电话：010-62770175-4604　　　　　　邮购电话：010-62786544

《网页设计与制作》目录

ISBN 978-7-302-17453-0　　蔡立燕　梁　芳　主编

图书简介：

　　Dreamweaver 8、Fireworks 8 和 Flash 8 是 Macromedia 公司为网页制作人员研制的新一代网页设计软件，被称为网页制作"三剑客"。它们在专业网页制作、网页图形处理、矢量动画以及 Web 编程等领域中占有十分重要的地位。

　　本书共 11 章，从基础网络知识出发，从网站规划开始，重点介绍了使用"网页三剑客"制作网页的方法。内容包括了网页设计基础、HTML 语言基础、使用 Dreamweaver 8 管理站点和制作网页、使用 Fireworks 8 处理网页图像、使用 Flash 8 制作动画、动态交互式网页的制作，以及网站制作的综合应用。

　　本书遵循循序渐进的原则，通过实例结合基础知识讲解的方法介绍了网页设计与制作的基础知识和基本操作技能，在每章的后面都提供了配套的习题。

　　为了方便教学和读者上机操作练习，作者还编写了《网页设计与制作实践教程》一书，作为与本书配套的实验教材。另外，还有与本书配套的电子课件，供教师教学参考。

　　本书适合应用型本科院校、高职高专院校作为教材使用，也可作为自学网页制作技术的教材使用。